10의 제곱수

POWERS OF TEN:

About the Relative Size of Things in the Universe

by Philip Morrison and Phylis Morrison and The Office of Charles & Ray Eames

Copyright © 1982, 1994 by Scientific American Library

All rights reserved.

First published in the United States by W.H. FREEMAN AND COMPANY,

New York, New York and Oxford.

Korean Translation Copyright © 1996, 2012 by ScienceBooks

This Korean edition is published by arrangement with Henry Holt and Company, LLC through KCC, Seoul.

이 책의 한국어판 저작권은 KCC를 통해

Henry Holt and Company, LLC와 독점 계약한 (주)사이언스북스에 있습니다.

저작권법에 의해 한국 내에서 보호를 받는 저작물이므로 무단 전재와 무단 복제를 금합니다.

사이언스 클래식 21
10의 제곱수

마흔두 번의 도약으로 보는
우주 만물의 상대적 크기

필립 모리슨과 필리스 모리슨, 찰스와 레이 임스 연구소
박진희 옮김

Powers of Ten

About the Relative Size of Things in the Universe

사이언스
SCIENCE
BOOKS 북스

찰스에게

R · E ·

이 책에 나오는 개념, 형식, 뛰어난 사진들은 이 책을 한 번도 본 적이 없는
한 인물이 남겨 놓은 빛나는 유산의 일부이다. 우리는 이 책을,
수많은 장면 사진을 제공해 준 명석하고 유쾌했던 이 사람에게 바친다.

건축가 찰스 임스에게

P. M. & ∅ M

제곱수 아이디어는 견적술을 좋아한 건축가 찰스 임스가 즐겨 사용한 도구였다. 그는 이 아이디어가 아주 거대한 크기를 우리 머릿속으로 넣어 주는 방법이라고 생각했다. 1952년에 만든 영화 「통신 입문(A Communications Primer)」에서 거대수를 시각화하는 데 제곱수를 사용하는 방법을 도입했다. 또한 1961년에 수학을 이용해 만든 요지경은 2의 제곱수들에 관한 것이었다.

찰스는 언제나 그다음으로 더 큰 것 — 그다음으로 더 작은 것도 — 을 기대하는 것이 중요하다는 점을 엘리엘 사리넨(Eliel Saarinen, 핀란드의 건축가)을 인용해 설명하고는 했다. 단위 — 서로 다른 단위들에 적합한 어떤 것과 이들 사이의 연관 — 에 관한 생각은 건축가에게는 아주 중요하다. 케스 부케(Kees Boeke)의 책은 이런 생각들을 한꺼번에 필름에 담아낼 수 있는 가능성을 보여 주었다. 각 10의 제곱수마다 일정한 시간 단위로, 중심점은 고정시킨 채 카메라를 움직임으로써 우리는 어떤 수에 대해서건 '0을 하나씩 추가함으로써 얻게 되는 효과'를 **보여 줄** 수 있었다.

필립과 필리스, 두 모리슨은 이 아이디어가 무엇을 의미하는지를 알고자 하는 열망과 상상력을 가지고 있었다. 영화 「10의 제곱수(Powers of Ten)」를 제작하는 동안 많은 아이디어가 쏟아졌고 흥미진진한 자료가 쌓였다. 이 영화에 압축해 담아낼 수 있는 양 이상으로 정보가 쌓였다. 이제 책의 형태로 나오게 되어 직선 여행의 기회가 생겼을 뿐만 아니라, 즐겁게도 각 제곱수마다 풍부한 자료를 덧붙여 더 깊이 통찰할 수 있는 기회 — 이해력과 지식을 키울 수 있는 기회 — 도 생겼다. 그리고 책을 통해 1미터라는 인간적인 규모에서 출발해 제곱수를 늘리면서 바깥으로 여행하며 0을 더한다는 것이 무엇을 의미하는지를 조금씩 이해해 가는 것은 물론, 저 신비로운 먼 지점으로부터 1미터 단위를 통과해 가장 작은 단위까지 여행하는 것도 가능해졌다.

레이 임스(Ray Eames)

10의 제곱수는 여러분이 과학 관련 대화에서 듣게 될 문구이다. 또 이것은 찰스와 레이 임스 연구소에서 제작한 짤막하지만 멋진 영화의 제목이기도 하다. 우리는 이 영화의 제작에 참여하면서 찰스와 레이 임스 두 사람과 그들의 스튜디오를 알게 되었는데, 처음에는 약간 서먹했지만 곧 아주 친해졌다. 여러분은 1초에 24개의 프레임이 지나가면서 만들어내는 영화의 정지 화면에서 기대할 수 있는 것과 흡사한 느낌을 이 책을 통해 미리 맛볼 수 있을 것이다.

영화 자체가 한 네덜란드 교사가 쓴 작은 책 『우주의 조망: 40번의 도약으로 본 우주(Cosmic View: The Universe in Forty Jumps)』의 변형이었듯이, 이 책 또한 영화의 변형이다. 케스 부케가 아이들을 위해 쓴 독창적인 이 책은 멋진 우주 여행으로 우리를 인도했으며, 우리는 수년 동안 이것을 소중히 여겼다. 우리에게 이 여행 — 책에서는 일련의 도약으로, 영화에서는 규칙적이고 부드러운 흐름으로 묘사되었다. — 은 과학 전반에 걸친 여행이 되었다.

이 책은 우주를 관통하는 일종의 탐사 여행 — 그렇지만 그보다는 훨씬 자유로운 여행 — 을 묘사하고 있다. 원래의 여행 경로는 어떠한 장애물도 없이 길게 일직선으로 늘어선 길을 따라가는 것이었고, 이 길을 따라 이동할 때 나타난 장관을 담은 화면들에는 길 옆 풍광을 곁눈질한 것은 없었다. 이 책에서 우리는 레이와 함께 일련의 도판이 있는 주석들을 추가했다. 이 도판들은 이 여행의 개척자들이 여기 저기 잠시 머무르며 주위를 돌아봤을 때 느낀 것들을 추억할 수 있게 해 주는 것이며 주요 장면들을 잘 이해할 수 있게 해 주는 증거들이다. 여기 실린 다양한 사진들에서 뚜렷이 드러나고 있는 통일성을 여러분이 알아챌 수 있기를 바라며, 남녀노소를 불문하고 누구나 과학에 대한 흥미를 얻을 수 있기를 바란다. 우리는 특히 실험 기구와 합리적 추론에만 의거해서 알고 있는 이 세계를 쉽게 이해할 수 있도록 만들고자 애썼다. 동시에 우리는 충분한 기초 지식이 있는 독자라면 각 단위마다 그렇게 많은 사실이 연관되어 있다는 점을 발견하고는 우리만큼이나 만족스러워하리라 확신한다. 누구나 우리 스스로가 과학 사회에 얼마나 많이 의존하고 있는가를 알게 될 것이다. 우리는 독창적인 해설서보다는 일종의 안내책자를 엮고자 했다.

마지막으로 이 책은 《사이언티픽 아메리칸(Scientific American)》이 과학 대중화를 목적으로 기획한 시리즈로 처음 펴내는 책들 중 하나이다. 우리는 이 작은 책과 시리즈가 지난 수년 동안 우리가 이 책을 준비하면서 많은 도움을 받고 항상 흥미롭게 읽곤 하던 잡지 《사이언티픽 아메리칸》만큼이나 널리 사랑받고 읽히기를 바란다.

필립 모리슨과 필리스 모리슨
(Philip Morrison and Phylis Morrison)

일러두기

이 책은 1996년에 민음사에서 출간된 『10의 제곱수들』의 번역문을 다듬고 내용을 보강한 개정판입니다.

차례

세상을 본다는 것	11
여행	31
여행에 필요한 규칙	120
10의 제곱수: 크고 작은 수를 어떻게 쓰는가	124
길이 단위	126
무지개 읽기	128
망원경과 현미경	130
연대표	134
주석과 참고 문헌	139
자료 목록	160
옮긴이 후기	163
찾아보기	165

신들의 윤무, 서로 지나쳤다 다시 원으로 돌아와 나란히 서는 동작과 앞으로 전진하는 동작을 묘사하는 일, 어떤 신은 먼저 위치와 동일한 곳으로 돌아와 있고 어떤 신은 반대 위치에 가 있는가를 설명하는 일, 이 모두를 시각적인 모형을 보여 주지 않은 채 묘사하려 한다면 아마 헛된 노동이 될 것이다.

— 플라톤(Platon), 『티마이오스(*Timaeus*)』

세상을 본다는 것

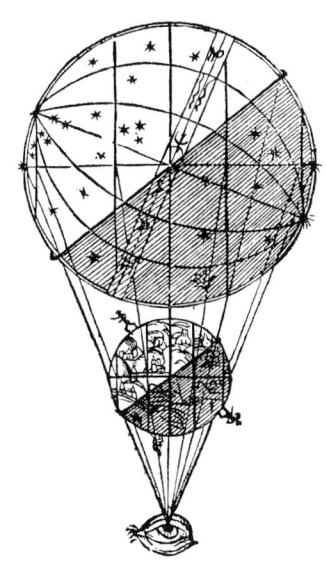

모든 감각 중에서도 시각은 우리에게 가장 많은 정보를 제공한다. 우리 인간은 커다란 시각 피질을 지닌 다재다능한 영장류이다. 우리는 밤에도 볼 수 있기는 하지만, 태양 광선의 색채를 이용해 밝은 세계를 지속해서 관찰한다. 우리의 사촌인 야행성 영장류들은 대개 숲 속의 높은 나무 위에 머물며, 어둠 속에서 참을성 있게 곤충을 사냥한다.

과학에서 사용하는 도구들 역시 시각을 선호한다는 사실은 결코 놀라운 일이 아니다. 이 도구들은 시각을 단위, 색깔, 강도 등 새로운 단위 영역으로 확대시킨다. 들을 수도 없고 볼 수도 없는 인공적인 신호들이 지금 우리 일상의 생활 공간을 가득 채우고 있다. 이 신호들은 그렇게 간단하지는 않은 도구나 라디오, 좀 더 복잡한 텔레비전을 통해 우리 눈과 귀에 그 모습을 드러낸다. 바로 이것이 직접적인 생물학적 지각 능력을 넘어서는 감각 영역으로 과학이 걸어 들어온 발전 경로이다. 복잡한 도구들은 우리가 살고 있는 3차원 공간의 부분 이미지를 구성해 내고, 가시광선의 물리적인 영역을 넘어서는 규모에서도 풍부하고 상세한 이미지를 제공해 준다.

어떤 의미에서 (손을 무시하는 것이 염려되지만) 눈과 뇌로 정밀하게 인지되는 이미지들은 우리 시대의 과학 지식을 가늠할 수 있는 척도이다. 우리 시대의 과학은 여러 가지 도구와 어느 누구도 혼자서 전체를 모두 꿰고 있다고 주장할 수 없게 된 정교한 이론들을 가지고 우리에게 이 세계를 여러 방식으로 보여 준다. 우리가 알고 있는 모든 세계를 마치 눈앞에서 벌어지는 실제 장면처럼 보여 주는 것은 아직도 과학 분야에서 매력적인 일로 남아 있다. 이미지를 어떻게 조립하더라도 결코 완전할 수 없다는 것, 어떤 그림도 궁극적인 것이 아니며, 어떤 이미지도 우리가 추측 혹은 이해할 수 있게 된 사실들을 저 밑바닥까지 들여다볼 수 있게 해 줄 수 없다는 것은 분명하다. 모든 기술(記述)은 어떤 미묘한 개념이나 때로는 혼동되는 개념을 포함하고 있어 언제나 그 뒤에는 그림으로 형상화할 수 있는 것 이상의 것이 존재한다. 그러나 전체를 이해하는 데 있어 서로 연관된 과학의 개념 구조가 시각 모형보다 더 중요하다고 할 수는 없다.

계몽주의 시대에는 실제 지도 작성에 투영법을 이용했다. 우리에게 친숙한 하늘의 별들은 새로 만든 정밀한 지구본을 감싸는 덮개에 표시되어 있다. 이 지도는 인공 위성의 도움 없이 훌륭하게 제작되었다.

과학의 모든 단위 영역

팔 길이만큼의 세계(1미터 정도)는 대부분의 인공물과 우리에게 친숙한 생물들의 세계이다. 어떤 단일 건물도 킬로미터 단위는 넘지 않는다. 피라미드에서 펜타곤에 이르기까지, 어떤 거대한 건축물도 그 정도의 규모일 뿐이다. 비슷한 한계가 생물에도 적용된다. 가장 큰 나무라고 해도 100미터 높이에 이르기가 힘들다. 그리고 그만 한 크기의 동물은 이전에도 없었고 지금도 없다. 우리가 지금 사용하고 있고 직접 볼 수도 있는 아주 작은 인공물들(정교하고 우아한 문자나 가느다란 바늘귀 등)은 1밀리미터의 10분의 몇 정도밖에 되지 않는다. 다시 말해 6개의 자릿수로 우리에게 익숙한 사물과 세계를 모두 나타낼 수 있다. 이 규모로 과학의 상당 부분이 포괄된다. 가장 두드러진 분야가 인간 행동의 근원을 다루는 분야이다.

우리 세계에 존재하는 것들을 물리적인 크기에 따라 배치해 보자. 큰 규모로 가면 가끔 원기 왕성한 인간들이 만들어 낸 작품들, 다리, 벽, 댐, 고속도로 등이 눈에 띌 것이다. 이것들은 전형적인 3차원 구조물처럼 보이지 않는다. 이것들을 공중에서 보면 마치 긴 리본처럼 보인다. 이것들을 모아 놓고 볼 때만 10~100킬로미터, 때로는 그 이상의 거대 면적(여전히 3차원은 아니다.)을 차지하는 대규모의 인공물로 보인다. 즉 경작지나 주택지, 평야, 원시림 개간지, 거대 도시와 그 주변들이다. 이것들은 수차례의 계획을 통해 이루어진 것으로 그 자체가 성장의 역사이다. 나머지 생명체에서도 비슷한 광경을 목격할 수 있다.

풀잎은 작지만, 북반구나 남반구의 어두운 삼림 지역과 초원, 사바나는 수천 킬로미터에 걸쳐 뻗어 있다. 이 지역들이 우리가 볼 수 있는 가장 큰 규모의 풍경을 이룬다. 인식력 있는 과학은 땅의 성질 이해와 이용을 목표로 한다. 예전의 지리학자나 역사가 들이 내놓았던 설명과 현대의 정교한 실용 기술을 습득한 삼림학자나 공학자 들의 설명이 모두 예나 지금이나 똑같이 타당할 수도 있다.

일단 수천 킬로미터 규모를 벗어나면, 인류라는 생물종은 보이지 않는다. 지구나 대기층과 같은 규모, 즉 1만 킬로미터에 이르면 냉각기 과학(cooler science)이 힘을 발휘한다. 대기, 구름과 끊임없는 바람의 빠른 운동, 강의 완만한 흐름, 대양의 흐름, 빙하, 딱딱한 대륙의 웅장하면서 느린 이동 등 다양한 모습들이 우리가 보던 단일한 풍경 뒤에 놓여 있다. 이것들은 기상학, 해양학, 수문학, 지질학과 같은 역동적인 과학의 대상들이다. 이 새로운 과학의 세대 안에서 지질학은 계속해서 영역을 넓혀 왔다. 최근까지도 지구 전체는 지질학의 주제가 아니었다. 국소적 지역들에 대한 이해는 상당했지만, 이렇게 이해된 단일 과정으로 드넓은 대양의 긴 해안을 연결해 설명할 수도, 혹은 지구 전체를 설명하지도 못했다. 하지만 모든 것이 변했다. 오늘날 어떤 지질학자는 어쩌면 지구를 하나의 지방 정도로 생각할지도 모른다.

1만 킬로미터를 넘어가면 지구로부터는 벗어나지만 아직 인류의 영역에서 온전히 빠져나온 것은 아니다. 우리는 달에 용맹한 탐험가들을 보냈다. 적도 위에서 잰 지구 반지름의 5배에 달하는 고리인, 지구 정지 궤도(지구에서 볼 때 움직이지 않는 궤도 — 옮긴이)는 충분히 개발되어 있는 천연자원이다. 중력권 안에서 돌고 있는 인공 위성들은 회전하고 있는 지구에서 보면 여행을 하는 것도 고정되어 있는 것도 아니지만, 항상 인위적으로 고정된 인공 위성 안테나의 시계(視界) 안에 머물러 있다. 그들은 전파를 통해 전 세계의 거의 모든 나라에 영상과 음성을 전달해 주고 있다.

태양계의 경계까지는 단위가 10^6킬로미터 이상인데, 이 너머에는 우리가 볼 수 없는 혜성들이 있다. 오늘날 태양계를 연구하는 과학 — 크고 작은 행성의 표면이나 내부, 위성, 유성, 혜성, 흩어져 있는 먼지 등을 연구하는 과학 — 은 천문학에만 국한되어 있지 않다. 이제 더 이상 멀리서 바라보고만 있지는 않는다. 우리는 인간 대신 로봇 탐사기를 보내 연구 대상을 만져 보고 시료를 채취하기도 한다. 천문학은 항성 연구에서 시작한다. 항성 중의 하나인 태양은 우리에게 생명을 부여해 준 심장이자, 자세한 연구가 가능할 정도로 충분히 가까이 있는 유일한 항성이다. 태양 근처에 있는 지구와 두 번째로 가까운 항성 사이에는 거대한 심연이 놓여 있다. 이 별들의 영역으로 들어가기 위해서는 엄청난 거리를 단번에 가로질러야만 한다. 이것은 20세기에 처음으로 알게 된 놀라운 사실이다. 별의 탄생이나 성장사, 별의 생애, 우주 전 지역에서 볼 수 있는 대부분의 물질이 모여 있는 다양한 기체 구들. 이것이 천문학이라는 단어 자체의 어원 — 별에 관한 학문 — 이 의미하는 천문학이다. 아직 완전하지는 않지만 천문학은 이제 성숙 단계에 이르렀다.

이제 다른 방향으로 가 보자. 도구들에 의존하지는 않지만 주의를 기울여 관찰해야 하는 밀리미터 단위의 세계로부터 미시 세계 안쪽으로 눈길을 돌려 보자. 우선 우리 몸에 있는 복잡한 기관들과 큰 생명체들의 미세한 기관들이 눈길을 끈다. 여기서 우리는 해부학, 생리학, 조직학, 세포학(전문 분야로 생물의 기본 단위인 세포 자체를 연구 대상으로 하는 학문)을 이용한다. 가장 원시적인 형태의 생명체 모습을 한 작은 세포에 이르는 생명의 전 미시 세계가, 그리고 엄밀하게는 생명이라고 할 수 없는 기생 생물인 바이러스가 우리 눈앞에 드러난다. 다음으로 1,000옹스트롬 정도의 단위에서는 분자 생물학의 기작과 (그리고 미시 전자학이 만들어 내는 인공물들의 분자 생물학적 모방과도) 만나게 된다. 우리는 여기에서 형태와 기능이 만나는 것을 볼 수 있다. 형태는 분자이고, 기능은 익히 우리가 알고 있는 지구의 진화 과정을 통해 거미줄같이 얽혀 있는 생명체들이 공유하고 있는 생명의 심오한 특징들 속에 존재한다. 여기서 우리는 유전학과 거대 분자와 분자 사이에 일어나는 상호 작용의 순환 과정을 다루는 생화학에 대해 언급할 것이다. 이미 오래전에 우리는 무질서 운동과 원자 결합으로 이루어져 있는 화학자들의 세계와 생명 자체(가장 미묘한 화학 작용일 것이다.)를 구별해 주던 모호한 경계선을 넘어섰다.

다시 한번 천체를 바라보자. 이번에도 우리는 자연의 실제 경계를 넘어서게 된다. 일단 오랜 시간에 걸쳐 별들이 서로 결합해 이루어진 회전 웅덩이인 은하들을 보려면 우리 은하수 은하의 경계를 벗어나야 한다. 항성에 관한 천문학도 처음에는 희박한 성간 물질, 즉 새로운 별들을 탄생시키는 형성 물질에서 나중에는 은하와 외부 은하를 다루는 천문학으로까지 뻗어 가게 된다. 화려한 모습을 한 다양한 별 웅덩이들이 우리가 볼 수 있는 저 먼 우주 공간에 흩어져 있다.

다시 거대 분자 세계에서 출발해 그보다 더 작은 세계로 들어가는 여행으로 돌아가 보자. 마침내 우리는 옹스트롬 규모에서 개별 원자에 이르게 된다. 이 옹스트롬 단위 이하의 과학은 온전히 물리학과 화학이다. 우리가 원자 안의 가장 깊숙한 영역을 탐사하기 시작하면, 어떤 직접적인 이미지라고는 떠올릴 수 없는 낯선 영역으로 들어가게 된다. 우리는 현대 물리학에서 사용하는 개념과 거대한 기구를 이용해 이 수수께끼들이 풀린 방식대로 이 영역을 재현할 수밖에 없다. 우리의 연구는 근본적으로 새로운 법칙에까지 도달했다. 이 법칙은 처음에는 역설적으로 보였지만 지금은 물질 내부의 일정한 양식을 지닌 안정된 세계를 설명하는 데 대단히 유용한 것으로 입증되었다. 100여 종의 화학 원소와 아직은 다양하지 않지만 그래도 다수인 이 원소들의 핵종으로 이루어지는 모듈 세계(modular world)는 필연과 우연 사이에 일어나는 미묘한 상호 작용이 지배하

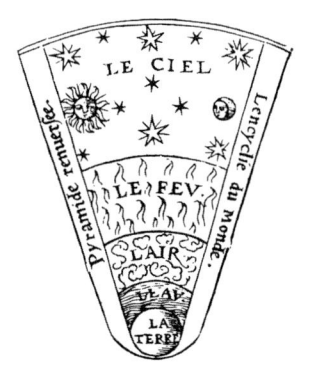

「천구(L'encyclie du monde)」, 16세기 사람들의 세계관. 세계는 다섯 원소로 이루어져 있고 이것을 천국이 둘러싸고 있다.

는 세계이다.

처음과 마지막에 나오는 이미지는 가장 큰 규모와 가장 작은 규모의 세계를 보여 주는 것으로 현대 지식의 한계를 표시한다. 은하들이 어둠 속에 떠 있는 반짝이는 거품처럼 보이는 곳에 다다르는 한쪽 끝에서는 과학 전체가 하나의 학문, 우주론이 된다. 우리는 10억 광년 너머에 대해서는 공간적으로 어떤 새로운 것들을 알지 못한다. 우리가 알고 있는, 분명하게 구분이 가능한 구조들은 모두 이보다 훨씬 작은 규모에서 존재한다. 경이로운 새로움이 존재함에는 틀림없지만, 이 새로움은 공간이 아니라 시간의 경과에 따라 나타난다.

우주는 한때 뜨겁고 균일한 재료로 이루어진 다양한 은하들로 채워져 있었다. 다른 한쪽 끝, 즉 아주 작은 영역에서도 다시 유일한 하나의 과학, 입자 물리학만이 존재한다. 이 두 끝은 서로 정보를 주고받는다. 매우 뜨거웠던 초기 우주는 현재 우리가 입자 실험실에서 순간적으로 보는 물질만을 함유하고 있었을지도 모른다. 우리가 살고 있는 세계는 겨우 최근에야 이해되기 시작한 간단한 구조들이 무수히 복제되어 이루어진 모듈 세계이다. 원자핵 안에는 양성자가 있다. 양성자 안에는 상호 작용하는 쿼크들이 있다. 그렇다면 쿼크 안에는 무엇이 있고 무슨 일이 일어나는가? 아직까지도 우리 시대의 초미시 탐침인, 자기화된 고리와 관으로 이루어진 거대한 입자 가속기는 이 마지막 질문에 정확하게 대답하지 못하고 있다.

우리의 확고한 지식은 42개의 10의 제곱수에 걸쳐 있다. 이 너머의 영역에 대해서는 다만 억측을 하든지, 겨우 암시만을 얻을 수 있을 뿐이다. 인간의 정신 영역 안에 무한이 놓여 있듯이 실제 세계에도 무한이 존재하는지 존재하지 않는지는 논쟁할 수 있을 뿐 알 수는 없다. 거시 우주의 바깥 혹은 미시 세계의 안쪽, 이 양쪽 방향으로 얼마만큼이나 더 여행을 계속할 수 있을까? 언젠가는 알 수 있기를 바랄 뿐이다.

같은 것과 다른 것

우리는 모든 규모에 걸쳐 모든 피조물을 살펴볼 것이다. 아리스토텔레스는 사물의 모든 영역을 둘러보고 난 후 천상의 세계가 우리가 얼마 동안 거주하는 지상의 세계와는 완전히 다르다고 보았다. 우리는 그가 무엇을 다르다고 생각했는지 알고 있다. 저 위에서는 물체들이 빛나고, 원형이며, 영구적이다. 이에 반해 달 아래에 있는 물질은 대개 어둡고, 그 운동은 우아하지도 영구적이지도 않다. 그러나 우리 시대에는 이 두 세계가 하나, 즉 동일한 세계라고 본다. 우리가 쏘아 올린 인공 위성은 지상의 것으로 결점투성이며, 이 기계를 고안한 정신과 그것을 만든 인간의 손이 지닌 유한성이 그 안에 고스란히 남아 있다. 그러나 일단 무시무시한 불꽃을 내뿜는 로켓의 추진력을 받으면 인공 위성은 천상의 영역으로, 여느 천체와 마찬가지로 완전한 구형을 이룰 수 있는 궤도로 진입해 밤하늘의 별처럼 계속해서 밝게 반짝인다.

세계는 둘이 아니다. 지상과 천상은 다르지 않다. 차이는 단지 거리와 운동뿐이다. 통찰력 있던 아리스토텔레스의 이론은 3세기 전에 등장한 코페르니쿠스의 더 폭넓은 통찰력을 가진 이론에 자리를 빼앗겼다. 그 후로 우리는 지구가 여느 다른 행성과 마찬가지로 천상의 세계에 속한다는 것을 잘 알고 있다. 태양의 수행원들이 있는 어디에서든 그 정도로 충분히 먼 곳에서 지구의 운동을 바라보게 되면, 지구 역시 빛을 내고 있으며 영구적인 원운동 ─ 비록 타원이기는 하지만 ─ 을 하는 것처럼 보인다. 우리는 우주선 지구호에 살고 있다. 똑같은 일련의 경험들로부터 우리는 화성이라는 방황하는 붉은 행성이 지구와는 전혀 다르며, 매우 밝게 빛나는 천체가 아니라는 것도 알고 있다. 대신 카메라는 화성이 애리조나 사막과 매우 비슷한 모습을 하고 있다는 사실을 보여 준다. 지구와 마찬가지로 나머지 천체 모두는 복잡하고, 물리적이며, 유한하고, 경이로운 곳이다. 물론 이들이 지구와 동일하지는 않다. 예를 들어 불타는 거대한 공인 우리 태양은 어떤 행성보다도 뜨겁고 찬란한 빛을 낸다. 그러나 태양의 기체 구는 지구의 바위와 마찬가지로 중력에 끌린다. 지구가 생성된 때부터 지구를 따뜻하게 해 주었고, 물과 공기로부터 발생한 생명의 실에 지속적으로 영양을 공급해 온 태양의 핵 불에 대해서는 현재 자세한 연구가 진행 중이다. 태양의 불은 오랫동안 계속해서 타오르고 있지만 유한하다. 언젠가 우리는 산업의 축을 계속 돌리기 위해서 태양에 상응하는 대체물을 그 위치에 대신 올려놓아야 할 것이다.(이미 우리는 무시무시한 핵폭발로 순간적이지만 비슷한 일을 경험했다.) 하늘과 땅은 확실히 구분되지 않는다. 그렇다고 하나도 아니다. 하지만 본질은 다르다 하더라도 넓게 보면 하나로 결합되어 있다.

미시 세계에서도 마찬가지다. 그리스 인들은 역시 현명했다. 고대 철학자들은 나무가 어떻게 불과 재로 변하는가, 빵이 어떻게 배고픈 사람에게 양분을 제공하는가, 검은 철이 어떻게 붉게 녹스는가를 설명하고자 했다. 그들은 물질이 우리가 지각할 수 있는 크기 저 아래 깊숙한 곳에서 작은 모듈(원자)이 서로 얽혀 만들어진 직물이고, 이 모듈의 배열이 끊임없이 바뀌어 이런 변화들이 일어나는 것이라고 생각했다. 한갓 사변에서 시작해 100여 개의 원소들을 모조리 정복한 이 원자론은 물질로 짜여진 모든 직조물이란 직조물을, 그것이 낡은 것이든 새로운 것이든 풀어 버렸다. 이로부터 현대의 원자 물질 개념이 탄생했으며, 우리는 이 책을 통해 그 영상을 뚜렷이 볼 수 있다. 그러나 원자 세계가 우리의 감각 세계와 똑같지 않다는 사실을 쉽게 이해할 수 있는 방법은 없다. 하지만 다른 세계는 발견하지 못했기 때문에 원자 세계도 똑같은 우리의 세계임에는 틀림없다. 이 원자 세계는 우리가 저 먼 행성들 사이에서 발견하는 경이로움과 평범함의 묘한 혼합과 동일한 것을 보여 주었고, 이것은 우리에게 익숙한 경험 세계와 연관되어 있다. 예상하지 못한 친숙함이나 이국적인 새로움을 만날 때 희열을 느끼는 여행자라면, 책장을 넘기면서 단계별로 진행되는 관찰의 즐거움을 만끽할 것이다.

소인국과 거인국

조너선 스위프트(Jonathan Swift, 1667~1745년)의 풍자극에서 활약하는 레무엘 걸리버(Lemmuel Gulliver) 박사는 10의 제곱수 세계를 방문한 가장 유명한 여행자이다.(사실 그는 이웃하는 두 12의 제곱수 세계를 방문했다.) 소인국 왕국에서 벌어지는 종파 전쟁의 하찮음이나 자기 잇속만 차리는 우리 인간들에 비해 도량이 넓은 거인국의 거인들이 보여 주는 오만함은 모두 크기만으로 평가하는 도덕적 판단의 새로운 잣대임을 작가는 솜씨 있게 잘 보여 주고 있다. 물리적인 차원에서 거인들과 소인들을 그들에 대한 우리 지각을 중심으로 보면 우리와는 구별된다. 걸리버는 소인국의 세계를 멀찌감치 떨어져서 보고, 보이지 않는 실을 꿴 보이지 않는 바늘로 정교하게 바느질하는 모습을 칭송한다. 거인들의 세계는 마치 현미경으로 들여다보듯이 관찰한다. 그들이 만들어 놓은 정교한 가공물들은 조야해 보이고, 그들의 신체도 그의 눈에는 거칠고 홈집투성이로 보인다. 바로 이 점이, 현미경이 우리에게 가져다준 실제의 경이로움이다. 확대경을 통해 보이는 미세한 바늘 끝은 들쭉날쭉하고 조야하다. 감탄할 만한 외관도 현미경으로 보면 오점투성이다.

그러나 규모의 효과는 우리의 인식을 뛰어넘는 새로움을 낳는다. 세계는 크기 단위가 다르면 다르게 작동한다. 스위프트는 기하학의 원리를 잘 알고 있었다. 그는 키가 180센티미터인 사람의 부피와 같아지려면, 키가 15센티미터의 소인국 사람 12명을 합하거나 12×12명의 사람을 합하는 것이 아니라 12×12×12명의 사람을 합해야 한다는 것을 알고 있었다. 높이만 12배로 늘려야 하는 것이 아니라 폭과 길이도 동일하게 늘려야만 한다.(각설탕 하나의 모서리보다 모서리가 2배 큰 정육면체를 만들기 위해서는 8개의 각설탕을 쌓아야 한다.) 따라서 소인국 사람들은 죄수 걸리버를 위해 자신들의 하루 배급량보다 12×12×12배, 즉 1,728배의 하루 배급량을 징발해야 했다.

교과서에 나오는 기하학을 단순하게 믿어 버렸다가는 그것이 현실적이지 못하다는 것을 경험을 통해 쉽게 알 수 있다. 어떤 사람이 한두 조각의 빵으로 하루를 보낸다고 생각해 보라. 그런데 15센티미터 크기의 다람쥐처럼 작은 동물에게 이 식사량의 2,000분의 1에 해당하는 양을 준다는 것은, 매일 당신의 엄지손톱만 한 양의 빵 조각을 먹인다는 것을 의미한다. 굶어 죽을 것 같은 양이다! 그러나 이 동물은 매일 이 조각의 3분의 1이나 2분의 1만 먹고도 만족할 것이다.

사실 우리가 살고 있는 세계는 에우클레이데스의 간단한 정의들을 전적으로 따르고 있지 않다. 단위 모형은 대상을 있는 그대로 충실하게 보여 주기는 하지만, 대개 똑같은 방식으로 작동하지는 않는다. 처음으로 이 점을 지적했던 사람은 갈릴레오 갈릴레이(Galileo Galilei, 1564~1642년)였다. 복잡한 영양학, 열의 손실 등은 제쳐 두고, 하나의 성질, 정적이기는 하지만 중요한 성질 — 구조적 내구성 — 만을 고려하자.

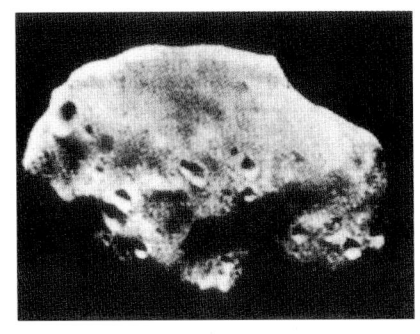

지름이 겨우 10킬로미터인 화성의 작은 위성 포보스의 중력은 너무 약해서 바위 구조를 구 모양으로 만들기는 어렵다.

박식한 살비아티는 갈릴레오의 대작 『새로운 두 과학(Discourses Concerning Two New Sciences)』(1638년)에 나오는 첫째 날의 대화 첫머리에서 이렇게 묻고 있다. "180~240센티미터 높이에서 떨어지는 말은 뼈가 부러지는데, …… 똑같은 높이에서 떨어지는 개는 조금도 다치지 않는다는 사실을 아는가?" 그러고는 이렇게 주석을 붙인다. "작은 개는 등에 똑같은 몸집의 개를 두세 마리 짊어지고도 갈 수 있을지 모른다. 그러나 말은 같은 몸집의 다른 말을 등에 질 수 있을지는 의문이다." 실제로 상대적으로 작은 것은 강하지만 큰 것은 약하다. 거대한 강철 다리는 같은 무게의 하중을 견딜 수 없다. 어떤 나무 판자라도 그보다는 낫다. 일개미가 자신의 둥지로 자기보다 훨씬 큰 파리를 등에 지고 끌고 갈 수 있다는 사실은 어떤 특별한 의도가 빚어낸 기적이 아니다. 인간이 근육의 힘으로 날 수 없기 때문에 날기 위해서 뜨겁고 건조한 금속 엔진의 도움을 받아야 하는 반면, 조그마한 새가 잘 날 수 있는 것은 누가 어딘가에 존재하기 때문이 아니다. 이러한 사실들은, 형상은 기능만을 따르는 것이 아니라 크기, 특히 다양한 규모에 걸쳐 있는 크기에 따라 달라진다는 것을 나타낸다. 이것이 물리적인 세계에서 '0을 추가한' 효과이다.

규모 변화에 따라 나타나는 효과들의 원인을 모두 추적할 수는 없다. 이론 과학이 지나온 경로를 거의 전부 되밟아야 하기 때문이다. 이 효과가 어떻게 나타나는지는 한 가지 예를 들어 살펴보는 것만으로도 충분하다. 그 예로, 큰 경우의 구조적인 약함과 작은 경우의 구조적인 강함을 살펴보자. 지상에 존재하는 모든 구조물은 중력에 거슬러서 자신을 유지해야만 한다. 중력은 외적인 것이다. 중력은 포장에 관계없이 모든 사탕 상자 안까지 미치기 때문에 전체 상자의 무게가 빈 상자와 다르다는 것을 구별해 준다. 인간이나 말, 개 등은 발로 걷는다. 발바닥만으로 유기체의 전 중량을 지탱할 수 있다. 모든 면적과 마찬가지로, 발바닥의 표면적도 길이가 10배 증가하면 10×10배, 즉 100배로 증가하는데, 이것은 작은 개나 말이나 모두 똑같다. 따라서 지탱 면적은 100배로 증가한다. 그러나 전체 몸의 중량(지탱 표면에 실리는 전체 하중)은 $10 \times 10 \times 10$배, 즉 1,000배로 증가한다. 말은 개보다 비교적 구조적으로 지탱력이 더 작은 것이 확실하다. 따라서 그 설계가 어떠하건, 너무 확대된 구조는 붕괴될 것이다. 형태적으로 설계가 비슷하면 계산은 정확하다. 사실 개가 말과 아주 닮은 형태를 하고 있는 것은 아니다. 이 형태의 차이는 개와 말의 행동에서 나타나는 차이를 반영하는 것이지만 부분적으로는 부분적인 규모 변화에 따른 적응도를 반영한다. 큰 동물은 뚱뚱하고 건장한 형태를 취하는 경향이 있다. 반면에 작은 동물은 우아하고, 날렵하고, 쌀쌀맞으며, 쉴 새 없이 배가 고프고 쉽게 물에 잠겨 버린다. 우리가 잘 알고 있는 이러한 특성들은 적어도 각 동물들의 크기 때문에 생긴 것이라는 대강의 설명이 가능하다.

이런 차이가 나타나는 데는 내적인 원인도 있다. 개와 말은 똑같은 물질, 뼈와 살로 이루어져 있다. 이

디오네는 토성의 위성이다. 거대한 행성 뒤로 환상적인 조명을 받는 것처럼 보인다. 지름이 500킬로미터로 정교한 구형이다.

물질 내부 깊숙한 곳의 원자들은 생물의 크기가 증가한다고 해서 자신의 크기를 변화시키지는 않는다. 단위 모형은 절대적인 것이 아니다. 본래적인 크기는 원자의 고유한 성질 안에 들어 있다. 다른 원자로 이루어진, 우리와 다른 우주에서는 이러한 주장들이 똑같이 적용되지는 않을 것이다. 그러나 여기 우리 우주는 이런 규칙이 지배하고 있다. 0을 더함으로써 얻어지는 결정적인 효과를 반영해야 하는 것은 생명체만이 아니다. 인간의 기술도 당연히 이와 동일한 규칙에 복종해야만 한다. 생명의 진화와는 동떨어져 있는 자연의 형상물들도 이와 다르지 않다. '산'을 예로 들어 보자. 산 역시 자신의 무게를 지탱해야만 한다. 산은 지구나 화성에 비해 크기가 매우 작다. 대부분의 행성과 별은 구형이다. 그러나 화성의 작은 위성인 '포보스'처럼 작은 물체들은 구형이 아닐 수 있다. 포보스는 오히려 못생긴 감자를 닮았다. 원인은 오직 이 위성의 크기에 있다. 물체(항상 우리가 가정해 오던 일반적인 물질)는 그 크기가 증가함에 따라 중력으로 생기는 자체 인력으로 인해 자신의 모든 부분이 안쪽으로 끌어당겨지게 된다. 어떤 물체의 크기가 매우 크지만, 물질은 중력 효과에 저항할 수 있을 정도로 강하지 않다고 가정해 보자. 그러면 이 물체는 자체적으로 수축한다. 작아질 수 있을 만큼 작게 되려고 한다. 그래서 질량이 충분히 크면 거의 구형이 된다. 바위가 자체적으로 지탱할 수 있는 한계는 거의 몇백 킬로미터인 것으로 밝혀졌다. 이 크기 이하에서는 위성이나 소행성 들이 막대기, 벽돌, 혹 모양 등 여러 가지 형태를 띤다. 이 한계를 훨씬 넘어서는 것들은 모두 구형이다. 천문학은 따라서 구형으로 이루어진 왕국이다. 목성만 한 찻잔 모양의 물질은 우리 세계에서 존재할 수 없다.

훨씬 더 작은 세계와 다른 성질들을 살펴보자. 누구도 각설탕이 든 대접에서, 손가락으로 집지도 않고 각설탕을 끄집어낼 수 있다고는 생각하지 않을 것이다. 그러나 만약에 대접에 낱알 형태로 된 설탕이 담겨 있다면, 손가락으로 집지 않아도 손에 달라붙는 설탕 결정체 몇 개를 꺼낼 수 있다. 또 고운 분말로 만들어진 정제 설탕 가루가 들어 있다면, 손을 대접에 넣기만 해도 하얀 설탕 가루가 잔뜩 묻은 손이 용기에서 나오리라 기대할 수도 있다. 왜 이렇게 달라지는 걸까? 이 설탕들은 모두 똑같은 물질로 되어 있다. 피부에 달라붙는 부착력도 동일하다. 그러나 부착력은 두 표면 사이의 접촉 면적에 비례해 증가한다. 전체적인 끈적거림은 대접에서 끄집어내야 하는 설탕 샘플의 접촉 면적에 비례해 증가한다. 그러나 설탕의 무게는 오히려 부피에 따라 변한다. 정상적인 부착력으로는 각설탕을 들어올릴 수 없다. 부피는 너무 큰데, 접촉 면적이 너무 작다. 가루에서는 상황이 역전된다. 현미경 아래의 세계는 이러한 표면 효과가 지배한다. 이 세계는 뻑뻑하고 끈적거리고 잘 들러붙는다. 작은 물체들은 잘 미끄러지지 않으며 거의 대부분 관성 효과를 보이지 않는다. 세균은 순수한 물에서, 마치 우리가 꿀이 가득 찬 풀장 안에서 하는 것과 같은 경험을 하게 된다. 같은 물이지만 세포의 표면적이 작은 부피에 비해 너무 커서, 우리가 보기에는 순하디 순한 물이 이들의 운동을 난폭

공간만을 따라 여행을 하다 보면 '변화'라는 중요한 것을 놓칠 수 있다. 오른쪽 사진은 만국 박람회를 준비하던 1933년, 공중에서 바라본 소풍 장면이다.

하게 방해한다. 앞으로 여행하는 동안 규모 변화와 연관해서 일어나는 현상들과 거듭 부딪치게 될 것이다. 별이 빛나고, 행성은 둥글고, 다리는 지질학적으로 작은 구조물에 지나지 않고, 세포는 빠르게 분열하고, 원자는 마구 진동하며, 전자는 뉴턴을 거역하는 등 이 모든 것이 규모에서 기인한다.

보이지 않는 질서

보통 시각적 모형만 가지고는 과학 지식의 전체 내용을 전달할 수 없다. 만일 그 모형이 정지 상태로 제한되어 있다면, 전달할 수 있는 내용은 더욱 적어진다. 책에 나오는 그림들은 대부분 세계를 정적으로 설명해 줄 뿐이다. 이것은 변화하는 세계를 생생하고 충실하게 전달해 줄 수 있는, 빨리 돌아가는 영화나 비디오에서는 발견할 수 없는 제한성이다. 영화나 비디오는 인간의 역사상 가장 변화무쌍한 현대의 특성에 가장 잘 맞는 예술 형태이다. 정지 영상의 한계는 단순히 우리 인간에게 있어 운동의 시각적 인식을 결정하는 흐름이 결여되어 있기 때문이 아니다. 우주에서 실제로 일어나는 변화는 인간의 시각으로 감지하기에 너무 느리게 혹은 너무 빠르게 일어난다. 더 결정적인 결함은 내용의 문제이다. 하나의 단일 영상은 다중으로 얽혀 있는 복잡한 사건들을 잘못 보여 줄 수 있다. 변화를 보여 주기 위해 정적인 영상을 선택해 연속적으로 보여 주는 것은 재구성한 운동의 흐름인데, 이는 우리의 인식 과정에 꽤 나 큰 도움을 줄 수 있다. 이때 '연속성'이 핵심 역할을 한다. 변화를 전달하기 위해서는 더 많은 지식이 요구된다. 움직이는 영상에 주의를 빼앗기는 동안, 우리는 이것이 정지 그림들 여러 장을 써서 우리 눈과 뇌에 미묘한 착각을 일으켜 만들어진 것에 불과하다는 사실을 종종 잊어버린다. 그런데 이것은 얼마나 낭비적인 흐름이란 말인가! 일반적으로 움직이고 있는 실제 대상을 묘사하기 위해서는 초당 24장의 서로 다른 사진이 필요하다.

이 모든 사실은 시간의 변화율을 시각 모형으로 나타내기 위해 얼마나 많은 부수적인 수단들을 필요로 하는가를 보여 준다. 세계는 사건들이 공연되는 야외 극장이라 할 수 있는데, 이 야외극은 무대 크기도 중요하지만, 사건 전개의 상대적인 시간 비율도 중요하다.

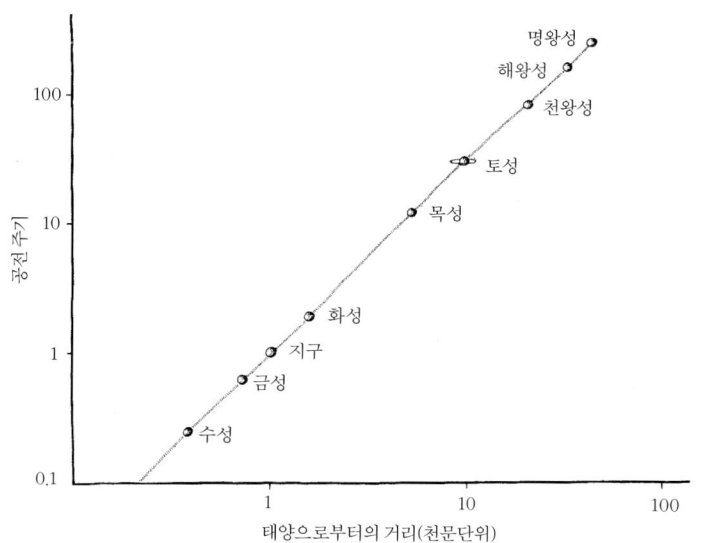

행성 궤도의 크기와 행성이 궤도를 도는 데 걸리는 시간 간의 놀랄 만큼 단순한 관계는 보이지 않는 질서의 일부이다. 케플러가 알아낸 이 연관성을 이용해 뉴턴이 만유인력의 법칙을 발견했다.

우리 눈에 익숙한 사건들이 이를 잘 보여 주는 예가 된다. 물리적인 세계는 공개적이건(일상적인 주변사처럼) 숨어 있건(분자 물질 안에서처럼) 항상 운동 상태에 있다. 때로는 운동 속도가 너무나 느려서 일어나는 변화가 거시 우주에서처럼 한번 힐끗 보아서는 알 수 없게 숨겨져 있다. 우리는 관측 대상의 위치가 주어진 시간에 공간적으로 얼마만큼 변했는가를 관측해 운동 속도를 측정한다. 맨눈으로 관측하던 대부분의 고대인들도 알아차렸을 정도의 '거리'는 행성의 운동 속도로 가늠할 수 있다. 좀 덜 빠르기는 하지만 새, 구름, 달, 별의 운동과 같이 인지 가능한 일련의 운동도 우리에게 친숙하다. 니콜라우스 코페르니쿠스(Nicolaus Copernicus, 1473~1543년) 이래 우리는 관측된 행성들의 회전 운동을 그들의 실제 궤도 속도(각 행성들이 지구가 아닌 태양을 중심으로 동일한 위치로 돌아오는 데 몇 년이 걸리는지)로 변환시킬 수 있었다. 이 원 궤도들의 크기는 코페르니쿠스적 그림에서 알 수 있는데, 여기에서 거리는 표준 미터가 아닌 지구 궤도에 대한 상대적인 값으로 표시되어 있다. 목성의 근궤도는 지구 근궤도의 5배이다. 그러나 목성의 1년은 지구 1년의 10배이다. 이 사실은(당시에도 정확히 알려져 있었다.) 처음부터 코페르니쿠스 신봉자들 손안에 있

었다. 즉 일정한 비율로 회전 원이 층층이 포개지도록 그려진 그림이 아니었다. 코페르니쿠스 체계는 그의 그림처럼 간단한 것이 아니었다. 오늘날 천문학을 모르는 독자들은 이해하기 어려울 수도 있겠다. 코페르니쿠스는 고대 천문관들에게 오래전부터 알려져 있었던 균일한 원운동에서 벗어나는 행성들의 작은 편차를 고려해야 했다.

속도라는 것이 매우 흥미롭다는 사실이 밝혀졌다. 오른쪽 그림은 궤도 크기와 속도 사이의 관계를 오늘날의 관측 자료(실제 타원에서의 평균 반지름)를 바탕으로 그래프 형태로 표시한 것이다. 행성들 사이에 보이는 규칙성이 놀랍다. 이 연관성은 요하네스 케플러(Johannes Kepler, 1571~1630년)가 처음으로 발견했고, 한 세대 후 아이작 뉴턴(Isaac Newton, 1642~1727년)이 이것을 자세하고도 합리적으로 설명했다. 우리 요점은 간단하다. 시간을 들여 관측하지 않았다면, 이 규칙성은 발견될 수 없었다는 것이다. 가만히 지켜보기만 하는 구경꾼들은 세부 사항을 놓쳐 버릴 뿐만 아니라, 심오한 의미를 담은 징후를 파악해 내지 못한다. 행성들 사이에 보이는 이러한 규칙성을 목성이나 토성의 작은 위성이나 지구의 위성인 달(지구 표면에서의 사과 낙하와 연관된 운동)에 적용되는 비슷한 규칙들과 한데 모아 보면, 천체 현상 뒤에 숨어 있는 어떤 질서가 드러나게 된다. 17세기에 뉴턴이 이미 예측했던 대로 이 질서는, 인공 위성이나 저 멀리 떨어진 쌍성에서도 보편적으로 적용된다. 일단 공간에 시간이 더해지면, 즉 시각적 동적 모형에 정량적인 추정이 더해지면 계몽주의 시대에 사람들이 느꼈던 것과 같은, 보이지 않는 세계 질서가 주는 경외감을 느끼게 된다. 이런 느낌은 오늘날의 물리학자들

이 공유하고 있다. 세계는 본질적으로 무질서하다고 확언하는 물리학자들 역시 마찬가지로 이런 느낌을 갖고 있다.

천체 회전이 보여 주는 단순성은 오랫동안 과학에 질서라는 패러다임을 형성해 왔다. 그러나 변화에 대한 연구는 행성을 벗어나서도 진행되었다. 18세기가 뉴턴 혁명을 지나치게 찬양한 것처럼 우리의 현재 사고는 물리학자들의 에너지 관념에 사로잡혀 있다. 에너지는 태양 광선이나 가솔린 혹은 젤리 도넛에 가까운 어떤 것을 의미하지는 않는다. 전문 용어로서의 의미로는 분명하지만, 일반적인 개념으로서는 굉장히 추상적이다. 이 개념은 처음 이 개념이 출현했던 역학 영역을 넘어 모든 물리적인 변화 과정에까지 성공적으로 뻗어 갔다. 에너지는 어떤 계에 대해 정의할 수 있는 양이다. 에너지의 값은 직접 관측할 수는 없지만, 그 계를 체계적으로, 세밀하게 분석하면 계산할 수는 있다. 일단 이 에너지 값을 알게 되면, 그 값은 계가 어떠한 변화를 겪더라도 변함없이 유지된다. 열적이건, 화학적이건, 생물학적이건 말이다. 만일 어떤 의미에서 계가 열려 있다면, 예컨대, 에너지가 특정 경로를 따라 계의 안으로 흘러 들어오거나 밖으로 흘러 나간다면 에너지 양은 변할 수 있다. 이 열려 있는 계에 대해서도, 주위 환경을 포함하면, 계 전체 에너지의 양과 주변 에너지의 양 전체를 변하지 않도록 변화를 보상하고 상쇄시키는 변화를 찾아내는 것은 항상 가능하다. 이 에너지 개념을 폭넓게 이해한 선구자 중 한 사람이었던, 19세기 물리학자 루돌프 율리우스 에마누엘 클라우지우스(Rudolf Julius Emanuel Clausius, 1822~1888년)의 경구는 오늘날도 유효하다. "세계의 에너지는 일정하다."

에너지 말고도 보존되는 것들이 여럿 있다. 선운동량, 각운동량, 전하 같은 것이 그것이다. 이 보존 법칙들의 유용성은 뉴턴 법칙이나 물리학자나 화학자의 구구절절한 설명보다 훨씬 낫다. 이 보존 법칙들은 원자핵을 연구할 때도, 먼 은하를 연구할 때도 유용한 진리라는 것이 입증되었다. 아무리 복잡한 계가 있다고 하더라도 이 보존 법칙들만 있으면 우리는 정량적인 설명을 할 수가 있다. 영구 기관 장사에 여념이 없는 사업가가 있다 하더라도 물리학자들은 어느 누구도 이 원칙이 무너질지도 모른다고 두려워하지는 않는다. 틀림없이 전체로서의 우주 ― 우주론자들이 현재 생각하고 있는 것처럼, 어느 정도 역설적으로 들리는 이 개념이 잘 정의될 수 있을지도 모른다. ― 에 대해서는 언젠가 이런 부류의 일반화가 한계에 부딪칠지도 모른다. 이런 점을 제외하고는 불변량은 언제 어느 곳에서나 40여 개의 10의 제곱수 세계에 대해 잘 적용된다. 이 불변량(앞에서 예로 든 것 말고도 더 있다.)들은 시공의 그럴듯한 특성과 합리적인 연관을 맺고 있다. 앞으로 어떤 새로운 이론이 제안되건, 이 보존 법칙은 그 이론에도 적용될 것이다. 아인슈타인과 슈뢰딩거는 뉴턴의 패러다임과는 거리가 먼 새 이론을 내놓았지만, 보존 법칙들은 그들의 새 이론에서도 그대로 유지되고 있었다. 그런데 이 법칙들은 우리의 시각 모형에서는 자신의 모습을 잘 드러내지 않는다. 다만 암암리에 영향을 미칠 뿐이다.

이 보이지 않는 규칙성은 글자 그대로 보이지 않게 자신을 드러내기도 한다. 별에 관한 사진들 중에는 별이 완만하게 휘어진 개천처럼 굽이치며 이동하는 것처럼 보인다. 왜 이러한 현상이 일어나는 것일까? 운동량 보존 법칙에 따르면, 어떤 질량을 가진 물체는 스스로 움직일 수 없다. 즉 운동량을 나누어 갖는 보이지 않는 동료가 존재해 보이는 별을 한쪽 또는 다른 쪽으로 끌어당긴다고 생각하는 게 맞다. 이런 섭동은 1840년 천왕성의 운동을 관측하는 과정에서 발견되었다. 이를 토대로 존 쿠치 애덤스(John Couch Adams, 1819~1892년)와 위르뱅 장 조제프 르베리에(Urbain Jean Joseph Leverrier, 1811~1877년)가 보이지 않는 행성을 예측했으며, 이내 망원경을 통해 이 행성이 발견되었다. 이 행성이 해왕성이다. 명왕성도 비슷한 방식으로 그 발견이 예고되었다.(명왕성 발견의 궁극적인 성공 요인은 뉴턴 법칙보다는 인내심이었다.) 행성에 적용되었던 법칙들은 원자에도 적용되었다. 1932년에 안개 상자에 나타난 궤적들은 양성자들이 무(無)와 부딪혀 튕겨 나오는 것처럼 보였다. 외부의 방사성원에서 양성자로 향하는 어떤 궤도도 발견되지 않았다. 그러나 간섭은 분명하고 정확하게 입증되었다. 제임스 채드윅(James Chadwick, 1891~1974년)은 해왕성을 발견할 때와 동일한 생각을 원자에 직접 적용함으로써 중성자를 발견했다. 규모를 가리지 않는 이러한 보편성 — 행성에서 원자핵까지 — 은 보존 법칙이 보이지 않는 세계의 가장 강력한 기둥으로써 기능하도록 보장해 준다.

색깔은 변화와 마찬가지로 시각 경험의 일부이다. 그러나 색깔 인지는 눈과 뇌가 간단하게 수행하는 것이 아니다. 오히려 이 과정에서는 대개 시각 영역 전체에 대한 무의식적인 심리적 비교 작업이 이루어진다. 특히 여기서는 어떤 물체의 영상인 빛의 정성적 측면이 고려된다. 기본색인 빨간색에서 파란색까지를 구별하는 물리적 성질은, 궁극적으로는 망막의 원자 물질과 개별적으로 상호 작용하는 빛이 운반하는 에너지이다. 빛과 아주 유사한 모든 에너지 형태들(전파에서 감마선까지)은 그들이 운반하는 상호 작용 에너지에 따라 배열할 수 있다. 에너지가 아주 낮은 전파와 고에너지 감마선의 에너지 차이는 매우 크다. 가시광선 대역에서 빨간색과 파란색은 에너지로 보면 겨우 2배 정도의 차이밖에 없다. 전파나 감마선 등은 모두 빈 공간에서 빛의 속도로 움직인다. 그러나 이들은 자신의 고유 에너지에 따라 상이한 방식으로 원자 물질과 상호 작용한다. 낮은 에너지 말단부에서 이 상호 작용은 확산적이며 점진적이다. 전파를 통해 물질로 운반되는 에너지는 (전체적으로는 크겠지만) 엄청난 수의 단일 상호 작용을 필요로 한다. 감마선의 말단부에서는 똑같은 전체 에너지가 상대적으로 적은 수의 원자 상호 작용을 통해 자신을 드러낸다.

이런 모든 형태의 복사를 전자기파라고 하는데, 이것은 이들이 전하와 이 전하에 상응하는 자기성과

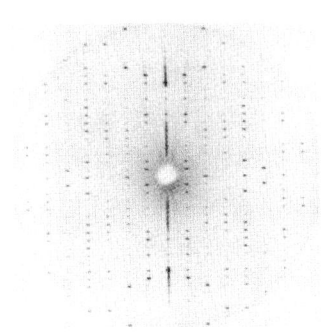

보이지 않는 질서의 또 다른 면을 이 점들에서도 볼 수 있다. 이것은 DNA 결정 시료에서 단일 에너지의 엑스선으로 얻은 회절 사진이다. 배열된 점을 측정해 이중 나선 구조임을 알게 되었다. 엑스선 현미경은 간접적이지만 강력한 기술이다. 여기 보이는 시료의 DNA 구조는 새로 발견된 것인데, 이상한 왼손잡이 이중 나선을 하고 있다. 이 나선의 기능은 다세포 생물의 발생 조절과 관계가 있을 것이다.

만 상호 작용하고, 그 이외의 어떤 다른 성질과도 상호 작용하지 않기 때문이다. 이들이 만들어 내는 상은 기하학적으로 엄격하게 제한되어 있다. 낮은 에너지의 전파는 세밀한 구조를 보여 주기 힘들다. 전파의 제한성은 거시적이라는 데 있다. 감마선과 같은 고에너지 복사는 단일 물질 입자 속으로 깊숙이 들어갈 수 있지만, 고에너지를 전달하기 때문에 감마선과 마주치는 입자들은 분열하고 만다. 공간적 식별 능력은 운반하는 에너지에 비례한다. 이 한계는 대략적으로 복사의 파장에 해당하는데, 이는 복사 에너지가 지닌 광선과 유사한 성질을 나타내는 것이 아니라 파동 같은 성질을 표현하는 것이다. 옹스트롬 단위의 개별 원자들은 원자 규모를 식별할 수 있는 복사선을 쬐어 줘야만 적절한 상이 맺힌다. 즉 엑스선으로나 원자의 상을 얻을 수 있는 것이다. 엑스선이 결정체의 겹겹이 쌓인 원자층을 통과하는 동안 일어나는 재복사를 기록해서 결정체의 공간상 배열 구조를 재구성할 수 있는 세련된 방법은 이미 발견되어 있다. 이것이 DNA와 같은 분자의 구조를 그릴 때 사용하는 기술이다. 재구성은 컴퓨터로 한다. 엑스선 대역에서도 잘 작동하는 렌즈가 달린 기구를 고안하기는 어렵기 때문이다.

오팔의 눈부신 광채는 또 다른 규모에서 일어나는 엑스선 회절과 같은 현상이다. 오팔은 가시광선의 최소 식별 거리에 해당하는 크기를 지닌 작은 실리카 공들이 모여 만들어진 것이다. 오팔은 이 가시광선을 서로 다른 방향으로 산란시키는데, 산란 정도는 상호 작용하는 가시광선의 에너지에 달려 있다. 오팔에 들어간 빛은 서로 다른 빛깔로 분리되어 눈부신 색채의 향연을 보여 주는 것이다. 단일 에너지를 지닌 빛, 즉 하나의 색깔을 지닌 빛을 쬐어 줄 수도 있는데, 오팔에서 나오는 빛은 색채의 향연 대신에 한 색깔을 띤 밝은 점으로 이루어진 기하학적인 모양을 보인다. 이 이미지를 분석하면 오팔 결정의 공간적 배열에 대한 상을 얻을 수 있다. 엑스선에서도 이와 동일한 이미지를 얻을 수 있는데, 다만 원자 단위에서 일어난다는 것이 다를 뿐이다.

입자나 전자, 더 나아가서 양성자들로 이루어진 빔(beam)에도 똑같은 생각을 확장 적용할 수 있다. 그 결과, 원자핵의 내부 구조와 아원자 입자의 세계까지 간접적으로 연구할 수 있게 되었다. 이 연구에서 사용하는 방법은 앞의 예에서보다 훨씬 다양한 결과들이 나오는 만큼 복잡해지지 않을 수 없다. 빛이 오팔 안으로 들어갈 때는 빛만 다시 나오게 되어 있다. 그러나 빠른 양성자 입자가 원자핵 안으로 들어가게 되면 새로운 입자들이 무수히 튀어나온다. 그러나 에너지, 운동량, 전하와 스핀이 보존된다는 보존 법칙은 여기서도 여전히 유효하다.

달력의 정밀 인쇄

천문학적 관측이 정교해진다는 것은 새로운 이야기가 아니다. 오랜 세월에 걸친 행성 운동의 연구 결과, 엄청난 자료들이 쌓이게 되었다. 어느 특정 도시에서 일어날 일식 현상을 한 세기를 앞서, 그것도 수

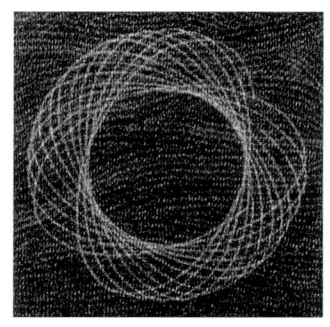

지구의 공전 궤도나 태양계 내 어떤 행성의 공전 궤도도 정확한 타원은 아니다. 이 타원에 가깝거나 타원을 지향하는 형태는 시간이 지남에 따라 서서히 변해서 실제 궤도는 끝없이 열려 있는 장미 매듭 모양에 가깝다. 오른쪽의 그림은 궤도의 변화를 실제보다 과장되게 그린 것이다. 수성의 경우, 타원 궤도는 빠르게 변하므로 궤도의 전환점이 10만 번 회전하고 나면 완전한 원을 그리게 된다.

초밖에 틀리지 않는 측정 오차를 가지고 예측할 수 있게 되었다. 이렇게 정확하기 때문에 태양계의 운동을 연구하는 사람들은 아주 세밀한 점들까지 고려해야만 했다. 움직이지 않는 태양에 엄격히 복종하는 원형 궤도에 관한 이야기는 사실 너무나 단순하다. 이것을 사실을 잘 묘사한 그림이기는 하지만, 너무 굵은 붓으로 그려 놓은 사실화에 가깝다. 우리는 실제 태양계 모형에 대해 말할 수 있다. 뉴턴 이후, 이론가들의 임무는 세밀한 부분까지 고려해 정확한 관측을 합리적으로 설명해 내는 것(모형을 개선하는 것)이었다. 이론가들은 행성 궤도가 분명히 원이 아니라 타원임을 알게 되었다. 이 자체만으로 훨씬 실제에 가까워졌다. 그러나 이 궤도 역시 엄밀하게는 타원이 아니다. 거대한 태양만이 작용하고 있다면, 궤도의 형태는 정확히 타원일 것이다. 그러나 실제로는 행성들이 서로를 끌어당기고 있고, 심지어 태양까지 끌어당기고 있다. 천체 운동을 완전하게 연구하려면 행성들 각각의 영향을 어느 정도 고려해야만 한다. 섭동 효과를 적게 고려하면 할수록 행성은 더 작아지고, 고려해야 할 섭동의 원인 물체는 더 멀어져만 간다. 우리 시대에 존재하는 컴퓨터 용량을 모조리 동원한다면, 서로 상호 작용하고 있는 엄청난 수의 물체들을 모두 고려해 계산할 수 있을 것이다. 행성 궤도는 끝도 없이 장미 매듭 모양을 만들며 이동하고 있는 타원에 가깝다. 이렇게 복잡하며 서서히 변화하고 있는 체계를 어떤 식으로든 단순하게 기술하기란 불가능하다. 누구도 하늘에 대한 완벽한 역학 이론을 갖고 있지는 못하지만 처음의 접근 방법을 점진적으로 복잡하게 만들어 가는 것이 많은 과학자가 당면한 주요한 과제이다. 원 궤도 모형은 이제 처음보다 엄청나게 정밀해졌다.

모형 수정에 왜 그렇게도 공을 들이는 것일까? 처음에는 주로 원과 간단한 그래프 곡선에서 시작되었을 것이다. 그런데 그 후에 나오는 나머지 모형은 왜 대부분 전문 지식을 요구하며, 비전문가들은 알 수 없는 기술적인 영역에서 이루어지는 것일까? 여기에는 산을 정복하는 것과 같은 도전이 필요하다. 때로는 그 이상의 세밀함이 필요한 경우도 있다. 어느 누구도 대략적인 원 궤도 모형이나 태양의 인력에만 근거해, 화성으로 우주선을 쏘아 보내면서 우주선이 화성에 잘 도달하기를 기대할 수는 없다. 알 수 없는 미래는 모형 개량을 추진하는 강력한 동력이다. 당장은 편차들 속에 어떤 원인이 숨어 있는지를 알 수 없다. 이럴 경우 언제나 위대한 발견이 이루어지기만을 희망할 뿐이다. 실제 해왕성은 천왕성의 운동에 나타난 조그만 편차 안에 감추어져 있었다. 행성의 발견은 결코 작은 전리품이 아니다. 빅토리아 시대 후기의 천문학자들은 수성의 궤도를 계산할 때 사라지지 않는 작은 오차로 인해 계속해서 방해를 받았으므로, 태양 가까이에 어떤 행성이 하나 더 존재한다고 굳게 믿게 되었다. 수성보다 태양에 더 가까운 행성은 결국 발견되지 않았으므로, 이 편차 때문에 수성의 장미 매듭 모양 궤도를 머리카락 한 올만큼 더 빠르게 돌려 현재 알려진 관측 사실에 부합하도록 했어야 했는지도 모른다. 그렇지만 과학자들은 이 문제에 대한 더 나은 설명을 추구했다. 이 편차는 결국 1916년에 아인슈타인이 발표한 중력에 관한 급진적인 견해를 통해 완전하게 설명되었다. 이것은 일반 상대성 이론이라고 불리는 아인슈타인의 독보적인 업적이 낳은 최초의 결실이었다.

자연 과학에서는 사소한 오류로부터 엄청난 결과를 이끌어 내어 이론 자체를 변화시킨 경우가 종종 있다. 일련의 우주 개요, 즉 각 모형마다 내적으로 서로 얽혀 있어 단일 균열의 틈새로 흘러 들어간 변화가 커져 복구할 수 없게 되어 버린 우주 모형. 이러한 견해가 어떤 진리를 담고 있기는 하지만 그 누구도 과장되었다는 사실을 부인하지 않는다. 우리는 더 이상 철학자 칸트처럼 인간의 사고 자체가 에우클레이데스의 기하학과 뉴턴의 운동 법칙을 필요로 한다고 상상할 필요는 없다. 우주는 더 이상 영원히 정확하게 움직이는 시계, 태엽을 한 번 감아 놓으면 냉혹한 리듬을 따라 똑딱거려야 하는 운명을 지닌 시계가 아니다. 물리학적 관점에서 보면, 우리는 이전보다 훨씬 겸손해졌고 실제에 좀 더 가까워져 있을 것이다. 거기에는 논리적으로 생각할 수 있는 불확실성, 즉 잡음이나 우연이 개입할 여지가 있듯이 엄밀한 원인이 존재할 여지가 있을 수도 있다. 이 둘은 함께 복잡한 우주 드라마를 연출한다. 아인슈타인의 이론이 구부러진 공간이나 시공간의 기하학화라는 어려운 이야기에 잘 들어맞는다는 점은 사실이고, 어느 정도까지는 거부할 수 없는 통찰이기도 하다. 그러나 우리의 시각적 모형에서는 이런 효과들을 거의 볼 수가 없다. 이는 거대 규모에서 작용하는 힘과 운동에 대한 과거의 설명으로도 10억 광년 이상 되는 거대한 우주 안에서 관찰할 수 있는 거의 모든 현상을 명료하게 설명할 수 있기 때문이다.

뉴턴 식의 평범한 문제로 표현한 중력은, 정밀성을 추구하는 오늘날의 학자들에게는 더 이상 매력적이지 않다는 점을 인정하자. 그들은 연구에서 더 이상 웅장한 규모의 새로운 현상을 찾지 않는다. 달력을 좀 더 정밀하게 인쇄하려는 것처럼 마지막 소수점 이하 자리들에서 무엇이 사실과 부합하는가만을 찾을 뿐이다. 천체 역학의 역사에서, 이제는 더 이상 새로운 것을 기대할 수는 없다는 결론을 쉽게 끌어낼 수 있다. 그러나 이것은 진실이 아니다. 비록 행성의 운동에서는 그렇지 않지만, 중력은 여전히 경이에 차 있다. 행성 궤도들은 태양시가 반복되는 오랜 시간 동안 서서히 공간으로 퍼져 나갔다. 그러나 충돌하는 은하의 긴 팔들은 이방인들에게 중력 이야기를 그대로 들려준다. 중성자별과 같이 작지만 새로운 대상들 또한 뉴턴 만유인력의 결과라고, 즉 행성들의 복잡한 고리에 지나지 않는 것이라고 이해할 수 있다. 태양계의 평평한 평면에 한 번도 길들여지지 않은 혜성은 때때로 무기 징역의 선고를 받고 목성 궤도 안에 갇히기도 한다. 이 모든 것이 중력의 변덕스러운 성질을 보여 주는 것이다. 요컨대 거대 규모에서 우주는 결코 포화되지도 않고, 용서라고는 없는 냉혹한 중력의 당김에 대항하는 저항 드라마이다. 그리고 궤도, 고온, 양자 운동 등은 당분간 이 계

수소가 담긴 전기 방전관에서 얻은 일련의 가시광선 스펙트럼. 오른쪽의 빨간색에서 왼쪽의 근자외선까지 뻗어 있다. 공간상의 거리를 측정한 결과는 놀라울 정도로 단순한 규칙을 따르고 있다. 따라서 케플러의 발견이 뉴턴에게 큰 의미가 있었듯이 닐스 보어(Niels Bohr, 1885~1962년)에게도 중요한 의미를 제공했다. 오래전에 태양의 둘레에서 발견되었던 것과 동일한 간단한 힘의 법칙이 원자 내부에서도 발견되었다.

를 유지할 것이다.

양자 운동: 경이와 상식

우리가 볼 수 있는 범위 중 가장 큰 10^{15}미터가 중력과 중력장의 지배를 받는 것이라면, 가장 작은 단위에서 볼 수 있는 몇 가지 장면들은 양자 운동의 예가 된다. 이들은 뉴턴의 법칙이 아닌 새로운 법칙을 따른다. 중력 효과는 거의 존재하지 않는다. 원자 영역(원자와 외부와의 협력 관계, 즉 위로는 분자 역학 규모에서, 아래로는 원자의 궁극적인 정밀 구조에 대한 끝없는 추구에 이르기까지)은 양자 운동의 영역이다. 우리의 시각 모형에서 다소 의아하게 여겨지는 규칙을 따라 나타나는 이 양자 운동은 물리학의 어떤 경이로운 발견보다도 놀라운 것이자 우리의 일상 생활과 가장 비슷한 것이기도 하다. 대부분의 일상 경험을 지배하고 있는 것은 달력도 아니며, 어느 정도 우연하게 중력계에 존재하는 궤도들도 아니다. 우리가 발견한 것은 물질의 안정성이다. 콩 심은 데 콩 나고 팥 심은 데 팥 난다. 금은 항상 빛난다. 빵은 양식이다. 만일 원자가 작은 태양계였다면, 이러한 안정성은 불가능할 것이다. 어떤 두 행성도 비슷하지 않다. 그러나 모든 전자는 동일하다. 따라서 원자들은 핵종별로 구분된다. 지금까지 생명체를 발견하지 못한 수많은 태양계를 관측했지만, 똑같은 행성은 단 하나도 발견하지 못했다. 원자 구조와 원자 결합에 관한 자세한 연구로 원자 또한 태양계와 유사하게 중앙에 무거운 결합 중심이 있다는 것을 알게 되었다. 이 중심은 행성과 유사하게, 회전하고 있는 전자 패거리들을 자신의 주변에 거느리고 있다. 케플러의 운동 법칙도 (틀림없이 변형된 형태로) 진실로 밝혀졌다. 원자력은 입자 대 입자를 비교하면 훨씬 강력하다. 그들은 전기적이어서 포화 상태가 될 수는 있지만, 중력처럼 탐욕스럽지는 않다. 원자는 기껏해야 겨우 몇 개의 전자를 잃거나 얻으려고 한다. 그러나 태양은 가능하다면 더 많은 질량을 계속 얻으려 할 것이다. 중력은 항상 끌어당기기만 하나 전기력은 밀어내기도 한다.

중요한 점은 세계는 모듈(module)들로 구성되어 있고 정확하게 반복되며 안정된 형태를 유지한다는 것이다. 거대 체계는 이렇지 않다. 동일한 건축재 — 동일하면서도 안정적인 형태들은 에너지를 최소로 유지하며 어떤 조그만 변화에도 저항한다. — 로 이루어진다는 것이 원자의 특징이다. 이들은 양자 운동의 표식이다. 전자들은 마치 거대 규모의 물리학에서처럼 끌어당기는 전하에 묶여 있다. 작용하는 힘들은 동일하고 전자가 운동하고 있으므로 궤도 안쪽으로 떨어져 중심에 접근하지는 않는다. 그러나 태양계와의 유사한 점은 여기서 끝난다. 양자 역학적 운동은 일종의 고정된 모습을 하고 있다. 움직이는 전자에게는 공간에서 어떤 특정 배열만이 허가될 뿐이고, 그중 하나가 가장 낮은 에너지를 지니는 유일한 구조이다. 어떤 주어진 상태에 전자가 출현하기는 하지만 순간적으로 이 전자의 자취를 추적하는 일은 불가능하다. 어떤 전자의 궤도를 점진적으로 추적한다는 일은 있을 수 없다. 오직 안정된 전체 상만 있을 뿐이다. 한 전자를 원 궤도를 따라 추적할 수는 없을까? 할 수는 있다. 그러나 주어진 에너지가 전자가 뻗어나갈 수 있는 부피를 없애는 데 필요한 최소 에너지보다 커야 한다는 조건에서만 가능하다. 그때 에너지는 정밀하게 규정할 수가 없고 원자의 에너지는 여러 에너지 상태로 퍼져 버리고 만다.

규모가 모든 것을 결정한다. 전자보다 큰 입자(이를테면 먼지 한 점이나, 텔레비전의 영상을 만들어 낼 정도의 에너지를 가진 전자)라면, 이들의 운동은 달이 순환하는 것처럼 연속적인 운동을 보일 것이다. 양자 역학적 운동은 거시 세계에서는 뉴턴 운동으로 완전히 환원된다. 그러나 원자 영역에서는 어떤 스톱워치나 조명 플래시, 고속 카메라도 두 지점 사이를 오가는 전자의 움직임을 기록하기에 적합하지 않다. 전자의 위치를 정확하게 측정하기 위해 복사선을 이용하든, 다른 어떤 감지기를 사용하든 그 방법에 사용되는 에너지는 곧바로 원자를 쪼개 버리고 말 것이다. 추적할 수 있는 전자가 있을지도 모른다. 그러나 이것은 탄소 원자에 정상적으로 결합되어 있는 수소 원자 내의 전자에 한해서만 가능할 뿐이다.

이런 이유로 양자 역학적 운동에 대한 우리의 시각적 묘사는 운동에 관계된 입자들을 감추고 있다. 결합된 원자들 안에 존재하는 개별 전자들을 묘사할 수가 없다. 대신에 우리는 전하 구름을 보여 줄 수 있다. 우리는 전자의 분포를 평균해 전하 구름이 어떤 형태를 띠는지 확실하게 말할 수 있지만 전자의 순간적인 분포를 밝힐 수는 없다. 전하 구름은 시간이 지남에 따라 변하는 흐릿한 형태를 띠고 있다. 꽤 그럴듯해 보인다. 그러나 여기서 보이는 개념은 너무 심오해 역설적으로 느껴지기도 한다. 한편 어떤 면에서 이 개념들은 거대 세계의 행성 궤도 개념에 내포된 우연성만큼 낯설지는 않다. 우리는 복잡하기는 하지만 고정적인 성질을 띤 물질의 안정된 세계에 익숙하다. 개별 원자들은 어떤 면에서는 우리의 역사에 그 유래가 없다. 개별 원자들은 동일하다. 금으로 된 어떤 동전에는, 남아프리카 구릉 지대인 랜드 지방의 광산에서 지난해 파낸 금이나 1848년 캘리포니아의 충적 광산에서 캐낸 금이 들어 있을지도 모른다. 이 둘은 한 종류이다. 모든 화학적인 변화는 원자들이나 전자들이 다시 모이는 과정을 겪고 난 결과이지, 그들이 닳아 없어지거나 오랫동안 마모되었던 것이 조금씩 회복되어 일어난 결과는 아니다. 원자핵 붕괴조차도 원자와 전자가 재배열되는 것이며, 단계적으로 일어난다. 우라늄은 시간이 경과하면 언제나 적절한 비율로 적절한 종류의 납 원자로 변한다. 변화에서 나타나는 이러한 안정성은 양자 운동의 세계, 즉 기본 단위가 동일한 세계의 특징이다.

인간은 만물의 척도?

은하와 원자 세계 사이를 탐구하는 이 책의 여행은 12개의 10의 제곱수 세계, 즉 인간 규모의 크기나 색채나 생명, 혹은 우리에게 익숙한 풍경에 가까운 세계에 잠시 머무른다. 여기는 역사적으로 인식할 수 있는 영역이다. 또한 이곳은 도저히 그 역사를 상

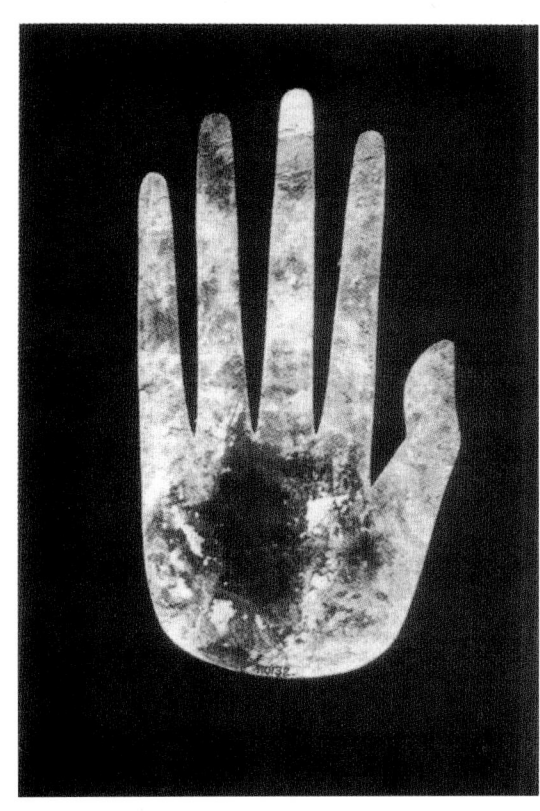

1,000년 전 오하이오 주 호프웰에 살던 한 예술가가 운모로 만든 손 조각.

상할 수도 없는 불변의 법칙을 따르는 것처럼 보이는 원자 세계에서와 같이 전개 과정이 그렇게 이상하지도 않다. 생명 역시 긴 역사(진화)를 지니고 있다. 생명의 복잡한 메커니즘, 다양한 적응 방식, 아름다움과 같은 적응도들은 시간의 결실로서 서서히 여물었다. 그 시간은 내적이고 모듈적이고 화학적인 세계를 다원주의적으로 다양하게 재배열하고 편집하기에 충분한 것이었다. 넓은 농지와 거대 도시에서 조그마한 전자 칩에 이르기까지 인간이 만들어 낸 산물들은 생명의 진화와 비슷하지만, 이보다는 조야하고 다소 빠른 진화 양상을 겪었다. 이 변화들은 인간 정신의 변화와 얽혀 있다.

이 책 자체가 그 산물이다. 시간으로 보자면, 이것은 많은 사람의 정신과 손이 빚어낸 종합적인 예술품이다. 독자에게 도달하기까지 이 책에 관여했던 많은 사람들, 특히 이 책과 직접적인 관련은 없지만 이 책에서 그들의 개념이나 기술을 차용해 온 사람들의 도움이 없었다면 존재할 수 없었을 것이다. 이 책의 내용은 우리 모두가 함께 쓰는 언어로 표현했다. 이 책에 나오는 각종 화상은 주제나 기술이 서로 다른 여러 이미지 창조자들이 만들어 낸 작품이다. 이 책에서 두 가지 상이한 흐름을 발견하게 되는 것은 당연하다. 우주를 가로지르는 순수한 가상의 여행과 주위를 돌아보며 세밀하게 조사하면서 여러 가지 사색들이나 주장들에 의문을 품어 보게 하고 특히 정교하게 조립된 증거물들을 때로는 회의적인 눈으로 돌아보게 하는 여행이 동시에 들어 있다.

여기에 나오는 이미지들은 그림이건, 그들이 불러일으키는 정신적 구조물이건, 부분적으로는 있는 그대로의 세계가 만들어 낸 모습들이다. 그러나 일부는 과학이나 인간의 예술 안에 담긴 환상을 전하고 있다. 이것이 우리가 할 수 있는 최선이다. 내일이 되면 시각이 달라질지도 모른다. 우리는 이 시각이 더 날카로워지고, 총체적이고, 오해가 없고, 아름다워지기를 기대한다. 그사이에는 우리가 우리 시대를 보는, 부분적으로 기록된 우주의 상만이 존재할 뿐이다. 오늘날 우리는 오래전에 플라톤이 언급해 놓은 점을 확인하게 된다. "어떤 시각 모형을 보여 주지 않은 채 그처럼 경이로운 구조를 서술하는 것은 헛된 노동이 될 것이다."

여행

독자에게

이 책의 핵심은 이 책의 짝수 쪽에 나오는 42장의 사진들이다. 이 사진들은 현재의 지식에 바탕을 두고 만들어진 우주의 시각 모형을 거대 규모에서 미시 규모까지 한눈에 보여 준다. 각 사진들은 어두운 극장을 연상시키는 검은 배경 위에 배치했다. 검은 테두리에 둘러싸인 사진 왼쪽 면에는 해설과 사진을 담았다. 이것은 이 여행의 각 행보와 관련된 세부적인 정보나 관련 증거 혹은 우리 지식의 역사를 살펴보면서 쉬어 갈 수 있도록 만든 장이다.

한 장면에서 다음 장면으로 넘어갈 때마다 항상 10배의 변화가 일어난다. 각 사진의 테두리 길이는 앞과 뒤의 사진들에 비해 10배 길거나 짧다. 중앙에 있는 작은 사각형은 다음 사진의 테두리가 된다.

이 여행의 주인공은 독자들이다. 출발점이나 방향은 독자의 선택에 달려 있다. 하지만 최초의 여행은 '1미터'라는 이름이 붙은 눈에 익은 소풍 장면에서 시작하는 것이 적절할 것이다. 미터는 대부분의 측정에서 사용하는 기본 단위이기 때문이다. 이후 이 여행은 한쪽 방향으로는 거시 우주를 향해 나아가 태양과 별을 지나 어두운 우주에 이른다. 다른 쪽으로는 익숙한 장면에서 출발해 살아 있는 세포의 세계를 지나 끊임없이 요동하는 원자 운동의 세계에 이르게 된다. 여행은 한쪽 방향, 즉 가장 큰 곳에서 가장 작은 곳으로 할 수도 있고 아니면 정반대 방향으로 할 수도 있다. 어떤 경우든 세계를 한눈에 살펴볼 수 있게 된다.

여행은 연속적인 보폭, 즉 책장을 넘길 때마다 10배씩 커지거나 줄어드는 보폭으로 할 수 있다. 그러나 독자 여러분은 이 보폭을 건너뛰어서 예를 들어 한꺼번에 1,000배를 건너뛰어 다음 장면을 담은 사진을 볼 수도 있다. 각 장면마다 똑같이 참고용 도판과 천문학, 지리학, 생물학, 화학의 영역에서 이루어진 대표적인 탐험의 경험을 담은 자료들이 실려 있다. 여행을 하는 동안 적합한 장소에서 물리적인 대상도 찾아볼 수 있고, 그 대상을 전후 문맥 속에서 파악할 수도 있다.

이 '10의 제곱수들'은 '우주에 존재하는 사물들의 상대적인 크기와 0을 하나 더 추가함으로써 나타나는 결과들'을 생생하게 보여 줄 것이다.

10^{25} 미터
먼지처럼 보이는 은하

지금 우리가 마주한 장면에서는 아주 거대한 규모(10억 광년)에서 나타나는 우주를 보게 된다. 처녀자리 은하단은 거의 보이지는 않지만 중앙에 위치해 있다. 사람의 눈길을 끌 정도로 가까이 있지는 않지만, 레이스 모양으로 이어져 있는 다른 은하단과 초은하단도 보인다.

이 광경은 깊고 오래된 것이다. 이 이미지를 보여주기 위해 빛은 지구 역사 전체에 해당하는 장구한 시간 동안 여행해야 했다. 저 빛이 출발했을 때 지구상에 생물이라고는 미생물밖에 없었을 것이다.

그러나 광대한 은하 영역에서는 10억 년 동안 아주 많은 변화가 일어나지는 않는다. 한 걸음 더 바깥으로 내딛게 되면, 즉 10배를 더 나아가게 되면 은하들조차 새로운, 우리로서는 거의 알지 못하는 시기에 이르게 된다. 그 앞에는 아주 다른 우주가 있다는, 별도 없고 은하도 없으며 오로지 뜨겁고 균일한 기체가 뒤섞인 영역이라는 표식만 감지한다. 별이 모여 있는 은하나 퀘이사는 당연히 천문학의 영역에 속한다. 여러 가지 다양한 형태가 등장하기 이전 전체적으로 균일한 기체 상태로 존재하던 우주는 우주론에 적합한 주제이다. 우주론은 관념적인 사고의 전통을 강하게 물려받았음에도 불구하고 현대 과학에 속한다.

과거 기체 상태의 우주는 균일하기는 했지만 안정적이지는 않았다. 운동의 형태는 단순했다. 전체적으로 팽창해 점차 묽어지던 동안 초기 우주는 균일한 상태를 유지했다. 가까이 있는 점들은 아주 천천히 멀어져 갔다. 멀리 있는 것은 정확한 비율로 한층 빨리 움직였기 때문에 균일성이 유지되었다. 은하들은 과거의 규칙적인 운동을 여전히 유지하고 있지만 은하의 중력으로 인해 회전 운동과 궤도 비행은 덜 규칙적으로 변했다. 여전히 은하단 사이의 거리는 지속적으로 팽창하고 있다.(은하단 자체가 팽창하는 것은 아니다.)

1

사진 1에 표시되어 있는 희미한 모양은 5억~10억 광년 거리에 있는 먼 은하이다. 이 사진은 1979년에 망원경으로 찍은 것이다. 어렴풋하게 보이는 이 은하는 전파원이었기 때문에 일찍이 주목을 받아 왔다. 우리로부터 0.6광속으로 멀어지고 있다.

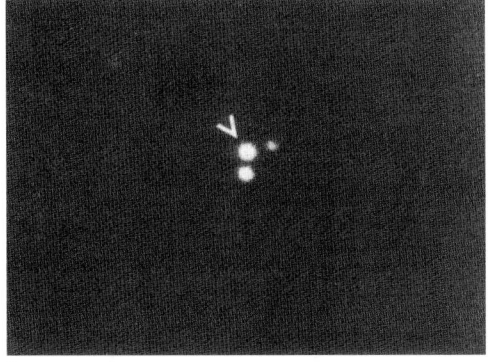

2

사진 1의 희미한 은하보다 훨씬 먼 거리에서 포착된 것은 아주 멀리 위치해 있는 강력한 방사선원의 일종인 퀘이사이다. 사진 2에 표시된 점이 바로 퀘이사로, 특이한 전파를 방출하기 때문에 금방 식별할 수 있다. 퀘이사 근처에 보이는 것은 우리 은하에 속해 있는, 퀘이사 앞쪽에 위치한 별이다. 이 둘은 겉보기 밝기는 동일하지만 퀘이사가 100만 배나 더 멀리 있다! 퀘이사는 어떤 은하의 아주 무겁고 밝은 중심이었다.

3

사진 3의 희미한 상들은 20억~40억 광년 떨어져 있는 은하단들 중에서 우리가 식별할 수 있는 것들이다. 우리는 이 성단에서 아주 밝은 무리만 감지할 수 있다.

~10억 광년

10^{25} m

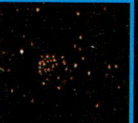

우주의 대부분은 비어 있는 것처럼 보인다. 먼 은하들의 반짝임은 마치 엉겨 붙은 먼지처럼 보인다. 보통 이렇게 비어 있다. 밝게 빛나는 우리 고향이 예외인 것이다. 10배 더 큰 단위에서 보아도 새로운 구조나 새로운 허공은 나타나지 않는다. 이러한 차원에서 우주는 대체적으로 균일하다. 이 장대한 규모에서 새로움은 장소와 장소 사이보다는 시간의 흐름 속에서 발견할 수 있다. 모든 빠른 변화는 과거에 속한다. 희미한 성단들이 계속해서 멀어짐에 따라, 이 장면 또한 적어도 몇십억 년에 걸쳐 서서히 희미해질 것이다.

10^{24} 미터
은하단

1   10^5ly

은하들은 중력의 영향을 받아 크고 작은 무리를 이룬다. 사진 1은 처녀자리 은하단으로 우리와 가장 가까운 거대한 은하 집결소의 중심 지역이며 지구에서 바라본 모습이다. 다음 쪽의 사진은 같은 처녀자리 은하단을 지구 밖에서 본 모습이다. 이 거리에서는 처녀자리 은하단이 중심에 있는 작은 사각형 안에 들어간다. 우리는 이 사각형 안에 들어 있는 부분을 여행을 통해 하나하나 채워 나갈 것이다.

온갖 종류와 크기의 수천 개 은하들이 처녀자리 은하단을 이루며 각자의 궤도를 돌고 있다. 이 은하단의 둘레는 5000만 광년 정도 된다. 우리 은하와 수십 개의 다른 은하들로 이루어진 작은 은하 그룹은 처녀자리 초은하단으로 알려진, 희미하나 영속적인 이 거대한 은하 집결체의 일부에 불과하다.

3   10^5ly

2   10^4ly

사진 2는 처녀자리 은하단에서 가장 많이 볼 수 있는 은하들 중 하나로 초기 모습을 그대로 간직한 은하이다. 희미하면서도 오래된 별들을 다수 거느린 큰 타원형의 아름다운 은하이다. 이 은하를 둘러싸고 있는 희미한 점들은 구상 성단으로 저마다 몇십만 개의 별을 거느리고 있다. 반면 우리 은하에는 100~200개에 이르는 구상 성단이 있는데, 이들은 밝은 나선팔이 있는 원반 근처에 모여 있기보다는 원반 위아래에 흩어져 있다.

사진 3은 느리게 충돌하는 한 쌍의 은하를 포착한 것이다. 주기적인 인력의 상호 작용이 기다란 별의 원호를 만들었다. 이 원호에서 우리는 별들과 반짝이는 기체를 볼 수 있다. 이 충돌은 급격히 진행되는 것이 아니라 오랜 기간에 걸쳐, 즉 지질학적 시간에 따라 천천히 진행된다. 그러므로 이런 상호 작용이 일어나는 동안 별들끼리 충돌하는 일도 없다. 오히려 한때 별들의 운동 규칙을 관장했던 중력이 모호해진다. 몇몇 외부 별은 자신이 속한 은하의 궤도를 충실하게 유지하기보다는 새롭게 만들어진 기다란 팔 쪽으로 다른 기체들과 함께 천천히, 그러나 가차 없이 움직여 간다. 그러다가 언젠가 다시 되돌아오거나 은하 사이 공간으로 영원히 날아가 버린다. 이런 일들은 보기 드문 현상이 아니다. 특히 밀집한 은하단 내에서는 이런 일이 자주 일어난다.

~1억 광년

10^{24} m

우리의 고향이 있는, 저 멀리 떨어진 은하수 은하를 바라본다. 그러나 우리 눈에는 우리 시야를 가리는 거대한 처녀자리 은하단만 보일 뿐이다. 일반적으로 은하들은 은하를 중심으로 일정한 궤도 위를 도는 성단이나 성단 집단을 거느린다. 은하수 은하가 그 자체로 처녀자리 은하단의 일정한 인력으로 붙잡혀 있는 존재라고, 즉 초은하단의 일부라고 믿을 만한 이유가 있다. 은하수 은하 저 너머에는 눈에 띄는 은하가 거의 없는 상당히 큰 빈 공간만이 있기 때문이다.

10^{23} 미터

은하

두 장의 사진은 거의 같은 시간에 찍은 한 쌍의 은하이다. 사진 1에서는 색채 영역이 넓어서 중심핵으로부터 떨어져 있는 성간 별들과 별들로 이루어진 다리도 분명히 보인다.

사진 2는 빛을 덜 쓴 것으로, 일정한 색채 영역만을 선택해 찍은 것이다. 이 사진은 반짝이는 기체를 보여 주는데, 이 기체는 주로 나선팔 영역에 자리 잡고 있다.

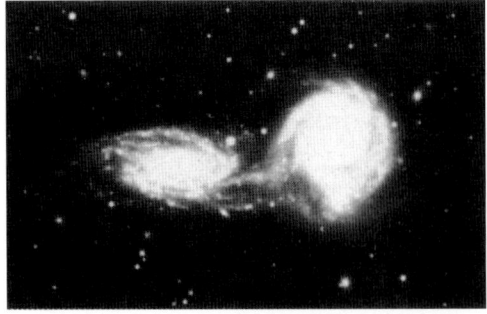

1

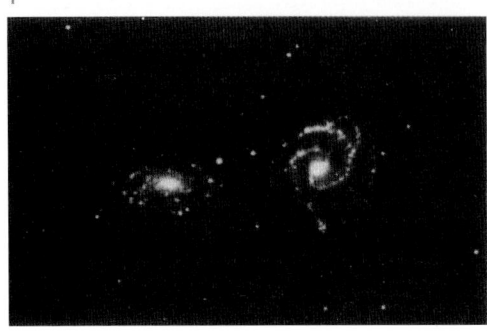

2

3   10^4ly

이 은하의 모습은 확실히 특이하다. 먼지 띠를 두른 거대한 구 모양을 하고 있다. 전파 망원경을 통해 이것이 엄청난 전파원임이 밝혀졌다. 이 은하의 전파 방출 양상을 나타낸 것이 그림 4이다. 이 은하는 사진에 나타난 별들로 이루어진 중심 구체 너머로 에너지로 충전된 희미한 거대 기체 구름을 쏟아내는데, 이 구름은 가시광선은 거의 방출하지 않고 상당한 양의 전파를 방출한다. 부가적인 엑스선과 적외선 복사로 표시를 해 둔, 먼지에 가려 보이지 않는 고요한 중심에는 어떤 별보다도 강력한 에너지 방출기가 들어 있음에 틀림없다. 1500만 광년이나 떨어져 있는 이 은하는 더 멀리 있는 퀘이사라는 강력한 집단과 유사한 대응체로서 퀘이사에 가장 가까이 존재하고 있는 것인지도 모른다. 이 은하의 성질은 여러 경로의 연구를 통해 밝혀질 것이다.

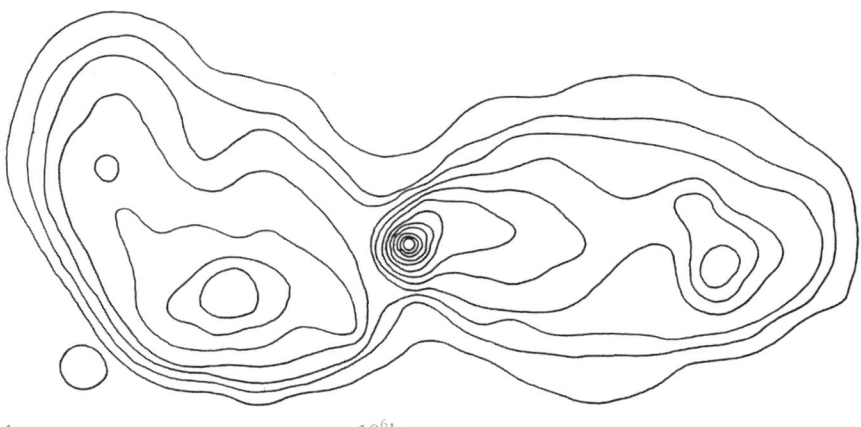

4   10^6ly

~1000만 광년

10^{23} m

이제 우리가 살고 있는 영역이 보인다. 밝게 빛나는 각각의 점들은 10억 개의 별이 모인 빛의 뭉치이다. 중력의 상호 작용은 별들을 은하에 묶어 놓고 있다. 은하는 움직이는 별들의 복잡한 무리이다.

10^{22} 미터

이웃

1   25,000ly

여기 보이는 불규칙한 모양의 두 은하는 우리 은하 가까이 있다. 각각 수억 개의 별로 이루어져 있으며 남반구 밤하늘에서 맨눈으로 볼 수 있다. 이들을 사진 1에서 보면, 은하수에서 떨어져 나와 고립되어 있는 파편처럼 보인다. 남반구 사람들에게 잘 알려져 있는 이 은하들은 이탈리아의 항해사 안드레아 코르살리(Andrea Corsali, 1487~?년)가 발견해 유럽 인들에게 알려졌다. 이 항해사는 인류가 최초로 세계 일주 항해에 성공했던 해보다 몇 년 앞선 1515년경, 포르투갈의 명예를 걸고 항해에 나섰다. 코르살리의 기록에 나와 있는 그림이 2이다. 최초의 세계 일주 항해자인 페르디난드 마젤란(Ferdinand Magellan, 1480?~1521년)을 기념해 마젤란 성운(지금은 성운이 아니라 은하라는 것이 밝혀졌다.—옮긴이)이라는 이름을 붙였다.

2

이 두 성운(훗날 은하)은 우리가 분명하게 볼 수 있는 가장 가까운 은하이다. 이들은 천문학적 발견사에서 오랫동안 중요한 의미를 지녀 왔다. 맨눈으로도 볼 수 있으며 국부 은하군(마젤란 성운과 안드로메다 성운을 포함하는 소우주단—옮긴이)에 속해 있고, 우리 은하를 쏙 빼닮은 거대한 나선형 은하이다.(이 은하는 북반구의 밤하늘에서 8월에 가장 잘 관측된다.) 각도를 넓혀서 찍은 사진 3은 맨눈으로 볼 때와 거의 비슷한 모습이다. 널찍한 띠 모양의 은하수는 앞쪽으로 밀집해 있고 아래쪽에 200만 광년 떨어진 안드로메다 은하라는 작은 은하가 희미하게 빛나고 있다. 이 은하가 맨눈으로 관측할 수 있는 가장 멀리 있는 은하로 마젤란 성운보다 10배나 더 멀리 떨어져 있다. 거대한 망원경의 확대능과 집광력의 도움을 받아 동일한 은하를 뚜렷하게 촬영한 것이 사진 4이다. 망원경과 같은 기구 덕분에 우리의 지식 범위가 한층 넓어졌다.

크든 작든 모든 은하는 수많은 별들이 소용돌이치고 있는 집결지이다. 우리 은하와 이웃인 안드로메다 은하는 국부 은하군에 속한 작은 은하들과 중력으로 묶여 있다.

3

4   50,000ly

~100만 광년

10^{22} m

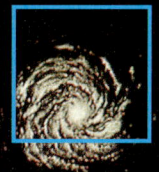

나선 모양의 우리 은하가 보인다. 우리 은하는 불규칙한 모양의 대마젤란 은하와 소마젤란 은하와 함께 우주를 여행하고 있다.

10^{21} 미터
은하 정원

여기 보이는 9장의 사진은 은하들의 통일성과 다양성을 잘 보여 준다. 노란색으로 부풀어 있는 노쇠한 별들을 1, 2, 8에서 볼 수 있다. 밝고 푸른색의 젊은 별들은 2, 5, 7에서 볼 수 있다. 좁고 어두운 통로처럼 보이는 먼지 띠는 6과 8에서 뚜렷하게 볼 수 있다. 3에서는 3억 광년이라는 상당히 먼 거리에 떨어져 있는 7개의 은하 그룹을 볼 수 있다. 이들은 뚜렷한 다양성을 보여 준다. 4, 5, 6의 세 은하들은 모두 밝고 평평한 나선 은하이지만, 보는 각도가 달라 달리 보이는 것이다. 4는 은하면을 위에서 내려다본 상태이며, 6은 측면에서 바라본 모습이다. 7에 있는 은하는 작긴 하지만 마젤란 은하와 많이 다르지 않다. 젊은 별이 많고 뚜렷한 질서도 없다. 8의 은하는 중심이 이상할 정도로 과대하게 부풀어 있는 거대한 나선 은하이다. 사진 1의 은하는 일종의 불가사의이다. 처녀자리 은하단 전체에서 가장 밝은 타원형 은하로, 노쇠한 별들로 이루어진, 특징이 거의 없는 구 모양의 천체이다. 그러나 그 중심에는 강력한 전파원이 있다. 중심에서 뻗어 나오고 있는 하얀 색의 분출물은 별이 아니라 빠르게 흐르는 기체로 이루어진 것이다. 9에 나오는 한 쌍의 은하는 충돌 중이다. 밝은 나선 은하의 긴 팔은 부정형의 먼지 뭉치 같은 작은 은하가 만드는 조력의 영향을 받아 멀리 뻗어 있다.

우리 은하 속에 살고 있어 그 전체 모습을 둘러볼 수 없는 우리는 우리 은하의 전체 모습을 간접적인 방법으로 그릴 수밖에 없다. 멀리 있는 외부 은하들을 참고해 신뢰도를 높인다. 이 은하들은 잘 볼 수 있을 정도로 충분히 가까이 위치한 수천 개의 샘플에서 고른 것이다. 은하들은 다른 복잡한 자연 구조물들과 마찬가지로 굉장히 다양하지만, 대개 세 가지 공통 성분을 갖고 있다. 노쇠한 별들이 모여 부풀어 오른 노란색 중심, 푸른색 별(밝고 젊은 별이지만, 종종 먼지 띠로 인해 안개에 쌓인 것처럼 보인다.), 때때로 격렬한 에너지 분출을 특징으로 하는 가장 안쪽의 밝은 중심이 있다.

~10만 광년

10²¹ m

지금 우리는 나선형의 은하수 은하, 바로 우리 은하를 정면으로 보고 있다. 1000억 개의 별이 서로 중력으로 결합되어 은하의 중심을 돌고 있고, 몇몇은 가까이 다가가고 다른 별들은 더 넓은 궤도로 옮겨 간다. 태양은 나머지 수행원들과 함께 멀리 떨어진 은하 중심을 반시계 방향으로 3억 년에 한 번씩 회전하고 있다. 우리 은하와 유사한 외부 은하들은 저 멀리 산재해 있다. 그들 역시 아주 천천히 회전하고 있다.

10^{20} 미터
폭발하는 별

할로 섀플리(Harlow Shapley, 1885~1972년)는 "인간은 별과 동일한 원료로 이루어져 있다."라고 말했다. 살이나 뼈를 구성하는 원자들(원시 수소를 제외하고)은 틀림없이 여러 종류의 별들 심장부에 들어 있던 더 가벼운 원자들이 결합해 만들어진 것이 이루어져 있기 때문이다. 이렇게 별 속에서 만들어진 원자들은 성간 공간으로 내뿜어져서, 중력의 영향을 받아 태양과 행성을 만들어 내기에 충분할 정도로 오래전에 응축되어 버린 기체 성운들과 결합한다. 대부분의 별은 서서히 물질을 방출하지만, 초신성으로 생을 마감하는 별은 폭발적인 속도로 일순간에 바깥층을 분출해 버리고 만다. 지구 위에 존재하는 무거운 원자들(납이나 금, 우라늄 등으로 우주에서는 희귀한 원자들인데, 인간사에서는 나름 큰 역할을 했다.)이 광폭한 별의 폭발, 아마도 고대 초신성의 산물임을 입증하는 유력한 증거들은 여럿 있다. 이 폭발 자체가 기체의 중력 붕괴를 촉발해 태양을 형성했을지도 모른다. 어떤 별의 폭발적인 죽음이 또 다른 별의 탄생을 초래한 것이다.

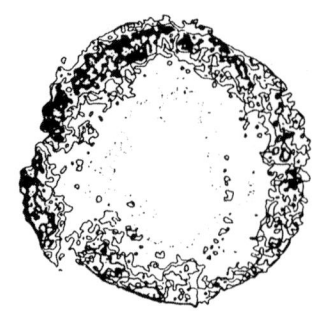

2

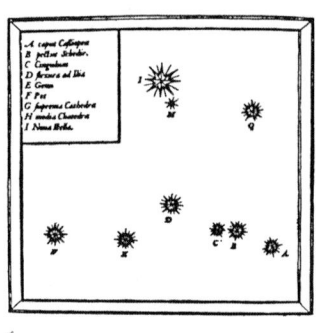

1

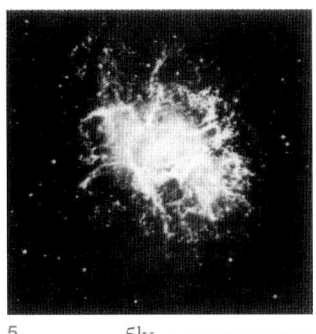

3

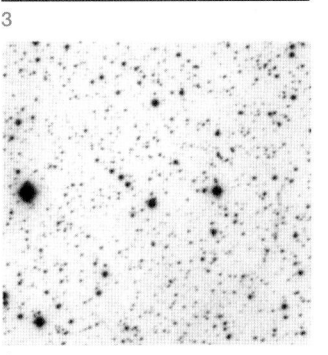

4

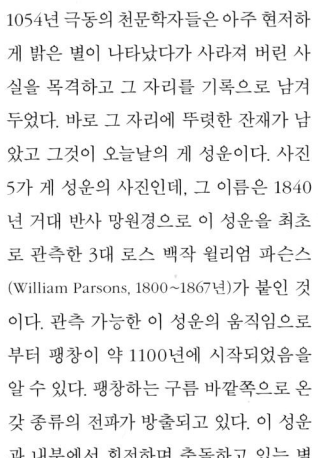

5   5ly

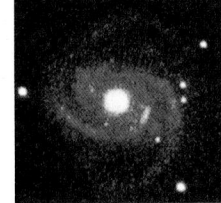

6

7

1572년 가을, 유럽의 많은 천문학자들은 경이로움에 가득 차 카시오페이아자리에 출현한 새 별을 지켜보았다. 이 별은 수 주 동안 어떤 다른 별도 흉내 낼 수 없을 정도로 밝게 빛났다. 오늘날 우리는 이 별을 '튀코의 별'이라고 부르는데, 이는 이 별에 대해 가장 정밀한 기술을 남긴 사람이 덴마크의 젊은 귀족 튀코 브라헤(Tycho Brahe, 1546~1601년)였기 때문이다. 그가 손수 이 사건을 기록해 작성한 도면이 사진 1이다. 튀코 브라헤는 망원경 없이 작업한 관측자 중에서 가장 정밀한 관측자였다.

소위 초신성이라는, 상식을 뛰어넘는 이 거대한 별의 폭발을 완전하게 이해할 수는 없지만, 폭발 후의 잔재에서부터 많은 사실을 알아낼 수 있다. 튀코의 별의 전파 사진인 사진 2는 오래전에 폭발이 일어난 곳 주위에 전파를 발산하는 전자껍질이 있음을 보여 준다. 엑스선으로 찍은 사진 3은 중심 껍질이 뜨거운 물질로 이루어져 있음을 확인해 준다. 4세기 전에 방출되어 광속의 몇 퍼센트에 이르는 평균 속도로 팽창해 가는 이 껍질은 수만 광년, 즉 10^{20}미터나 떨어져 있다. 같은 지점을 가시광선으로 본 것이 사진 4이다. 이 사진을 보면 별들이 운집해 있는 것들을 볼 수 있다. 현재 껍질을 이루고 있는, 움직이는 물질 다발은 여기서 거의 발견할 수가 없다.

1054년 극동의 천문학자들은 아주 현저하게 밝은 별이 나타났다가 사라져 버린 사실을 목격하고 그 자리를 기록으로 남겨 두었다. 바로 그 자리에 뚜렷한 잔재가 남았고 그것이 오늘날의 게 성운이다. 사진 5가 게 성운의 사진인데, 그 이름은 1840년 거대 반사 망원경으로 이 성운을 최초로 관측한 3대 로스 백작 윌리엄 파슨스(William Parsons, 1800~1867년)가 붙인 것이다. 관측 가능한 이 성운의 움직임으로부터 팽창이 약 1100년에 시작되었음을 알 수 있다. 팽창하는 구름 바깥쪽으로 온갖 종류의 전파가 방출되고 있다. 이 성운과 내부에서 회전하며 충돌하고 있는 별 찌꺼기들(여전히 성운에 동력을 제공하고 있다.)에 대한 연구는, 초신성을 완벽하지는 않지만 어느 정도 이해할 수 있게 해 주는 주요 정보원이다.

17세기 이후로는 우리 은하 안에서 어떤 초신성도 주목의 대상이 되지 못했다. 그러나 우리가 볼 수 있는 수천 개의 은하 속에서 해마다 수십 개의 초신성이 발견된다. 저 멀리 희미하게 빛나는 이 초신성들을 우리는 망원경으로 관측할 수 있다. 6과 7은 모두 나선 은하인 M100을 찍은 사진이다. 두 사진의 유일한 차이는 사진 7을 보면 알 수 있듯이 1979년에 아래쪽 팔의 왼쪽 바깥 끝 쪽에 초신성이 출현했다는 점이다.

~1만 광년

10²⁰ m

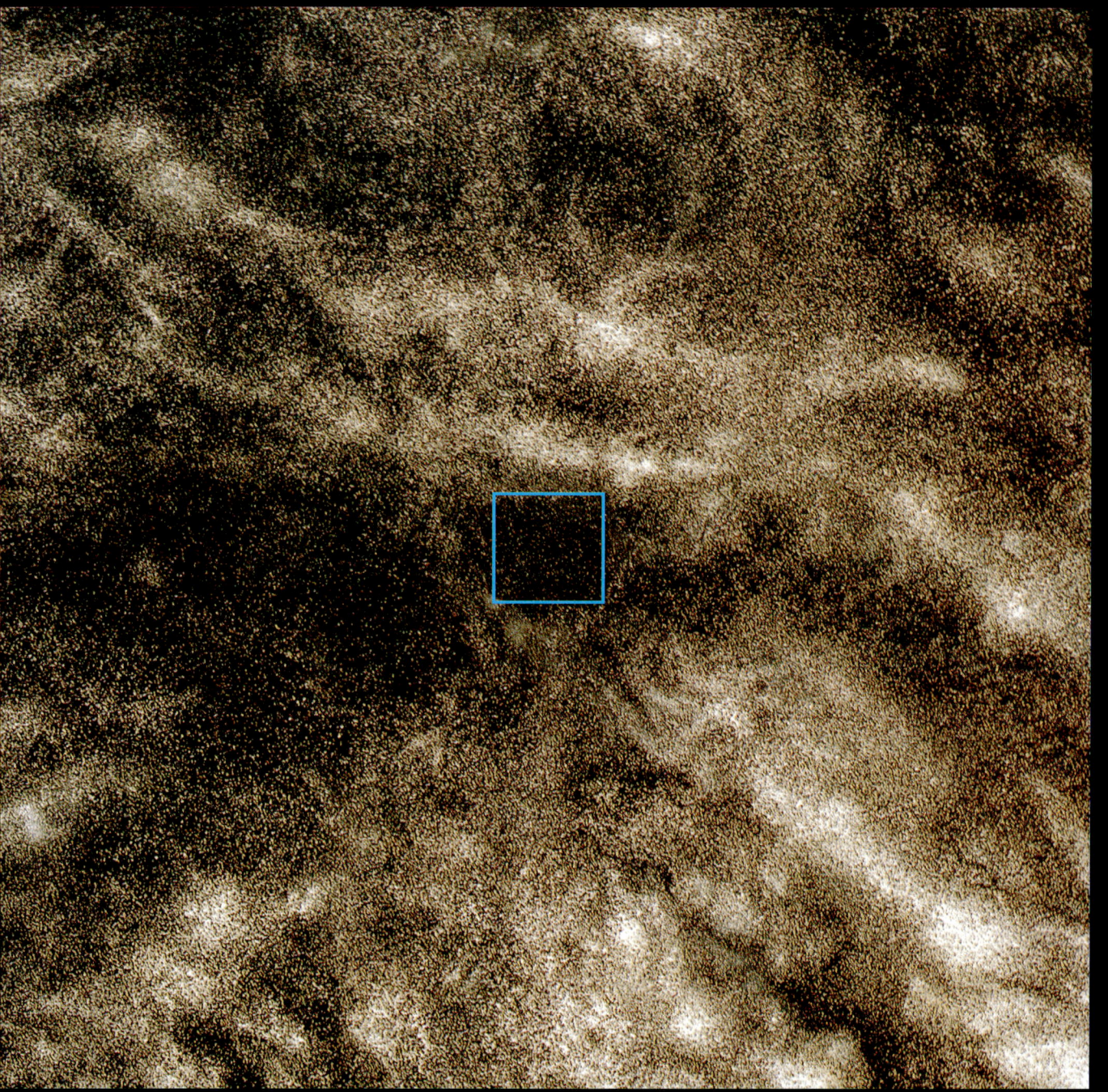

성운과 빛나는 기체는 어두운 먼지 파편들과 함께 서서히 움직이는 우리 은하 원반의 나선형 형상을 두드러지게 한다. 저 멀리 있는 우리의 태양은 아직 이 사진에

10^{19} 미터
별과 별 사이

이제 별들의 왕국을 만날 차례이다. 이 규모는 망원경으로만 봐도 100만 개 이상의 별을 볼 수 있을 정도로 큰 것이기는 하지만, 우리 은하는 이 규모에 담기에는 너무 거대해 더 이상 보이지 않는다. 대부분의 별이 희미하게 빛나고 있다. 겨우 몇 개만을 육안으로 식별할 수 있을 정도이다.

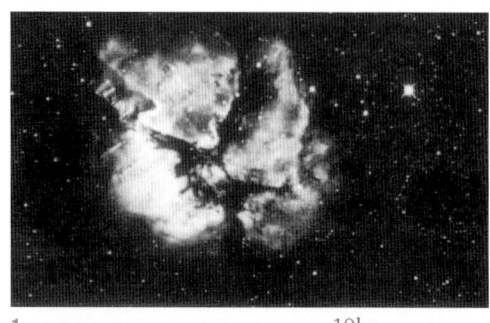

1   10ly

이 영역에는 주변의 밝은 별로부터 조명을 받아 빛나는 기체 구름과 먼지 구름도 있지만, 대부분의 빛은 별 표면에서 복사되어 나온다. 이 구름들은 복잡한 구조를 한 밝은 성운처럼 보이는데, 그중의 하나가 사진 1이다. 이와 반대되는 현상 역시 이 거대한 성간 공간에서 발견된다. 배경이 되는 별들이 발하는 빛은 여기저기에서 우주의 안개 파편인 먼지들의 방해를 받아 희미해진다. 이중에서 가장 유명한 예가 사진 2에 보이는 먼지 구름이다.

2   25ly

별들은 자신의 실제 크기에 비해 매우 넓은 공간을 차지한다. 별들은 서로 뚜렷하게 분리되어 존재하며 접촉이 가능할 정도로 가까이 있지는 않다. 그러나 대부분의 별 사진에서 별의 이미지는 대기의 영향과 카메라 자체가 가지는 문제점 때문에 흐릿하거나 서로 합쳐져 보인다. 실제로 우리는 어떤 별도 건드리지 않고 직선 길을 따라 우리 은하를 가로질러 여행할 수 있을지도 모른다. 오른쪽 사진 3, 4의 두 은하는 둘 다 옆에서 바라본 것이다. 전면에 별의 무리가 있는 나무 모양 얼룩들로 구획 지어진 것처럼 보이는 첫 번째 사진 3은 지상에서 눈으로 볼 수 있는 은하수의 일부이다. 그 옆의 사진 4는 망원경으로 본 500만~1000만 광년 떨어져 있는 은하의 일부이다. 두 사진의 뚜렷한 유사성은 우리가 한 은하에 속한 별들 사이에 거주하고 있으며, 지구는 우리가 은하수로 알고 있는 별의 띠처럼 보이는 이 평평한 별 원반 안에 있음을 입증해 준다. 우리가 볼 수 있는 대부분의 별들은 기껏해야 수천 광년, 즉 10^{20}미터 범위 안에 위치해 있다.

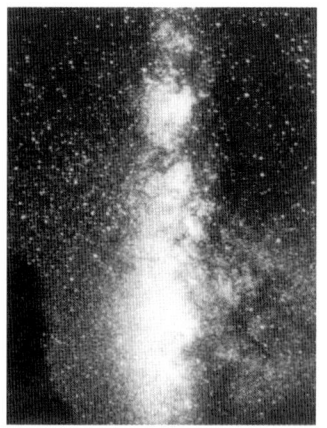

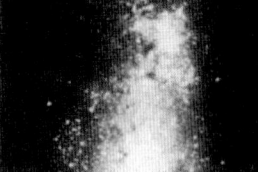

3   4

46

~1,000광년

10¹⁹ m

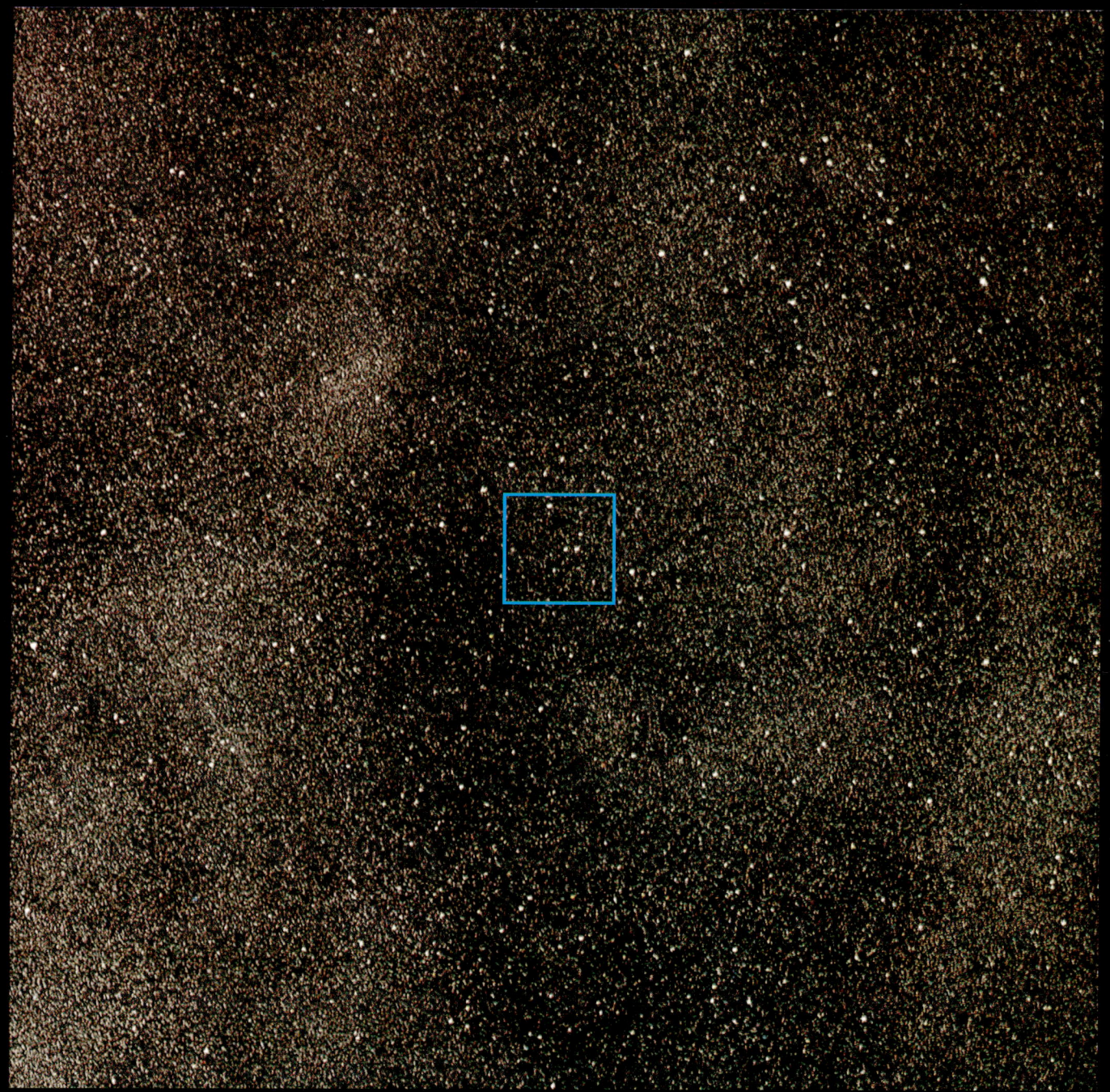

이제 우리는 우리 은하의 원반 안에 들어와 있다. 여기서는 별들의 무리도 하나하나 구분되어 보인다. 별자리로 별들을 집합시켜 놓은 옛날의 관측자들이 위치를 기록해 둔 수천 개의 별들은 거의 전부가 가운데 보이는 사각형 안에 존재한다. 즉 우리 은하의 이웃들이다. 물론 다른 별들도 수없이 많이 존재하지만 이들은 너무 희미해서 우리 눈으로는 볼 수가 없다.

10^{18}미터
별 스펙트럼

1

맨눈으로 쉽게 볼 수 있는 수백 개의 별 중에서 겨우 12개의 별만이 10^{18}미터 사각형과 유사한 100광년 지름의 구 안에 존재한다. 그중 하나가 아크투루스(목동자리에서 가장 밝은 별로, 곰의 파수꾼이라는 뜻의 그리스 어이다. ─옮긴이)이다. 다른 두 별(가장 가까운 별인 태양과 두 번째로 가까운 별인 알파 켄타우리)은 이보다 더 가까워서, 지름이 이 구의 10분의 1에 해당하는 구 안에 위치한다. 추측건대 모두 2,000여 개의 별이 100광년의 구 안에 들어 있지만, 대부분은 아직도 확인할 수 없는 희미한 붉은 별들로 어떤 식으로도 발견하기가 힘들다.

2

별은 어두운 하늘에 있는 작고 희미한 빛으로 된 점처럼 보인다. 별빛은 암호로 된 중요한 메시지를 담고 있다. 별의 은밀한 성질은 별의 색깔에 감춰져 있다. 그런데 색깔을 지각하는 것은 눈과 뇌가 일으키는 복잡한 과정으로 쉽지 않은 문제이다. 그러나 망원경 앞에 커다란 쐐기 모양의 유리를 프리즘으로 놓아 두면, 각 별의 상들이 사진 1에서처럼 무지개와 같은 긴 꼬리가 생긴 것처럼 보이게 된다. 별빛은 색깔별로 휘어 저마다 다른 경로를 거쳐 사진 건판에 닿는다. 갑자기 별들이 개성을 띠게 된다. 별빛의 전체 명암도 다를뿐더러, 빨간색과 파란색의 비율도 다르다. 사진의 가운데 아래쪽에서는 신기한 작은 고리 6개가 늘어서 있는 것을 볼 수 있는데, 이들은 마치 색깔을 입힌 연기 고리처럼 보인다. 이들은 고리 모양의 광원(저 멀리 떨어져 노쇠해 가는 별이 마지막으로 토해 내 생긴 기체 껍질)으로부터 얻은 몇 가지 일탈상들이다. 이 성운 껍질에서 나오는 빛들은 무지갯빛 모두를 띠지 않고 선택된 몇 가지 색만을 띠고 있다. 이 빛의 스펙트럼이 담긴 사진 건판을 보면 몇 가지 색들 사이사이가 검다. 이렇게 끊긴 스펙트럼은 광원이 밀도가 높은 별이 아니라 밀도가 낮은 기체임을 보여 준다.

별 무지개를 다시 보면, 이들의 색깔 띠 역시 연속적이지 않음을 알 수 있다. 여기저기 간극이 보인다. 이 결과(몇 가지 색이 빠진 연속 색 띠)는 겨우 몇 가지 색밖에 띠지 않는 성운 스펙트럼을 보완해 준다. 사진 2는 정성 들여 얻은 아크투루스의 스펙트럼이다. 조밀하게 늘어선 수많은 끊긴 선이 인상적이다. 이 스펙트럼에서는 위치 자체가 색깔을 나타내는데, 마치 검은색과 흰색으로 그린 무지개 같다. 충분히 많은 색깔 분포 패턴으로부터 별의 빛을 방출하고 있는 기체층의 밀도, 어떤 화학 물질이 있는지 없는지의 여부, 온도를 알 수 있다. 천문학자들은 이와 같은 스펙트럼의 형태로 수천 개의 별을 분류한다.

~100광년

10^{18} m

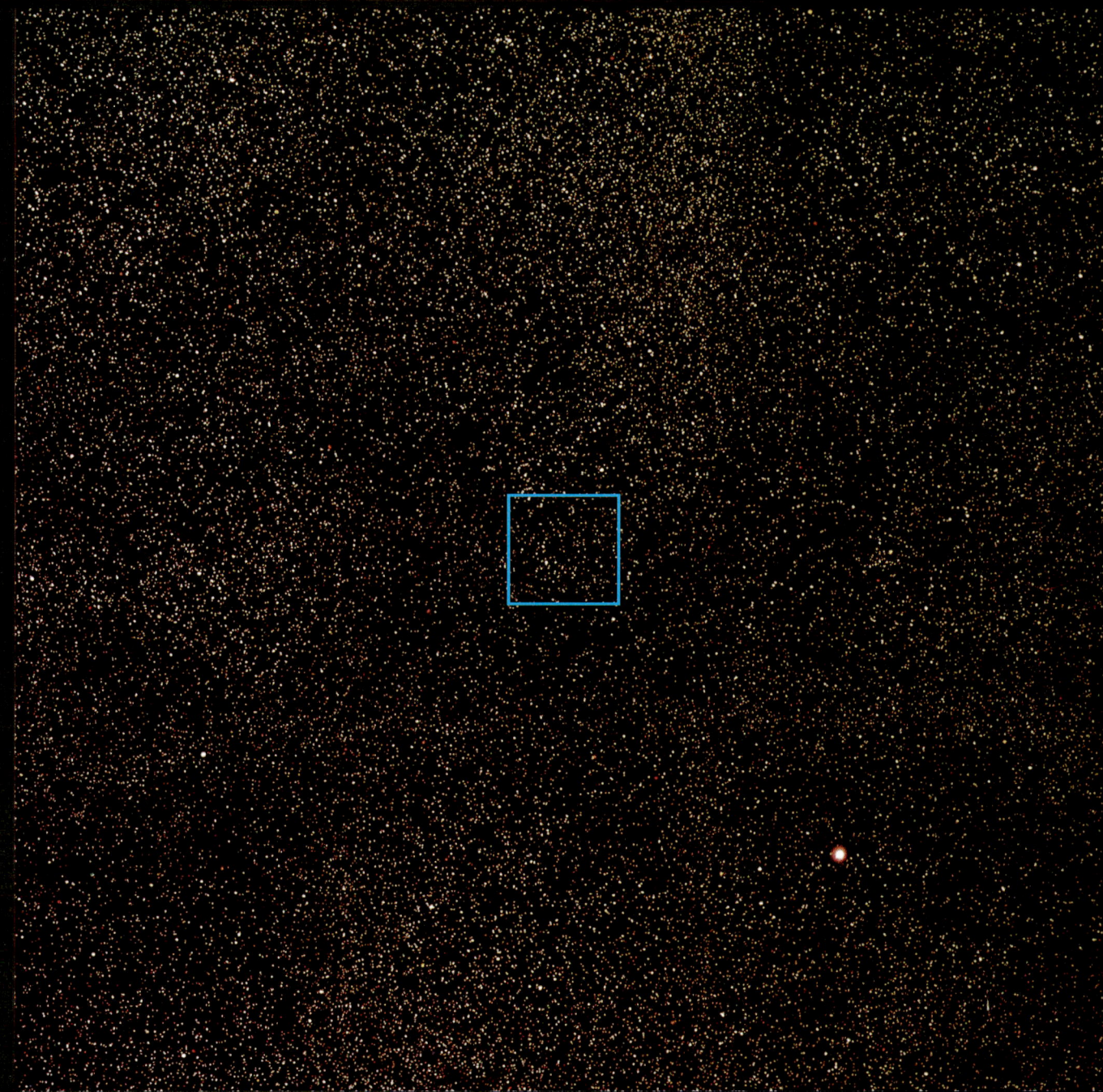

별들이 드문드문 떨어져 있는 하늘. 태양은 이 별들의 중앙에 위치해 있지만 너무 희미해서 보이지 않는다. 북쪽 하늘에는 눈에 띄는 아크투루스가 밝게 빛나고 있다. 원래부터 아크투루스는 태양보다 더 밝은 별이지만 지구에서는 태양보다 더 멀리 떨어져 있다.

10^{17} 미터
별

태양은 대표적인 별이다. 별이 되는 것은 크기의 문제다. 충분히 크면서도 너무 크지는 않은 기체 구가 별이 된다. 이런 크기의 구는 자체의 인력으로 서로 끌어당기는데, 기체가 자체 가열되면서 발생하는 내부 압력 때문에 중력 붕괴는 일어나지 않는다. 별은 빛을 내면서 열을 빼앗긴다. 별은 균형을 유지해야 하므로 안정될 때까지 수축한다. 일반적으로 별들은 핵융합 반응을 하면서 열핵에너지를 방출하기에 충분할 정도로 중심이 뜨거워진다. 일단 그렇게 되면 사용 가능한 핵에너지가 엄청나므로 별들은 오랫동안 수명을 유지한다. 정상적인 별은 크기에 비해 열을 강렬하게 방출하지 않는다. 이들은 내적인 변환이 느려서 표면 온도가 백열점(白熱點, 섭씨 1,727~3,020도 — 옮긴이)에나 겨우 올라갈 정도의 크기를 하고 있다. 별의 표면적은 거대한 부피에 비해 작은 편이다. 보통 인간이 초당 방출하는 열보다 같은 질량의 별 물질에서 방출되는 열이 더 작다. 그러나 별은 자기 자신을 스스로 부양한다. 태양은 자신을 먹고산다. 내부의 불은 산소나 외부 연료를 필요로 하지 않는다. 그렇더라도 태양은 100억 년의 수명을 누릴 수 있다.

가장 작은 보통의 별은 희미하게 붉게 빛난다. 이들은 태양 질량의 10분의 몇에 불과한 물질을 함유하고 있고 특별한 사건이 일어나지 않으면 수십억 년의 수명을 유지한다. 가장 큰 보통의 별은 중력 붕괴에 대해 안정되어 있지 않은데, 질량이 태양보다 수백 배는 크고 푸른빛과 흰빛을 낸다. 이들은 영속적이지 못하다. 가장 많이 존재하는 별은 발견하기 힘든 희미한 적색 왜성이다. 저 멀리, 아주 드물게 있지만, 눈에 가장 잘 띄는 별은 질량이 크고 환하게 빛나는 젊고 푸른 별이다. 이들은 100만 년 정도 살아갈 에너지를 내부에 저장해 사용하고 있다.

대부분의 별은 둘 혹은 셋이 모인 다중성을 이루는데, 이 쌍별들은 태양계 행성 궤도에 상응하는 궤도에서 서로의 둘레를 돌고 있다. 태양과 같은 단일 별로 이루어진 성계는 열 중에 하나둘일 것이다. 우리 태양은 동료 별이 없다.(동료 별이 있다는 가설이 제기되기도 했다.) 대신에 태양은 행성을 거느리고 있다. 우리 태양계와 같은 성계가 또 존재하는지는 모르겠지만, 과학자들은 아마도 무수히 많을 것이라고 추측하고 있다.

별들은 은하 기체와 먼지가 응축해 생성이 시작된다. 별들은 빛을 내는 동안 우주로 끓어오른다. 몇몇 별은 폭발해 재료 물질로 돌아가 우주로 흩어지며 생을 마감한다. 가장 가벼운 원소보다 무거운 모든 화학 원소들이 복잡한 과정을 거쳐 폭발적으로 혹은 안정적으로 별들 속에서 만들어져 왔다. 별의 일생이 완전히 알려지지는 않았다. 우리는 가장 왕성하게 활동하는 시기에 속해 있는 보통 별에 대해서는 잘 알고 있지만, 이 별들의 탄생이나 죽음, 보통과 다른 별의 성질은 여전히 모른다.

별들이 운집해 있다. 삼각형으로 표시한 별들은 스펙트럼이 태양을 닮은 것들이다. 발광도와 안정성, 일생이 태양과 아주 유사한 별은 우리 은하 내에 수억 개가 존재한다. 이 별들도 우리 눈에 보이지 않는 행성들의 태양으로, 오랜 진화를 거친 생명체를 감추고 있을지도 모른다. 아직 그 답은 아무도 모른다.

1

2

대부분의 별들은 상호 인력으로 결합해 쌍을 이룬다. 이 쌍은 200천문단위(AU) 정도 떨어져 있다. 이들은 우리가 쉽게 분별할 수 있을 정도로 우리와 가까이 있으며(약 11광년) 서로 충분한 거리를 두고 있다. 이 두 별 사이의 거리는 삼각 측량으로 관측된 최초의 성간 거리였다.

~10광년, ~3파섹

10^{17} m

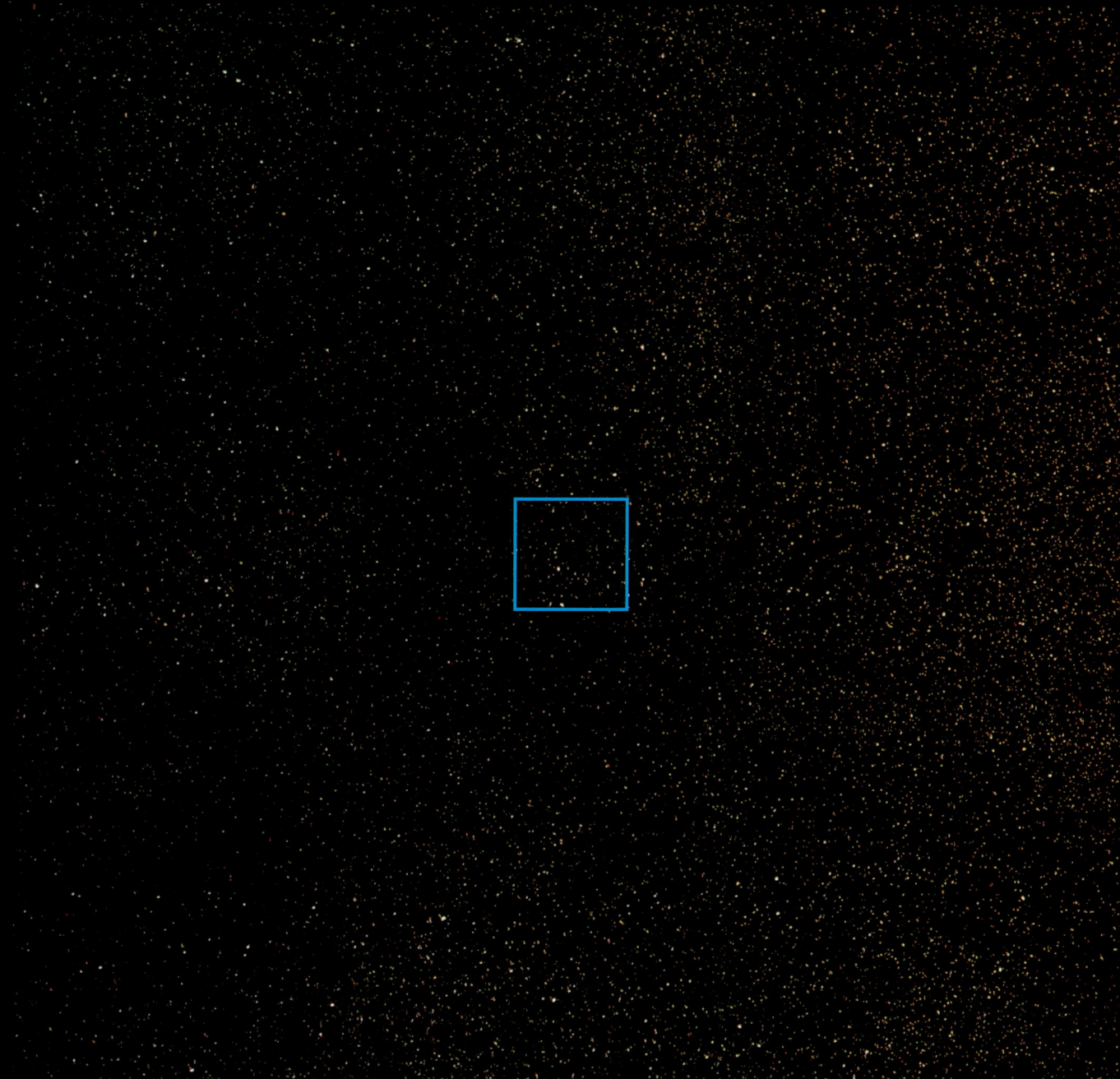

우리가 알고 있는 대부분의 물질은, 매우 긴 시간 동안 빛을 발하는 기체 구인 별에서 만들어진다. 이 별은 중심 핵의 핵융합 불길에서 에너지를 공급받는다. 여행이 이 단계에 도달하면 바로 근처에 별이 없다. 지구에서 밤하늘을 볼 때와 비슷하게 별들의 세계는 저 멀리 배경으로 존재한다. 앞으로 나올 사진들에서는 이 별 배경이 변하지 않고 그대로 남아 있게 된다. 눈에 보이는 별들은 우주 공간 깊숙이 흩뿌려져 있다. 우리 여행의 보폭은 이 별들을 구별하기에 너무 짧아서 우리가 이동한다고 별들이 눈에 띌 만큼 이동하지 않는다.

10^{16} 미터

1

태양은 별이다

우리 태양계에서 가장 큰 구조는 태양 주위에 구형으로 성기게 모여 있는 혜성 구름이다. 이 혜성들은 다른 별들이 지닌 중력의 마력으로부터 벗어날 수 있을 정도로 충분히 크다. 이 구형 구름 안에서 꼬리 없는 혜성들, 즉 먼지 덩어리, 얼음 덩어리, 공 모양으로 얼어붙은 기체들이 엄청나게 거대한 궤도를 따라 몇 세대에 걸쳐 일주 운동을 한다.

10^{16}미터 거리에서는 태양계의 군주인 태양 이외에는 보이지 않는다. 행성의 궤도들은 너무 작아 보이지도 않는다. 이곳에서부터 태양까지의 거리는 빛이 최고 속도로 이동해도 1년을 가야 하는 거리이다. 빛은 지구에서 달까지 1초 정도면 날아갈 수 있고, 500초 만에 1천문단위인 지구와 태양 사이의 거리를 지날 수 있다는 점을 고려해 보자. 지구에서 저 멀리 떨어진 명왕성까지는 광속 특급으로 1시간이면 간다. 광년은 웅대한 단위로, 별들 사이에 놓인 광대한 우주 공간에 적합한 단위이다. 이 단위를 사용하기에 태양계는 너무 작다.

별들의 상대적 위치가 변하지 않는 것처럼 보이기 때문에, 우리는 종종 별들이 고정되어 있다고 말한다. 지상에서 보면 별들은 하루나 1년을 주기로 해서 한꺼번에 회전한다. 그러나 이것은 대략적인 생각에 불과하다. 관측이 힘들지만, 별들은 저마다 개별적인 운동을 하고 있다. 망원경으로 관측된, 희미하게 붉게 빛나는 바너드별은 지금까지 알려진 어떤 별보다도 빠르게 하늘을 가로질러 움직인다. 물론 이 별이 하늘에서 움직이는 거리는 미미하다. 최고의 관측자였던 튀코 브라헤가 이 별의 운동을 관측한다 하더라도 5~10년을 계속해서 관측한 후에야 비로소 이 별의 위치 변화를 측정할 수 있을 것이다. 지금은 정밀한 위치 측정법 덕분에 별까지의 거리가 정확히 계산되었다.

사진 2에는 밝게 빛나는 표준성과 함께 찍힌 바너드별의 4가지 상이 보인다. 이 사진은 수개월 동안 4번에 걸쳐 찍은 사진들을 한꺼번에 겹쳐 확대한 것이다. 사진 상단의 4개의 점들은 4번 찍힌 바너드별이다. 표준성의 상은 모두 정확하게 들어맞아 한 점으로 나왔다. 이 별의 상대적인 이동 거리는 거대 망원경으로 찍은 사진 건판에서 겨우 0.5밀리미터로 불과하지만, 어느 별도 이처럼 빨리 이동하지 않는다.

여기서 얻은 결과는 매우 놀라운 것이었다. 표 3이 이것을 잘 보여 준다. 바너드별은 우아하게 구부러진 경로를 따라 하늘을 가로질러 이동한다. 한쪽에서 다른 쪽으로의 흔들림은 1년을 주기로 해서 일어난다. 일종의 시간 표시기 기능을 한다. 이것은 바너드별의 완만한 비행을 관측하는 지구 위 관측자가 태양을 일주하는 1년의 주기이기도 하다. 똑같은 패턴이 핼리 혜성(10^{14}미터 장면을 보라.)의 경로에서도 반복된다. 혜성은 하늘을 배경으로 커다란 만곡선들을 거침없이 그리는 것처럼 보인다. 이 효과는 우리 지각 능력의 한계를 이 혜성보다 수십만 배나 먼 곳까지 확장시켜 준다. 우리는 시차(視差)라고 불리는 현상을 가지고 바너드별까지의 거리(4×10^5 천문단위 또는 6광년)를 결정한다. 더 가까이 있는 수천 개의 별들도 대개 이런 식으로 거리를 결정한다. 이 방법은 측량자들에게는 유효한 것으로, 실제로 까다롭기는 하지만 원리적으로는 정확한 방법이다. 시차는 사진술이 나오기 전인 1840년경에 최초로 성과를 거둔 후, 우주의 거리를 재는 방법의 기초가 되었다. 바너드별의 경로에서, 이 별의 주위를 회전하고 있는 보이지 않는 행성의 당김으로 생긴, 미세한 초 단위의 동요 현상을 발견했다는 보고도 있다. 그러나 이 결과는 아직 확인되지 않았다.

2

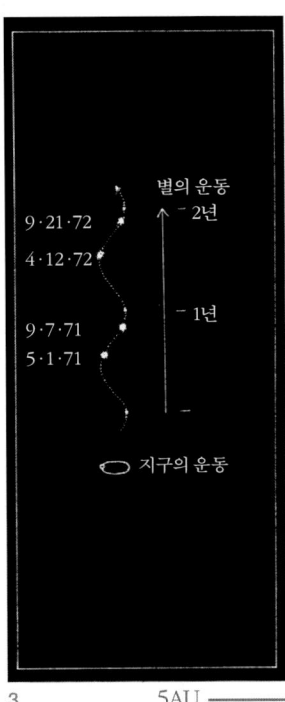

3   5AU

~1광년, 10조 킬로미터

10^{16} m

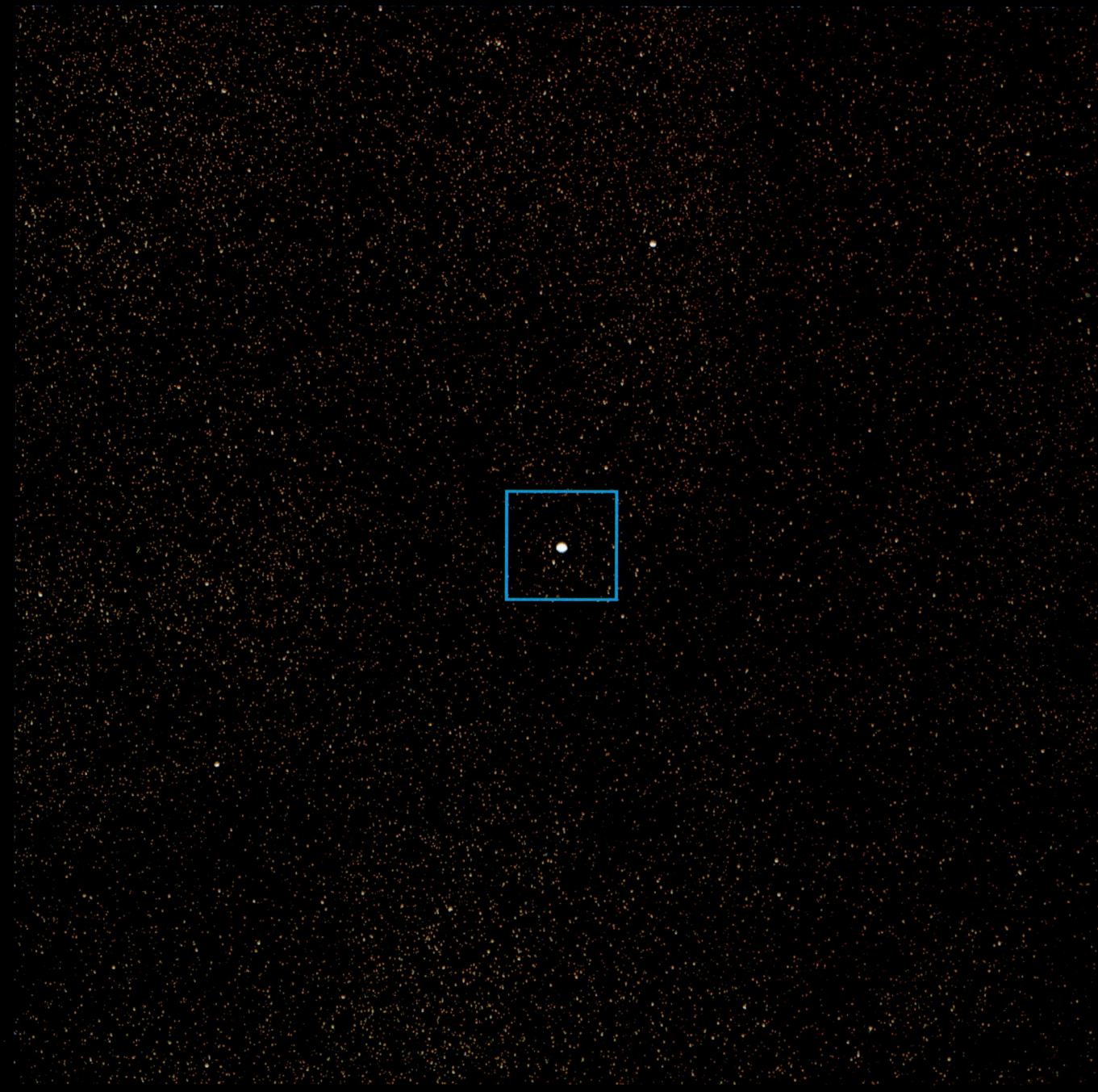

중앙에 위치한 별은 나머지 별들에 비해 유난히 밝게 빛나고 있다. 이것은 오로지 이 별이 우리와 가깝기 때문이다. 이 별이 바로 태양이다. 밤과 낮, 즉 별이 가득한 하늘의 차가운 반짝임과 생명을 주는 따뜻함 사이의 대조는 전적으로 지구가 이 품위 있는 별 가까이에 위치한 결과이다. 일단 우리가 이 별에서 멀어지면, 이 별도 수많은 별 무리 가운데 하나에 불과하게 된다. 저 멀리 위치한 별들도 어떤 점에서는 태양이 될 수 있다.

10^{15}미터
별자리

한 변이 10^{15}미터인 다음 쪽의 사각형도 별들을 배경으로 하고 있다. 이들이 연출하는 광경은 북반구의 사람들에게는 익숙하지 않을 것이다. 오스트레일리아의 밤하늘을 관측한 사진이기 때문이다. 10^{15}미터 규모에서는 시야에 들어오는 모든 별이 우주 배경 깊숙이에, 수천 배나 멀리 흩어져 있으므로 인식할 수 있는 차이란 존재하지 않는다. 애를 쓰면 몇 가지 차이를 관측할 수 있을지도 모르지만, 맨눈으로는 어떤 것도 알아차릴 수가 없다.

지구의 남쪽 하늘에 대해 잘 알고 있는 사람일지라도 여러 가지 흥미로운 사실을 발견할 수는 없을 것이다. 남반구의 하늘에는 우리 눈에 띄는 별이 많지 않기 때문이다. 남반구 하늘의 별자리들은 최근에야 완전한 것들 위주로 이름을 얻게 되었다.

1

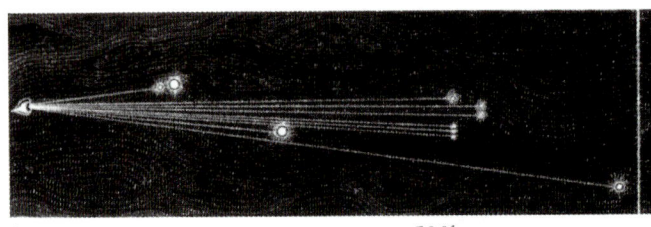

4
500ly

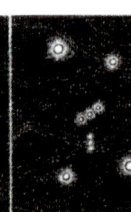

3

여기 나오는 세 그림은 일부 별자리들이 오랫동안 숭배되었다는 사실을 상기시켜 준다. 그림 1 목판화의 깃털을 든 발가벗은 카시오페이아 공주는 하늘에 얽힌 고대 로마의 전설을 엮은 16세기 총서의 삽화에 나오는 그림이다. 이 총서는 초기에 인쇄된 책 중에서 가장 많이 팔린 것 중 하나로 수없이 재판을 찍었다. 그림 2의 익살스러운 곰 2마리는 1540년에 인쇄된 대중용 우주론 교과서(큰곰자리의 알파별과 베타별인 두 지극성과 북극성이 선으로 연결되어 있다.)에 나온다. 중국의 오리온자리 그림이 그림 3에 나와 있는데, 이것은 불교 사원에 오랫동안 보관되어 온 책의 일부이다. 이 책은 940년경에 출판되었다.

별자리는 고대 인류 문화의 일부이지만, 자연 그대로의 모습을 하고 있지는 않다. 별자리는 지구에서 바라본 시각에 따라 만들어진 인공물로, 우리의 시공간적인 위치에 의존해 배열되어 있다. 겨울에 보이는 오리온자리는 그림 4에서처럼, 일반적으로 우리가 볼 수 있는 모습(오른쪽)과 옆에서 볼 때 공간에 위치하는 모습(왼쪽)의 2가지 방식으로 나타낼 수 있다.

예외도 있다. 사진 5에 나오는 빈틈 없어 보이는 희미한 성단, 플레이아데스 성단(황소자리의 일곱 별)은 실제로 가까운 별들이 모여 있는 물리적인 집합체로, 이 별들은 먼지와 기체 구름으로 얽혀 있어 함께 움직인다. 별이 가득한 하늘에서 대부분의 별자리들은 천천히 자리를 이동하지만, 육안으로는 3차원 공간에서의 움직임을 파악할 수 없다.

5
5ly

카시오페이아자리 그림에, 아마도 당시 책의 주인이었을 어떤 사람이 오래되어 색이 바랜 잉크로 새로운 튀코별 위치를 표시해 두었다. 이 별은 1572년에 섬광처럼 타올라 1~2년을 밝게 빛나다 희미해졌다.

1조 킬로미터

10^15 m

이제는 희미한 별들을 배경으로 한 태양만이 보인다. 한때는 이것이 태양계 주변에 대해 우리가 알고 있던 전부였다. 지금은 약한 태양 빛으로는 보이지 않는 얼음 혜성들의 거대한 구름이 이곳에서 천천히 회전하고 있다는 사실을 알고 있다. 우리는 몇몇 혜성이 주기적으로 지구 근처의 더 밝은 곳으로 들어올 때만 혜성을 본다. 그곳에서 우리는 잠시 지나가는 행성처럼 보이는, 하늘을 가로지르며 끓어 넘치는 긴 꼬리를 희미하게 남기는 태양의 불, 혜성을 본다.

10^{14} 미터
혜성

1   5×10^6km

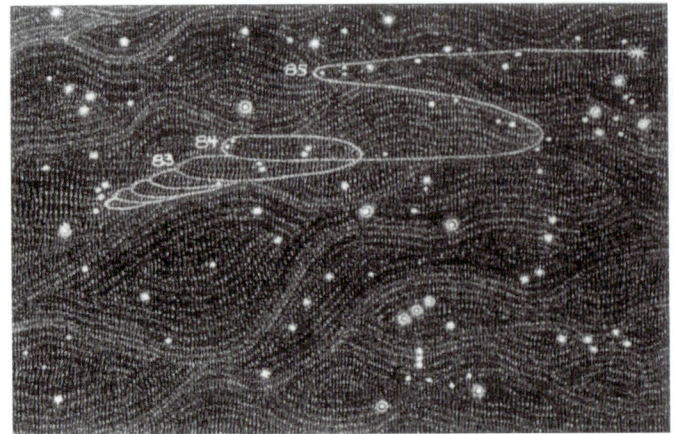

4

2

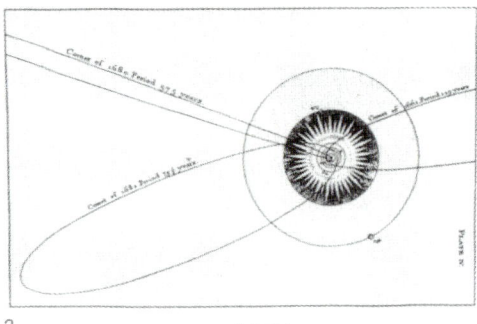

3   20AU

한때 불길한 이방인으로 여겨졌던 혜성은 지금도 여전히 우리 태양의 지배권에서 벗어나 있다. 혜성들은 여전히 저 어둠 속에서 갑자기 모습을 드러내곤 한다. 그러나 몇 가지 혜성, 예를 들어 핼리 혜성 같은 것에 대해서는 자신 있게 그 출현을 예고할 수 있다. 사진 1에 보이는 핼리 혜성 사진은 희미하지만 복잡하게 얽힌 꼬리를 끌고 1910년 봄에 지구를 방문했을 때의 모습이다. 이 혜성의 출현은 인류 역사에 반복해서 기록되어 있다. 정복왕 윌리엄이 이끌던 노르만 족 원정대의 승리를 기념해 수놓은 바이외(Bayeux) 태피스트리는 사진 2에 보이듯이 1066년에 핼리 혜성이 나타났음을 알려 준다. 이 일이 있기 1,500년 전에도 이 혜성의 출현은 기록으로 남아 있다. 무엇보다 놀라운 것은 혜성이 예정된 주기대로 지구 주위에 나타난다는 점이다. 해왕성의 궤도를 훨씬 능가하는 35천문단위(AU)에 이르는 혜성의 타원 궤도는 뉴턴 이론에 잘 부합한다. 1750년에 그린 그림 3의 산뜻한 혜성의 궤도 그림에는 핼리 혜성이 다만 "1682년의 혜성"이라고만 표시되어 있다.

최근 몇 년간 별 사이를 여행하게 될 핼리 혜성의 경로를 새 계산 결과에 근거해 4에 그려 놓았다. 이 혜성이 우주 공간을 여행하는 대부분의 기간 동안에는 거대 망원경으로도 혜성을 볼 수 없다. 그러나 이 경로는 매우 유익하다. 태양 가까이의 우주 공간에 별을 응시한 채로 떠 있는 우리를 상상해 보자. 여기서는 지구의 자전이나 공전의 방해를 받지 않는다. 그러면 혜성은 점점 빠르게 우리 시야로 뛰어들게 되는데, 이 혜성의 실제 경로는 바로 가까이에 도착할 때까지 그림 3처럼 짧고 완만한 원호를 그리게 될 것이다. 지구에서 볼 때, 하늘을 가로지르는 화려한 고리 모양의 혜성의 경로는 지구 관측자들의 운동을 반영한다. 이 운동은 지구의 공전 때문에 관측자들이 망원경을 들고 해마다 이리저리 옮겨 다니기 때문에 일어난다. 혜성은 아주 멀리 떨어져 있기 때문에 처음에는 경로가 작은 고리 모양이다. 점점 더 가까워질수록 이 고리들은 점점 커져서 우리 어깨 너머로 태양을 향해 지나가게 된다.

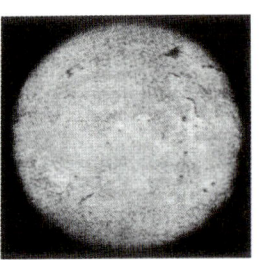

5   6×10^8m

별은 점이 아니라 뜨거운 기체 구이다. 그 증거로 활발한 태양의 인상적인 표면을 들 수 있다. 이 표면에서 우리는 뜨거운 별 표면의 소용돌이치는 자기풍을 본다. 사진 5는 뚜렷한 대비를 드러내기 위해 붉은색 영역의 아주 좁은 파장대에서 찍은 사진이다.

1000억 킬로미터

10^{14} m

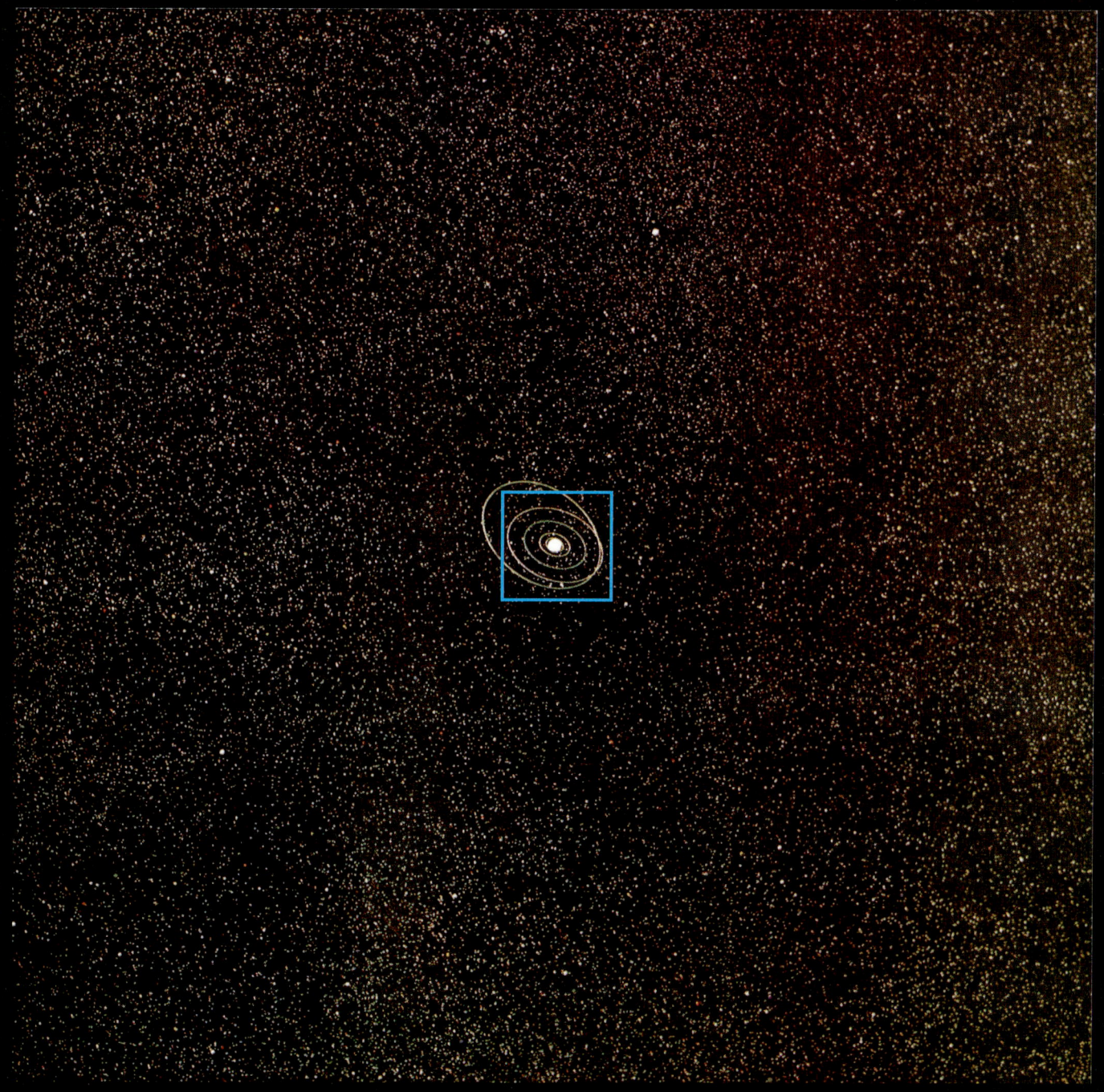

태양의 행성들은 모두 작은 사각형 안에서 공전하고 있다. 지구에서 보면, 행성들은 변하지 않는 별자리 사이를 쉼 없이 방랑하는 밝은 별처럼 이상하게 보인다. 바깥에서 보면, 행성들은 코페르니쿠스의 견해처럼 포개진 타원형을 따라 태양 주위를 돈다. 이 사진에서는 이 궤도들을 각각 다른 색깔로 표시했다.

10^{13} 미터

토성

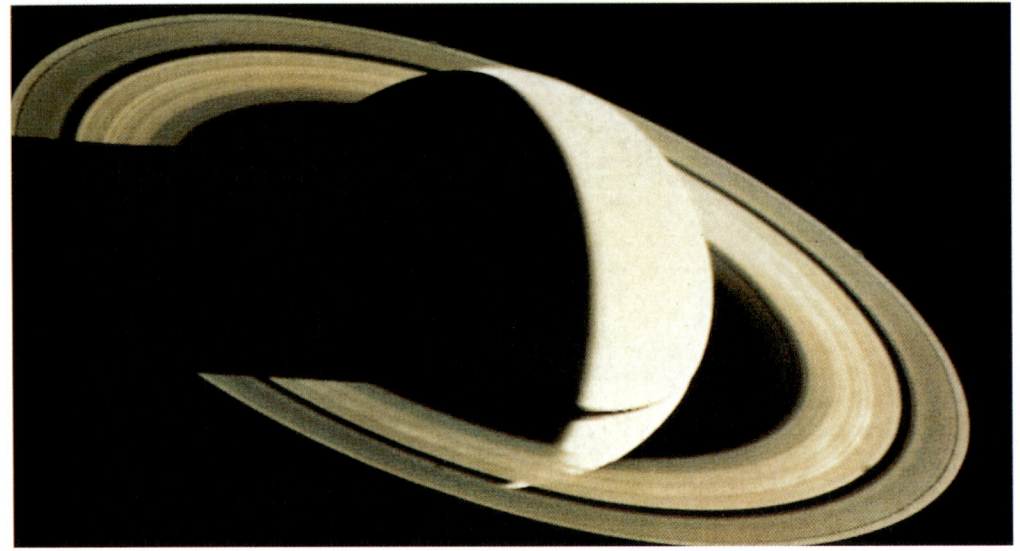

1
50,000km ─────

지구에서 태양계 바깥쪽으로 있는 거대 행성을 바라보자. 보이는 면은 언제나 거의 보름달에 가까운 모습을 하고 있다. 사진 1에 보이는 환상적인 모습은 역사상 최초로 500만 킬로미터 떨어진 곳에서 초승달 모양의 토성을 바라본 모습이다. 유명한 토성의 고리들에 그림자가 드리워져 있다. 보이저 1호에 실린 똑같은 로봇 텔레비전 카메라가 토성 궤도를 완전히 벗어나기 며칠 전에 고리들 사이의 공간을 지나는 모험을 감행했다. 거기서 보이저 1호는 사진 2와 같은 근접 촬영 사진을 보냈다. 지구에서 보면 몇 개로만 구분되던 고리들이 여기서는 수천 개의 미세하고 작은 고리들로 보인다. 우리는 미세한 티끌부터 산만 한 얼음 덩어리까지 궤도를 따라 평평하게 늘어선 것이 토성의 고리임을 알고 있다. 이 얼음 덩어리들은 자주 충돌하며 서로를 갉아 낸다. 이런 고리는 토성에만 있는 것이 아니다. 목성과 천왕성 역시 이런 고리들을 가지고 있는데, 이 고리들은 희미해서 최근에 와서야 관측되었다.

2

5,000km ─────

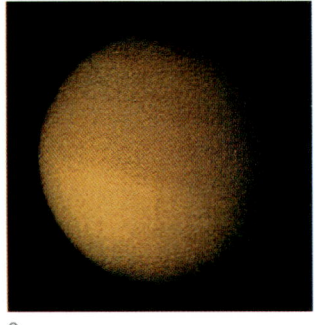

3   4   100km ─────

고리들을 형성하는 무수한 물체 외에 독립적인 궤도를 따라 주행성을 돌고 있는 많은 위성도 볼 수 있다. 토성은 수많은 위성을 갖고 있는데, 이 위성 중에는 사진 3에 보이는 타이탄처럼 큰 것도 있고 사진 4에 보이는 미마스처럼 작은 것도 있다. 분화구투성이의 미마스 표면에서 거대한 분화구 흔적을 뚜렷이 볼 수 있다. 과거에 있었던 충돌은 지름 300킬로미터의 얼음 위성을 조각낼 수 있을 만큼 위협적이었음에 틀림없다. 미마스는 토성에 가깝게 위치하는데, 바깥쪽 고리로부터 멀리 떨어지지 않은 궤도를 돌고 있다.

100억 킬로미터

10^{13} m

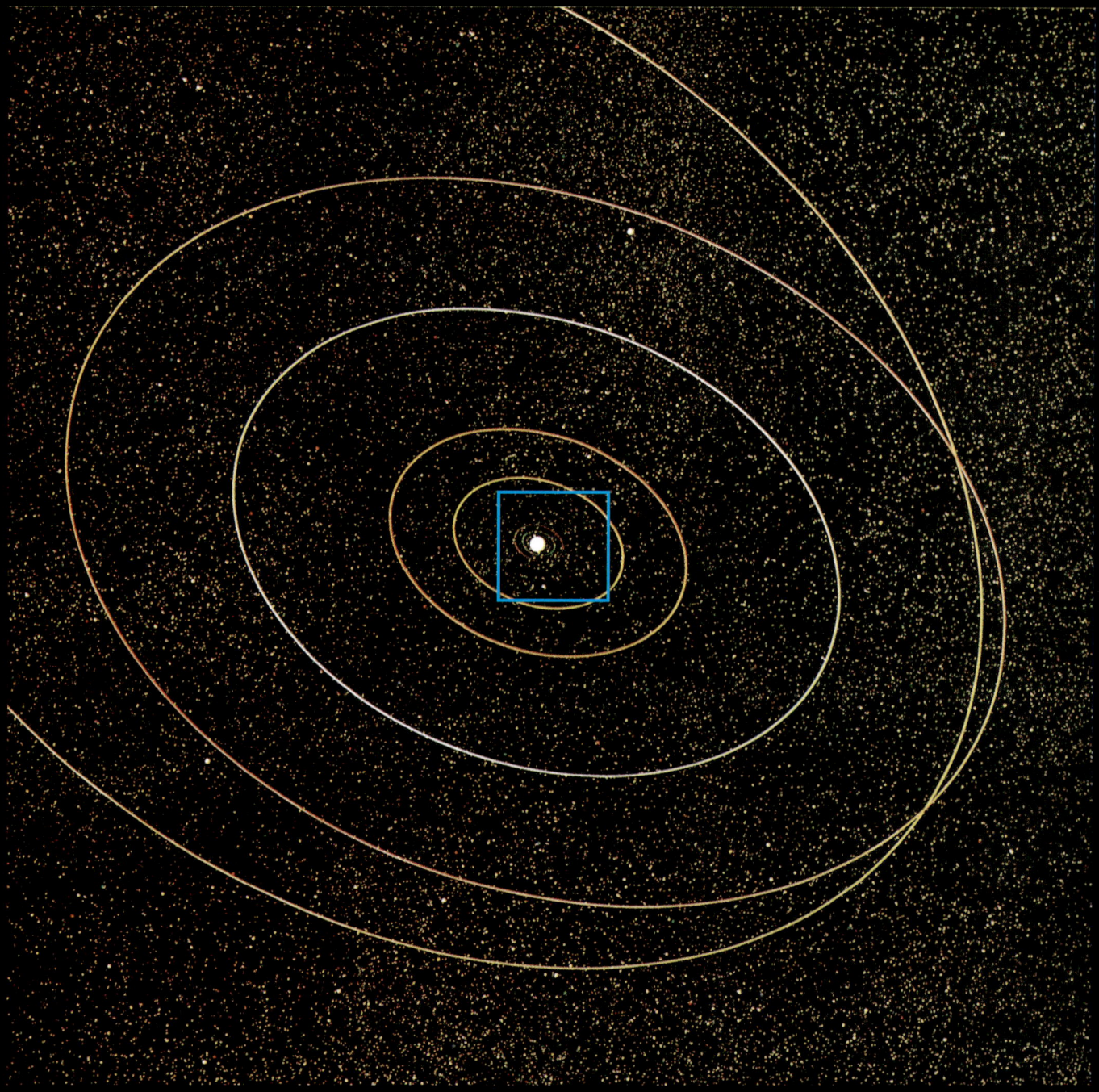

외행성의 경로들이 사진을 가득 메우고 있다. 심하게 구부러진 궤도는 자그마한 명왕성의 궤도이다.(명왕성은 현재 행성이 아니다. — 옮긴이) 다른 4개는 수많은 위성을 지닌 거대 행성인 해왕성, 천왕성, 토성, 목성의 궤도이다. 목성의 궤도와 태양 사이에서 지구형 행성들이 그들의 작은 궤도를 따라 움직이고 있다. 여기서 이 행성들은 반시계 방향으로 회전하고 있으며, 행성들의 공전 궤도들은 거의 같은 평면 위에 있는 것처럼 보인다. 행성계는 팬케이크처럼 평평하다.

10^{12} 미터
목성

여기 3장의 목성 사진은 우리가 잘 모르는 성분의 지속적인 구름들로 채색된 목성의 두꺼운 대기 운동을 보여 준다. 소용돌이치는 점과 띠를 공통으로 지닌 이 사진들은 깜짝 놀랄 만한 광경을 보여 준다. 나뭇결 모양의 사진 1은 지구에서 거대 망원경으로 관찰한 것으로, 지구 망원경이 대기의 방해를 뚫고서야 볼 수 있는 광경이다. 사진 2에서는 사진 1보다 더 정교한 나뭇결 모양을 볼 수 있는데, 이것은 목성에서 겨우 300만 킬로미터 떨어진 깨끗한 우주 공간에서 보이저 1호가 찍은 사진이다. 1980년에 근접 촬영한 것이 사진 3인데, 이때는 보이저 1호가 10배나 더 가까운 거리를 지나고 있었다. 소용돌이치는 목성 대기의 흐름이 아주 인상적이다. 여기 나타난 거대한 붉은 점은 대기권 상층부에서 볼 수 있는 모습(일종의 거대한 이동성 회오리 바람)으로 수년에 걸쳐 성쇠를 거듭하며 수세기 동안 지속적으로 존재했던 것이다. 사진 3에서 볼 수 있는, 식별이 가능한 가장 작은 점도 지름이 약 100킬로미터에 이른다.

점점 정밀해지는 이 3장의 사진은 이 책의 주제를 실감나게 보여 준다.

1

2 10^5km

3

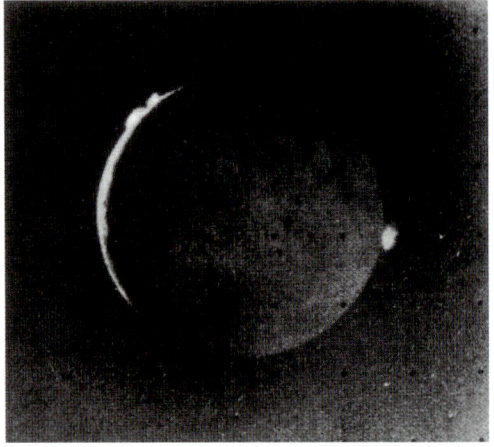

4 10^3km

4개의 갈릴레오 위성 중 목성에 가장 가까운 위성인 이오(Io)는 물리적으로 아주 독특하다. 보이저 1호는 이 위성 위에서 10개의 활화산(사진 4는 폭발하고 있는 3개의 활화산에서 나오는 버섯 구름을 보여 준다.)을 발견했다. 이 활화산은 지구에서처럼 용암과 재를 뿜는 대신 황과 그 화합물을 뿜어내고 있다. 먼지 구름은 150킬로미터의 높이까지 공기가 없는 이오의 대기 공간 속으로 분출되었다.

목성이 거느린 4개의 위성의 크기는 달에 버금가며, 1610년 1월 이탈리아 피렌체의 한 정원에서 갈릴레오가 최초로 관측했던 때와 마찬가지로 빠른 속도로 목성 주위를 돌고 있다. 사진 5에 보이는 갈릴레오가 쓴 원고에는 이 위성들의 무용극이 기록되어 있다. 2년 남짓한 기간 동안 갈릴레오는 이들의 안무법(그림자, 식, 리듬)을 알아냈다. 목성계는 작은 태양계 같다.

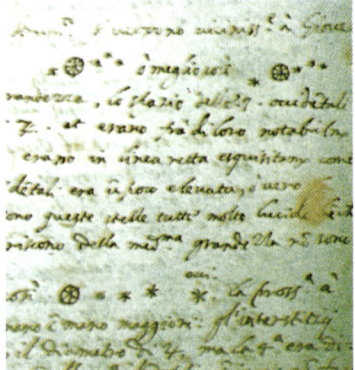

5

10억 킬로미터, ~7천문단위

10¹² m

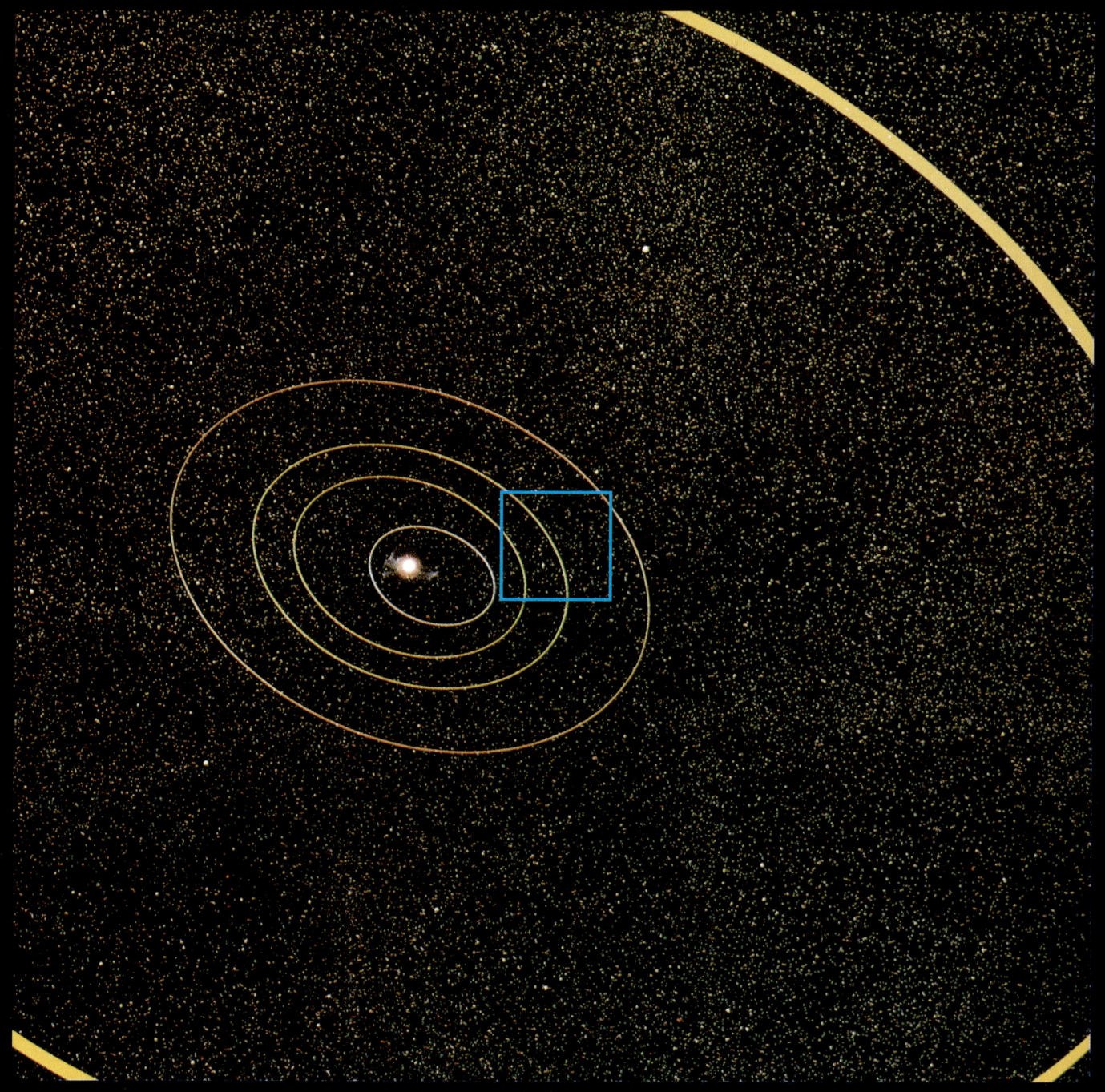

거대한 목성의 궤도 안에 화성, 지구, 금성, 수성의 궤도가 있다. 망원경의 도움 없이 식별하기에는 너무나 작고 희미한 다른 무리도 사진에 나와 있는데, 소행성들과 유성들이 화성과 목성 궤도 사이에 놓여 있는 띠 위에서 어둠 속을 왕복하고 있다.

10^{11} 미터
화성, 금성, 수성

1 ——— 2,000km ———

4 ——— 10,000km ———

지구형 행성인 화성, 금성, 수성은 지구의 이웃이자 짝이기도 하다. 목성형 행성이 거대한 기체 덩어리인 것에 비해 이들은 주로 매우 작은 부피의 바위로 이루어져 있으며 기체나 얼음으로 가득 차 있지 않다. 새벽녘 초승달처럼 보이는 화성이 사진 1에 보인다. 이 사진에서 남극은 밤이어서 안개와 결빙된 이산화탄소 때문에 밝게 빛나는 커다란 분화구와 함께, 얼음으로 덮인 극점의 가장자리만 보인다. 사진 1의 윗부분에서는 아지랑이처럼 보이는 것을 발생시키는 휴화산을 볼 수 있는데 이 화산의 경사면은 화성의 성층권까지 40킬로미터나 뻗어 있는 아침 구름으로 장식되어 있다.

비록 화성의 얇고 바짝 마른 대기권 안에서 숨을 쉴 수는 없지만, 우리는 화성의 표면에서 시각적으로 지구에 있는 것 같은 느낌을 받는다. 사진 2와 3은 바이킹 2호가 몇 개월 시차를 두고 찍은 한 쌍의 사진인데, 둥근 돌과 먼지에 쌓인 사막 광경이 보인다. 사진 3은 서리로 하얗게 덮여 있는 겨울 풍경이다. 더 뚜렷한 그림자는 하늘이 덜 흐리다는 점을 암시한다. 비록 현재의 화성은 건조하지만 물의 흔적도 있다. 최근에는 거의 없지만 과거에는 훨씬 많았을 것이다.

금성 역시 하나의 세계인데, 이 행성의 대기권은 매우 두껍다. 사진 4는 자외선으로 찍은 것이다. 우리가 식별할 수 있는 것이라고는 이동하고 있는 구름(틀림없이 물이 아닌 황산 방울로 이루어져 있을 것이다.) 모양이 전부이다. 사진 5에서처럼 금성의 뜨거운 표면은 바위투성이로 이루어져 있다. 이 사진은 (구)소련의 탐사선에 장착된 절연 카메라가 금성 표면의 열기(납땜을 할 수 있는 온도)로 죽음을 맞이하기 바로 직전에 찍어 보내온 것이다.

2

3

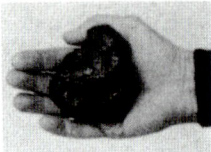

6

여기 보이는 외계의 니켈-철 파편은 2만년 전에 애리조나에 떨어진 집채만 한 운석의 일부이다. 이 운석의 충돌 효과로 운석 분화구가 만들어졌다. 우연히 지구에 떨어진, 성분도 다양한, 수천 개의 운석이 수집되어 보관되고 있다. 이 운석의 일부는 소행성 지대에서 온 것이고, 다른 운석들은 이동하며 충돌하는 혜성들의 파편에서 나온 것이다.

5

강하고, 장엄하며, 찬란한
그대는 저녁 무렵 밝게 빛나는구나.
그대는 새벽을 밝히고,
태양과 달처럼 하늘에 서 있소,
그대의 경이로움은 천상과 지하에 알려져 있소,
신성한 천상 사제의 고귀함을 위해,
그대, 이난나(Inanna)를 위해 내 노래하리!

—수메르 인의 「금성에 대한 찬가」,
기원전 1900년에 씌어진 글에서

1억 킬로미터

10^{11} m

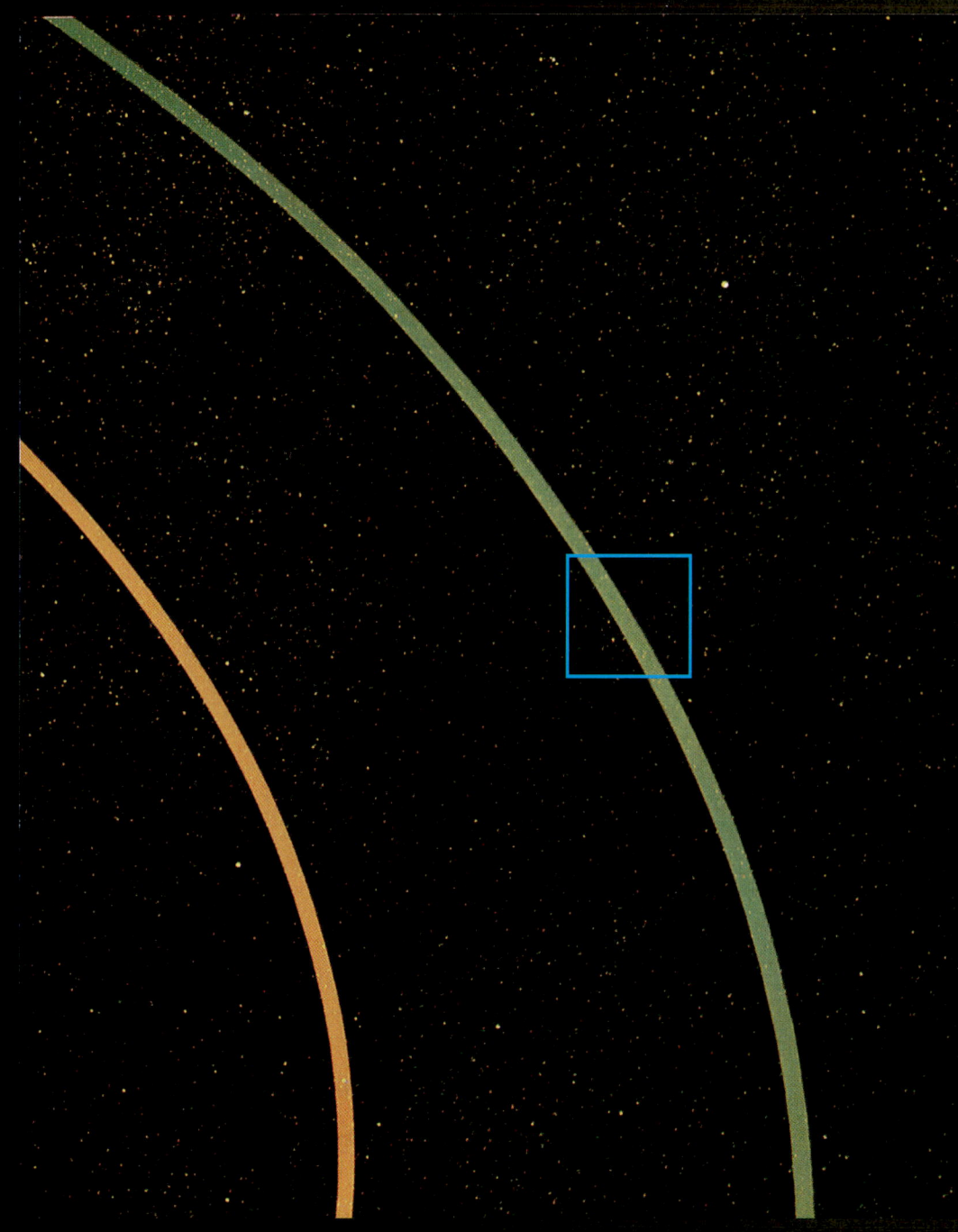

이제 우리는 지구형 행성계를 보고 있다. 초록색 원호는 9월과 10월 사이의 6주 동안 지구가 지나는 궤도이다.

10^{10} 미터
지구의 궤도

우주 속에 가냘프게 떠 있는 지구 사진은, 비록 예상했던 장면이라 하더라도 여전히 경이롭다. 지구가 달과 평행하게 지나가는 장면은 지구가 행성임을 보여 주는 하나의 증거이다. 1977년에 와서야 비로소 사진 1과 같은 사진을 볼 수 있게 되었다. 이 사진은 지구와 달에 대한 코페르니쿠스적 견해를 정확히 보여 준다. 우주 공간에 떠 있는 쌍둥이 초승달은 다른 행성에서 본 광경이다. 이 장면은 1200만 킬로미터의 거리에서 보이저 1호가 목성을 거쳐 그 너머로 여행하기 위해 출발한 직후에 카메라로 포착한 것이다.

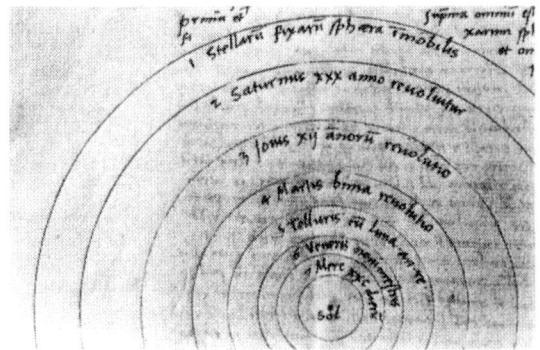

2

1

콜럼버스의 시대가 끝나고 마젤란은 등장하기 전이었던 1510년을 전후한 발견의 시대에 몇몇 학자들 사이에서는 폴란드 프롬보르크(Frombork) 대성당의 참사회원이었던 니콜라우스 코페르니쿠스가 작성한 간단한 원고가 비공식적으로 돌고 있었다. 그는 이 원고에서 지구는 달 공전 궤도의 중심이기는 하지만 우주의 중심은 아니며, 다른 모든 행성과 마찬가지로 지구도 태양 주위를 돌고 있다고 주장했다.

이러한 코페르니쿠스의 제안은, 전례가 없었던 것은 아니었지만 지구의 중심으로서의 역할과 부동성이 신학적으로 지지를 받던 당시로서는 혁명적인 것이었다. 천상을 방황하는 방랑자들의 무리에 지구를 자유롭게 풀어놓음으로써 얻을 수 있는 결과는 전 우주의 통일이었다. 이 통일은 훨씬 후인 17세기에 현대 과학의 창시자들이 알아냈다. 33세의 갈릴레오는 1597년 파도바에서 케플러에게 편지를 썼다. "……수년 전 저는 코페르니쿠스의 의견에 동의했습니다. …… 지금까지 저는, …… 언젠가는 영원불멸의 명성을 얻게 되겠지만 현재는 수많은 사람으로부터 …… 웃음과 조롱거리가 되고 있는 우리의 스승 코페르니쿠스의 운명에 위협을 느껴, 발표하고 싶지 않았던 …… 여러 이유를 작성했습니다."

오랫동안 출판이 연기되었던 대작에 나오는 코페르니쿠스의 육필 원고는 바로, 그가 직접 작성한 단순화한 태양계 그림이다.(사진 2) 이 원고는 그가 죽은 1543년에 책으로 발간되었다.

1000만 킬로미터

10¹⁰ m

이 공전 궤도는 10월 중 4일 동안 지구가 지나가는 길을 표시한 것이다. 그 위에 지구에 대해 상대적으로 달이 이동하는 경로를 함께 표시했다. 달은 작은 타원형 위에 위치한다.

10^9 미터

달의 궤도에서 본 달은 지상에서 본 것보다 훨씬 밝게 빛난다. 달이 그저 하나의 천체로 보이는 먼 거리에 떨어져 있을 때나, 최초로 천체 망원경을 통해 달의 성질이 지구와 비슷하다는 것을 밝혀낼 수 있을 정도로 가까워졌을 때에도 달빛은 다른 어떤 별이나 행성도 희미하게 만들어 버린다. 달은 과학과 예술 그리고 보통 사람들의 상상에 독특한 자극을 주었다. 상대적으로 지구에 가까이 있지만, 달이 원래 지구의 자식인지, 형제인지, 아니면 배우자인지는 아직 확실하지 않다. 달은 미국의 2배만 한 넓이의 천으로 감쪽같이 둘러쌀 수 있다.

우리 중 몇몇은 그곳에 다녀오기도 했다.

달

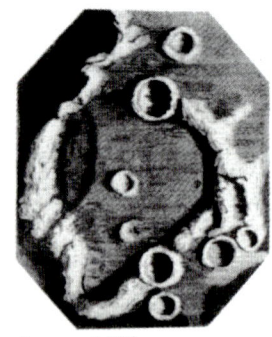
3 100km

윌리엄 셰익스피어(William Shakespeare, 1564~1616년)가 「대소동」을 쓰기 시작한 해에 갈릴레오는 이렇게 기록했다. "달의 거의 한가운데 구멍이 있다. 그 모양은 완벽한 원이다. …… 이것은 높은 산맥이 정확한 원을 그리며 사방을 둘러싸고 있는 보헤미아 지역의 지형과 같은 모습을 하고 있다."

그림 3은 영국인 로버트 훅(Robert Hooke, 1635~1703년)이 1664년 자신의 망원경으로 본 달을 세밀하게 그린 것이다.

1   2

4   5 10^5km

사진 1에서는 초승달 모양의 지구가 공기가 없는 달의 바위투성이 지평선 위로 떠오르고 있다. 사진 2에서는 보름달이 공기로 그 경계가 불분명해진 지구의 지평선 위에 둥실 떠 있다. 이 광경은 푸른 하늘 바로 위의 낮은 지구 궤도에서 본 것이다. 지구에서 달을 바라보든, 달에서 지구를 바라보든 똑같은 거리에서 보는 것이므로 둘의 크기를 비교할 수 있을 것이다.

리트로(Littrow) 크레이터(달의 북동쪽에 위치한 크레이터 — 옮긴이) 구역으로의 여행에서 찍은 사진.(아폴로 17호, 1972년)

갈릴레오는 그의 기계공들과 함께 조립한 최초의 천체 망원경 중 하나로 달을 확대해 보고 그림으로 남겼다.(사진 4) 이 그림과 350년 후에 찍은 사진 5를 비교하면, 갈릴레오가 바위투성이인 달에 대해 얼마나 정확히 알고 있었고, 달에 대한 첫인상을 얼마나 잘 기록했는가를 알 수 있다. 둘 다 달의 해돋이 선을 따라 크레이터가 늘어서 있는 초승달이다.

6

7

25~30세기 전에 아시리아에서 만들어진 원통형 인장에 새겨진 각인은 대추야자와 초승달을 찬양하고 있다.

100만 킬로미터

10⁹ m

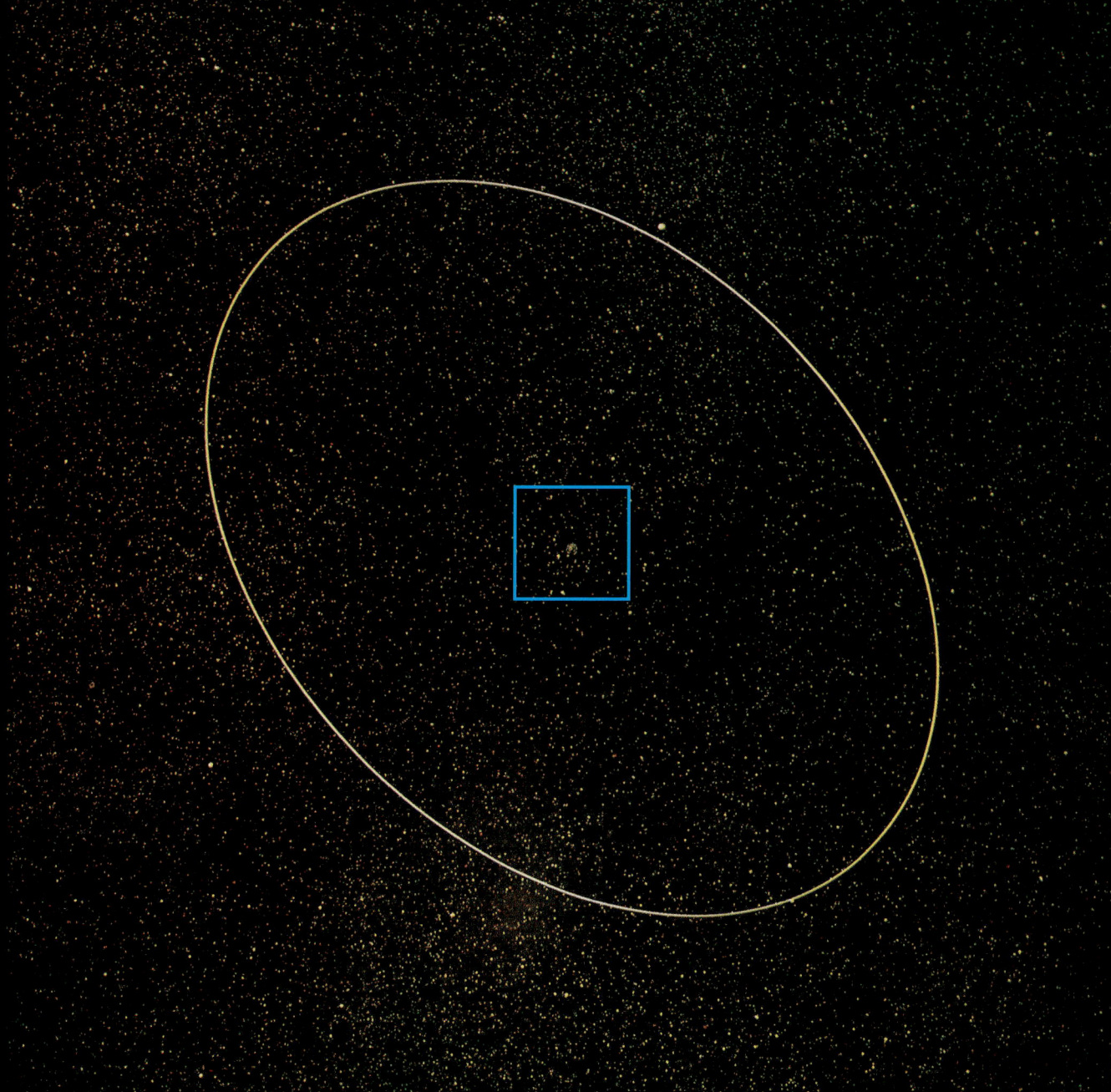

인간이 지금까지 방문한 곳 중 가장 먼 곳이 지구의 동료이자 가장 가까운 이웃인 달이다. 달이 밝게 빛나고, 지구에 조수 간만의 차가 생기는 것은 달이 우리 가까이 있다는 증거이다.

10^8 미터
지구

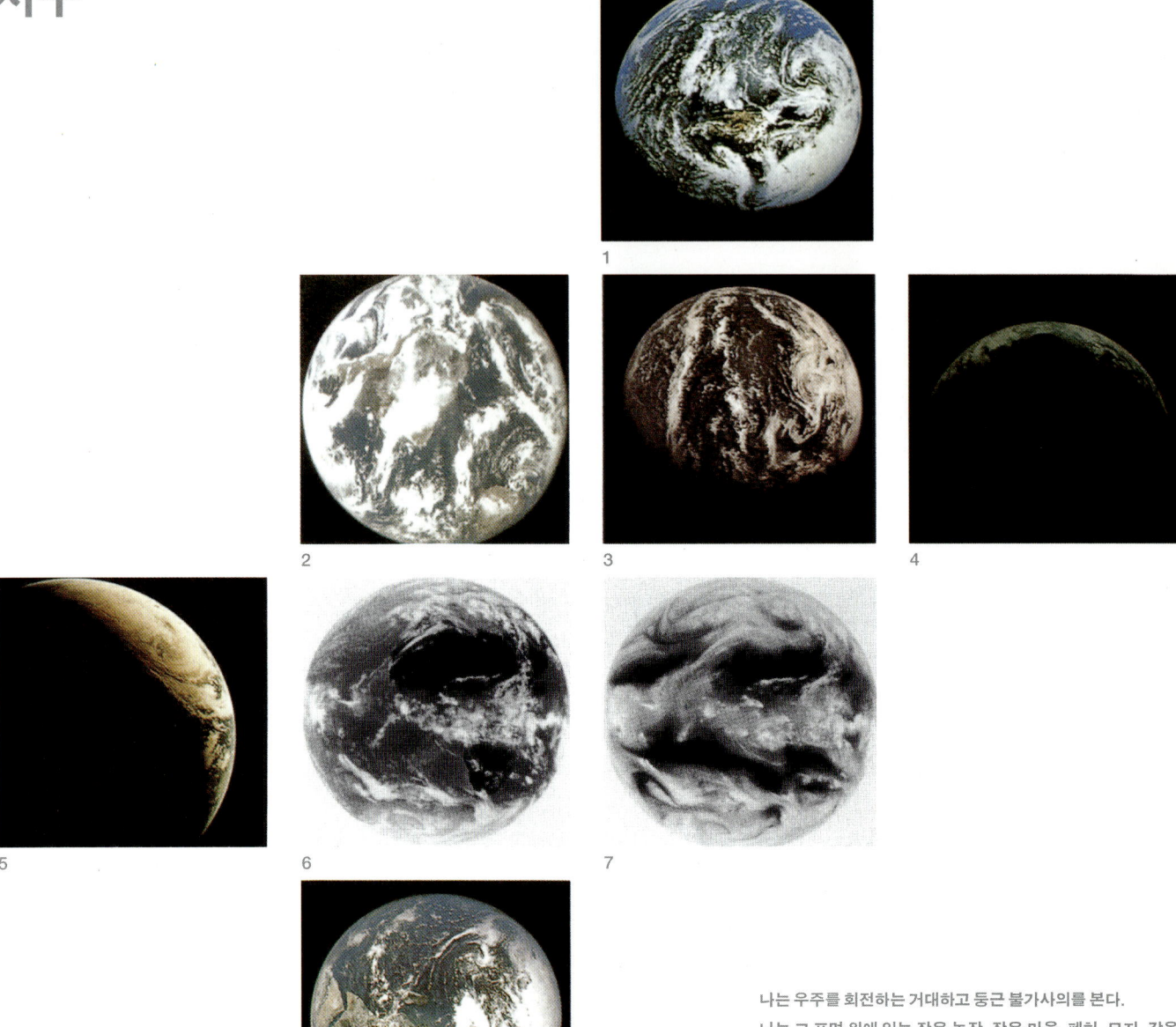

나는 우주를 회전하는 거대하고 둥근 불가사의를 본다.
나는 그 표면 위에 있는 작은 농장, 작은 마을, 폐허, 묘지, 감옥, 공장, 왕궁, 오두막집, 야인들의 산막집, 유목민의 천막을 본다.
나는 그림자가 드리워진 한쪽에서는 사람들이 자고 있으며,
다른 쪽에는 태양 빛이 드리워진 것을 본다.
나는 빛과 그림자의 신기하고 빠른 변화를 본다.
나는 내가 살고 있는 땅이 나에게 그렇듯이, 그 땅에 사는 거주자들한테는 실제로 가까이 있는 저 멀리 있는 대지를 본다.

— 월트 휘트먼(Walt Whitman, 1819~1892년),
「지구에 인사를!(Salut au Monde!)」(1856년)

10만 킬로미터

10⁸ m

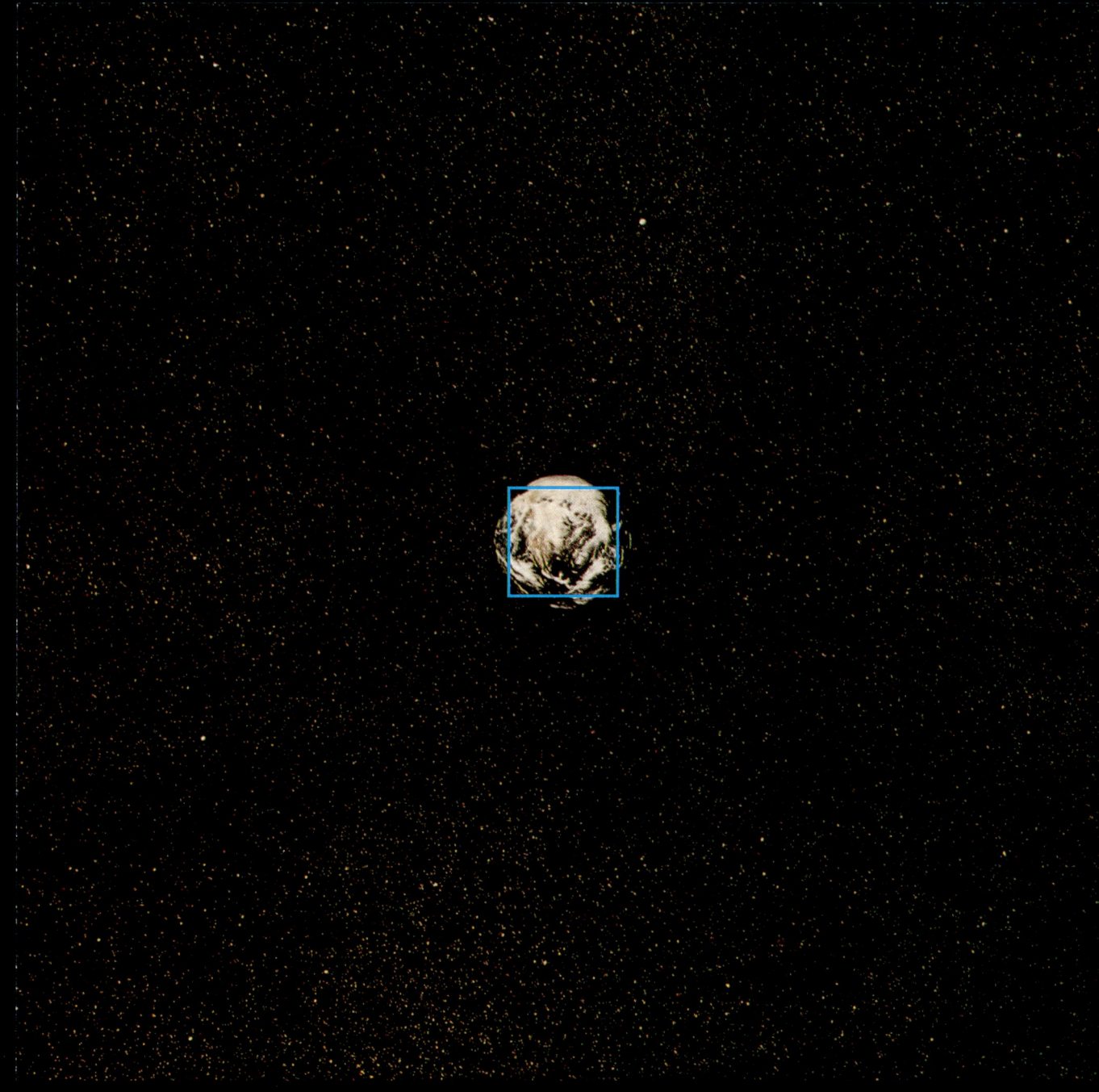

지구가 온전히 보인다. 외롭지만 우아하며 부서지기 쉬운 우리의 고향. 지구는 광활한 우주에 홀로 떠 있다. 궤도를 도는 우주선만 보일 뿐 지구를 떠받치는 아틀라스나 거북은 안 보인다. 태양 주위를 부드럽고 빠르게 돌고 있는 지구는 매 시간마다 사각형을 가로지르며 이동한다.

10^7미터
물, 공기, 땅

지구 전체는 아니지만 거의 대부분을 10^7미터 규모로 클로즈업했다. 사진 편집이 서툴러서가 아니라 미터법 단위계의 기본 구조를 보여 주기 위해서 이 불완전한 사진을 실었다. 미터법의 창시자들은 자신들의 길이 단위를 왕의 권위보다도 더 확실한 토대 위에 두고자 했다. 그들은 파리를 통과하는 자오선 위에서 극에서 적도까지의 거리를 측정한 후 이것을 10^7미터, 즉 1000만 미터 혹은 1만 킬로미터로 정하는 방식으로 미터를 정의했다.(실제 거리는 1만 킬로미터보다 약 2킬로미터 더 길다.) 그러나 이런 둘레를 지닌 구의 지름은 10^7미터보다 크다. 그러므로 한 변이 10^7미터인 정사각형은 당연히 이 구를 잘라 놓게 된다.

2

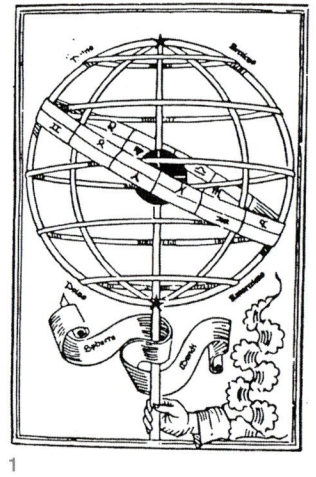

1

인공 위성의 시대인 지금 구 모양의 지구를 관측하기란 쉬운 일이다. 하지만 대칭성이나 그림자 혹은 여행자로부터 전해 들은 별과 하늘에 관한 이야기로부터 추론해 얻은, 지구가 구형이라는 지식은 오래된 것이다. 이는 알렉산드리아 인이나 클라우디오스 프톨레마이오스(Claudios Ptolemaeos, 83?~168년)에게조차도, 또 아랍의 천문학자들에게도 오래된 지식이었으며, 중세의 유럽 대학에서도 잘 알려진 지식이었다. 크리스토퍼 콜럼버스(Christopher Columbus, 1451~1506년)와 그의 후원자에게도 오래된 지식이었다. 최초로 세계를 일주한 콜럼버스 이후 세대에 속하는 마젤란 또한 완전히 이해하고 있었다.

이 자리에서 우리는 시계, 카메라, 라디오, 그리고 인공 위성이 나오기도 전에 확고히 정립된, 이 놀라운 고대인들의 지식을 찬양해 마지않는다. 그림 1은 1489년판(바로 콜럼버스 직전) 천문학 교과서에 나오는 구형 지구에 대한 그림이다. 1220년에 최초로 출판되었던 이 책은 이후 4세기 동안 수많은 대학교에서 천문학을 전공하는 학생들의 필독서였다. 여기에서 지구는 주요 천체들을 나타내는 회전원의 중심에 있는 완전히 둥근 공으로 표현되어 있다.

여기에서는 우리 지구를 손으로 만질 수 있을 것 같다. 지구는 푸른 행성이다. 지구가 푸르게 보이는 것은 하늘과 바다 때문이며, 구름 때문에 잿빛으로 빛나는 달보다 더 하얗게 밝게 빛난다. 날씨가 좋으면 대륙들도 뚜렷이 보인다. 남아메리카의 어깨 부분이 대양 너머에 있는 서아프리카의 기니 만과 정확히 들어맞는 것을 볼 수 있다.

하늘과 바다 심지어 땅까지도 모두 얇은 껍질이다. 대부분이 둥그스름한 형태 안에 들어 있다. 밤에는 별을 관측하는 이들에게 한없이 깊기만 한 하늘도 화창한 낮에는 기껏해야 20~30킬로미터 두께에 지나지 않는다. 하늘은, 최초의 달 착륙을 위해 발사된 아폴로 11호에서 찍은 사진 2에서 볼 수 있듯이, 지구를 둘러싸며 멋지게 구부러져 있다. 우리가 잘 아는 땅조차 바깥쪽 피부이다. 땅의 평균 높이는 해수면 위로 1킬로미터이며 대양의 평균 깊이는 4킬로미터 이하이다. 바위투성이 행성 자체만 오직 3차원이다. 우리가 거주하며 횡단하는 모든 세계는 25센티미터 크기의 도서관용 지구본을 덮고 있는 한 꺼풀의 칠과 비교해도 결코 더 두껍지 않다.

1만 킬로미터

10⁷ m

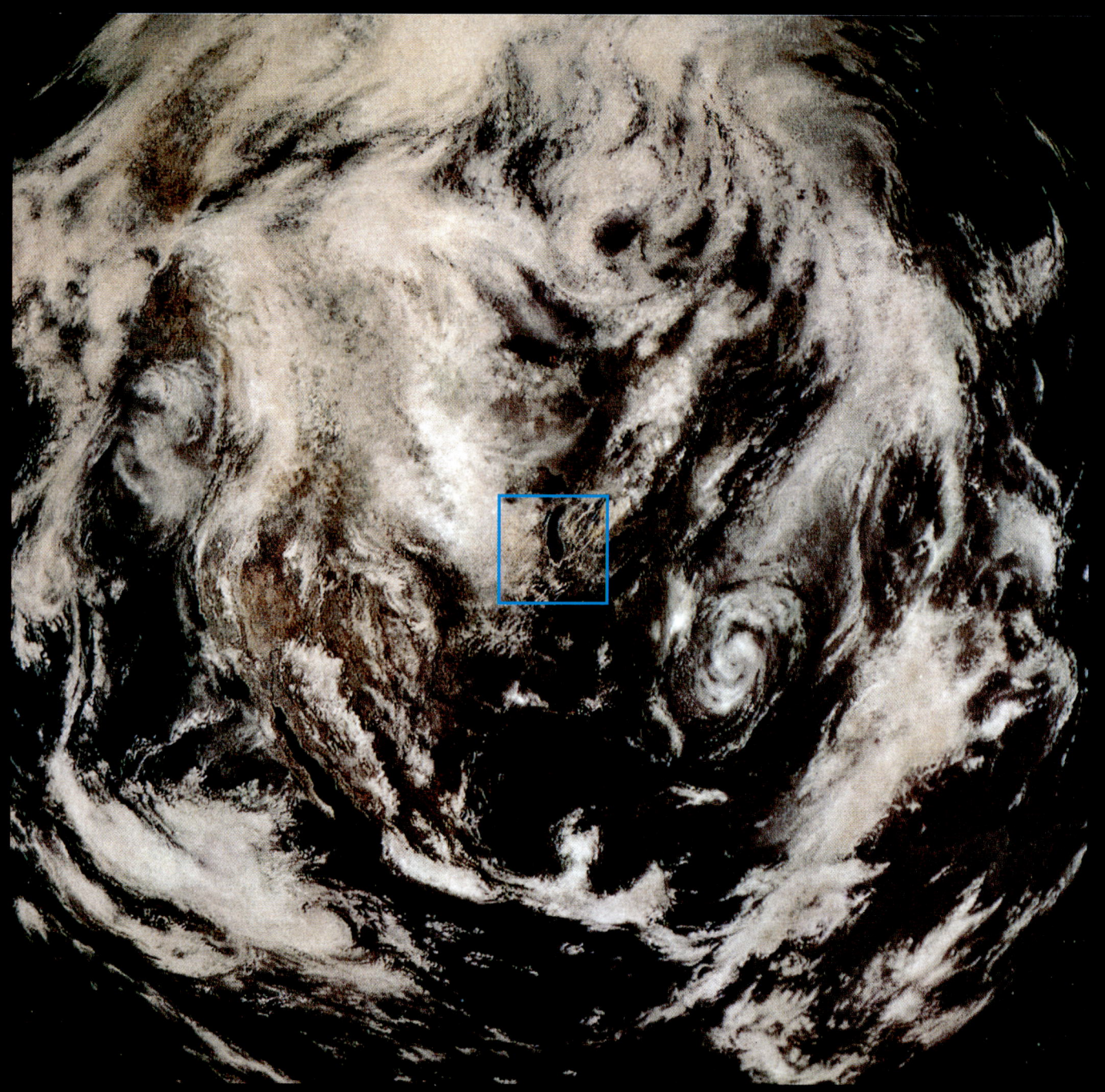

지구를 자세하게 관찰해 보자. 푸른 하늘, 하얀 구름, 어두운 바다, 갈색 땅, 언제나 동쪽으로 회전하는 지구. 지도 작성자들은 이 광경을 우리에게 보여 주려고 3세기에 걸쳐 작업해 왔다. 1967년이 되어서야 우리의 생각에만 머물던 이 광경이 눈앞에 실제로 나타났다.

10^6 미터
오대호

합류하는 이들 전체로 보면, 우리 이 거대한 담수의 바다—이리, 온타리오, 휴런, 슈피리어, 미시간—는 대양과 같은 팽창성을 지니고 있다. …… 그들은 환상적인 섬들로 이루어진 둥근 다도해를 안고 있다. …… 그들은 위네바고(Winnebago) 마을뿐만 아니라, 버팔로와 클리블랜드의 포장된 도시를 거울처럼 비추고 있다. 그들은 완전히 장비를 갖춘 상선, 무장한 순양함, 증기선, 너도밤나무로 만든 배, …… 등을 나른다. 그들은 난파가 무엇인지도 안다. 그들은 비록 내륙에 있긴 하지만 육지의 시야를 벗어나면, 한밤중에 지나는 배들을 수도 없이 물에 빠뜨렸고 선원들은 비명을 질러 댔다.

—허먼 멜빌(Herman Melville, 1819~1891년),
「타운 호 이야기」, 『모비 딕』

이 규모, 즉 한 변이 10^6제곱미터인 사각형 40개면 신대륙 전체를 덮을 수 있다. 신대륙이 있는 지구의 서반구는 대부분이 바다이다. 종이처럼 얇은 판이라고 할 수 있는 오대호는 일종의 정상 상태(steady state)에 있다. 오대호의 물은 나이아가라 폭포를 지나 바다로 흘러 들어가지만, 재빨리 비와 녹아내리는 눈으로부터 신선한 물을 공급받아 항상 일정한 수량을 유지한다.

오대호를 만들고 호수를 채우고 있던 것은 원래 얼음이었다. 얼음은 계속 밑바닥을 긁어내어 웅덩이로 만들어 버렸다. 지질학적으로 산은 오래전에 생겼지만, 대부분의 호수는 새로 생긴 것으로 재빨리 변화한다. 현재 연결되어 있는 호수의 선조격인 개별 호수들이 이곳에 생겨난 것도 불과 수천 년 전이다. 비옥한 평평한 저지대 위에 호수와 녹아내린 물로 인해 침적토가 쌓였다. 육지에 둥그런 고리 모양으로 자갈이 쌓이게 된 것은 빙하 돌출부 때문에 일어난 퇴적의 결과이다.

겨울에는 여전히 얼어 있다. 사진 1은 인공위성이 2월 어느 날 자기 궤도에서 미시간 호를 찍은 사진이다. 육지는 모조리 눈으로 덮여 있고, 극지방의 바다처럼 얼음들이 떠다니고 있다. 여름이면 대초원이 되살아나 육지에는 새로운 종류의 풀과 옥수수가 무성해진다.

1   100km

낮에는 이 규모에서 인간의 흔적을 찾아보기 힘들다. 그러나 밤의 그림자 속으로 돌려놓으면, 사진 2에서처럼 우리의 존재가 민감한 인공 위성 카메라에 노출된다. 도시의 불빛이 미국 동부를 눈에 띄게 만들어 주고 있다.

2   1,000km

3   1,000km

해양 대기가 만들어 낸 무생명의 창조물 중 하나가 허리케인이다. 허리케인은 한 지역을 다 덮어 버릴 수도 있다. 사진 3은 그 예를 보여 준다. 허리케인은 대서양이나 멕시코 만에서 발생해 멕시코를 거쳐 태평양 쪽으로 반시계 방향으로 이동한다. 회전하는 구름 때문에 희미하긴 하지만, 고요한 태풍의 눈이 분명히 카메라에 잡혀 있다.

1,000 킬로미터, 100만 미터

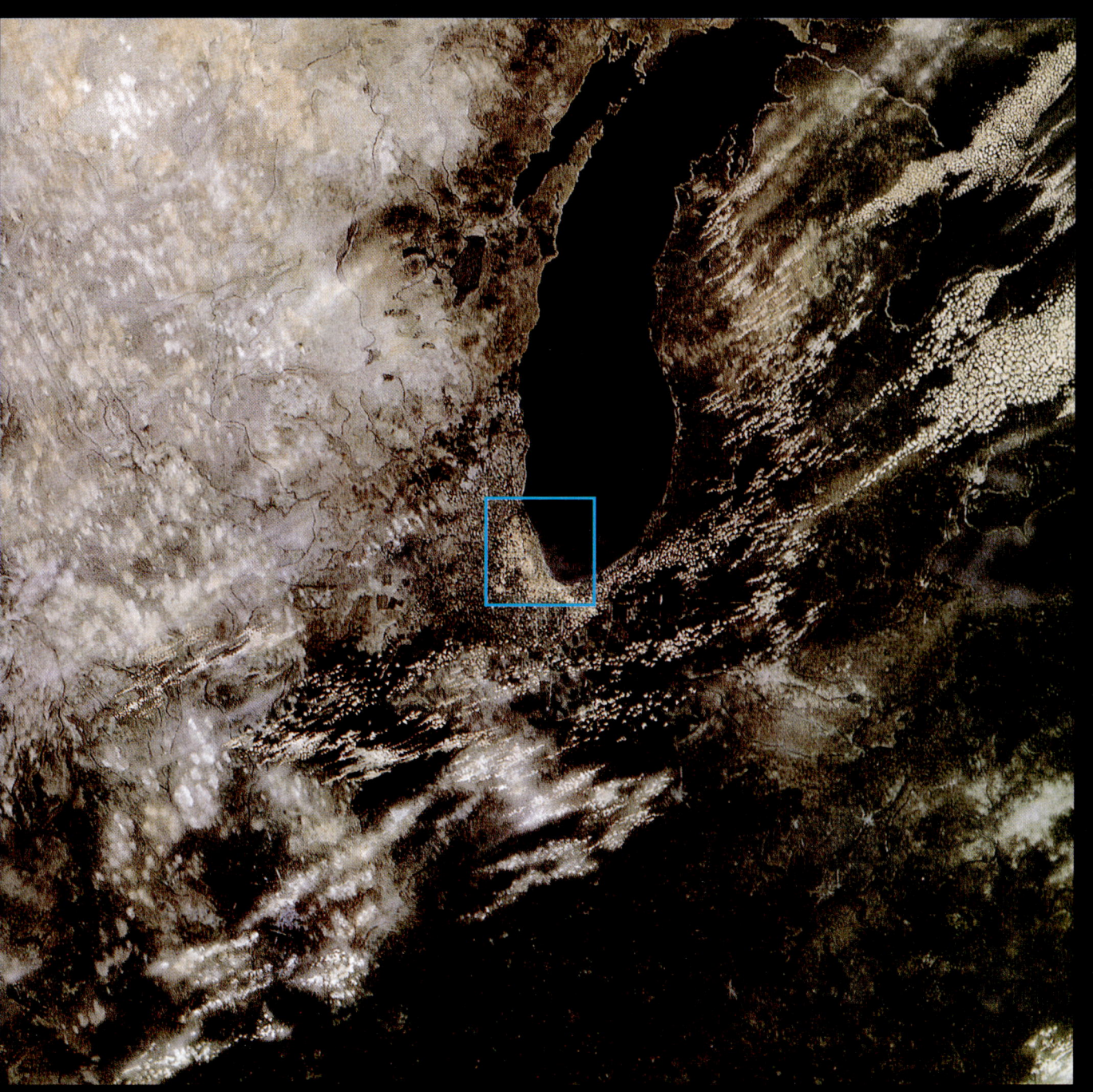

저궤도에서 바라본 이 사진 안에 미시간 호 전체가 담겨 있다. 널찍한 판 모양의 이 호수는 그 주위를 둘러싸고 있는 퇴적이 평야처럼, 지질학적으로는 아주 최근인 불과 수천 년 전에 대륙 빙하(빙상)로 인해 형성되었다. 하늘을 덮은 구름 사이로 거리와 숲이 보인다. 이 지역에는 수천만 명이 살고 있지만, 인간의 손이 빚어낸 작품들은 아직은 거의 볼 수 없다.

10^5 미터
변경

이 사진들은 경계 지역, 변경 단위를 보여 준다. 산 정상이나 강보다 이해하기 쉽고, 일종의 통일성도 갖추고 있다. 여기서 보이는 것은 지구의 다양성이다.

랜드샛(Landsat) 위성으로 지구 전체를 측량 탐사하는 과정에서 찍은 이 인공 위성 사진들은 지구의 다양성을 그대로 보여 준다. 이 인공 위성은 500해리(926킬로미터) 높이에서 폭 약 185킬로미터의 지역을 연속 촬영했다. 움직이는 인공 위성 아래에서 지구가 회전하기 때문에 비스듬하게 기운 사진이 얻어졌다. 랜드샛이 지구 주위를 이동하는 경로는 기계로 감기는 끈에 달린 공이 움직이는 경로와 같다. 매번 움직일 때마다 서쪽으로 이동하기 때문에 이 위성은 영원히 아침만 보게 된다. 이 위성이 어떤 지점으로 되돌아오는 데 18일이 걸린다. 위성에 장착된 텔레비전 카메라는 우리 눈으로 볼 수 있는 색 중 두 가지로만 기록할 수 있기 때문에, 이 사진들은 있는 그대로의 색깔을 보여 주지는 않는다. 여기서 색깔들은 일종의 부호이다. 초록색 식물은 짙은 빨간색으로, 회색의 도시는 파란색으로 보인다.

랜드샛에서 찍은 사진 1은 뉴질랜드의 다채로운 변경을 보여 준다. 눈이 쌓인 서던 알프스 산맥에서 강들이 흘러 내려가고 있다. 크라이스트처치 시는 완만한 해안선이 끊어지고 있는 언덕 옆에 붙은 파란색 조각처럼 보인다. 사진 2는 전체가 텅 비어 있고 건조하다. 이란과 파키스탄의 국경이 지나는 발루치스탄 사막이다. 사진 3은 태평양을 장식하고 있는 하와이 군도의 화산섬이다. 사진 4에서는 동부 캐나다의 거대한 분화구를 볼 수 있다. 이 분화구는 화산 때문에 생긴 것이 아니다. 지름이 3킬로미터 정도인 작은 소행성이 2억 년 전에 바위투성이였던 이 지역 표면에 충돌해 만들어진 흠터이다. 지금 이 분화구는 저수지로 쓰인다.

1 100km

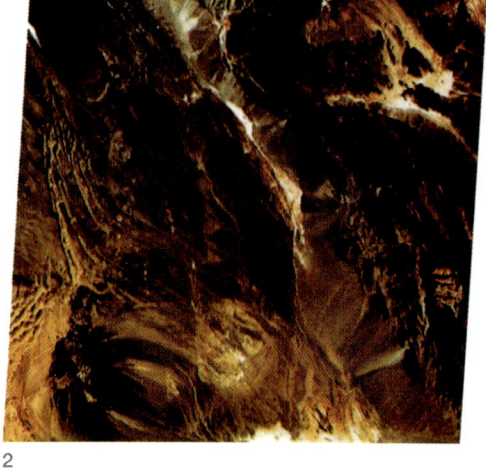

2

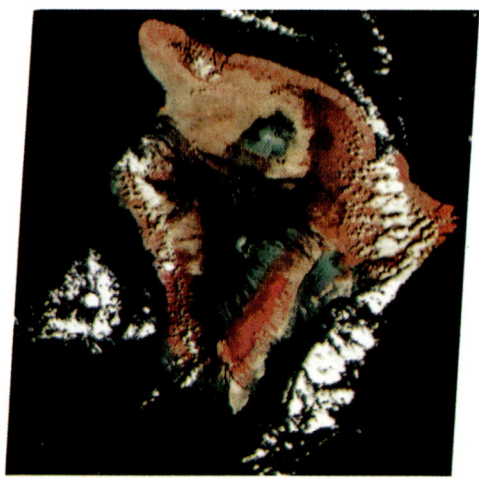

3

4

100킬로미터

10^5 m

시카고의 도심부가 오대호의 남쪽 끝에 자리 잡고 있다. 사진을 찍은 날처럼 화창한 날에는 길을 따라 걷고 있던 사람이 푸른 하늘을 올려다보았을지도 모른다. 그러나 카메라가 너무 높이 날고 있기 때문에 이를 포착하기는 어려웠을 것이다. 가느다란 거리들이 만드는 격자무늬는 마일 단위의 격자로 이루어진 시카고 도로망을 보여 주고 있다.

10^4 미터
대도시

이 규모에서는 인류가 힘을 합쳐 만들어 놓은 경탄스러운 작품들을 볼 수 있다. 사진 1은 한 치의 어긋남도 없이 정비된 캔자스 맥퍼슨 서부의 밀밭 지대를 비스듬하게 조망한 것이다. 도로, 조림지, 집 들은 빵을 만들어 내기 위해 태양 빛을 한껏 받고 있는 넓은 들의 부속물에 지나지 않는다. 이와 비슷한 풍경을 지닌 도시가 많이 있다.

1

사진 2에는 평야 지대가 조그만 시가를 둘러싸고 있는데, 이 인상적인 외양은 도시 설계의 원형을 뚜렷이 보여 준다. 이곳은 벽으로 둘러싸인 팔마노바(Palmanova)라는 군사 도시이다. 이 도시는 1600년경 당시의 요새 건설 공법에 따라 빠른 시일 안에 건설되었다. 이 요새는 베니스 공화국의 변경을 지키기 위해 대운하(베니스의 주요 운하―옮긴이)에서 수 킬로미터 떨어진 동쪽에 건설되었다. 사진 3의 사우스다코타 주의 수폴스(Sioux Falls)는 밀밭 지대 사이에 위치한 또 다른 기하학적인 모양의 도시이다. 그러나 팔마노바와는 상당히 다른 형태를 취하고 있다.

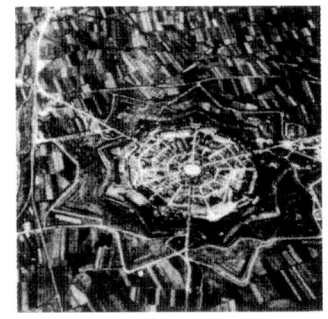
2

3

지상에서 수평으로 10킬로미터라는 거리는 도시 거주자에게나 지방 거주자에게나 적당하고 편안한 거리이다. 그러나 수직으로 이와 동일한 거리를 가게 되면, 지구의 한계에 이른다. 에베레스트 산은 해발 10킬로미터 높이도 되지 않는다. 태평양에서 가장 깊은 해구도 수심 10~11킬로미터 깊이에 지나지 않는다. 그림 4는 에베레스트 산과 통가 해구를 같은 축적으로 그린 측면도이다.

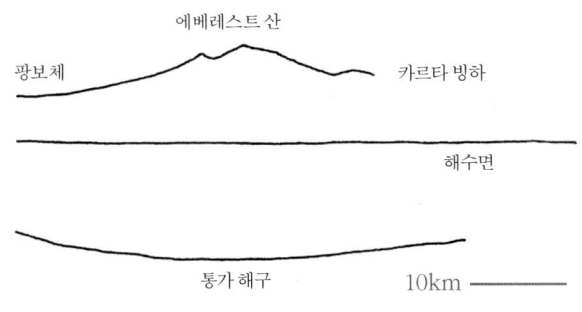

10킬로미터, ~6마일

100만여 명이 모여 사는 집과 직장이 있는 도심이 보인다. 여기 보이는 도시 지역들, 공원, 항구 등은 사람들에게 익숙하다. 1871년에 있었던 큰 화재로 사각형 안에 있던 목조 건물들이 모두 타 버렸다. 도로와 철로는 이 화재에서도 살아남아 여전히 예전 모습을 하고 있지만, 작은 것들은 대부분 새로운 것이다. 개별 건물들에 비해 도로나 철로는 앞으로도 더 오래 남아 있게 될 것이다.

10^4 m

10^3 미터

오른쪽에 있는, 말굽처럼 생긴 스타디움 바로 북쪽에 H자 모양을 한 커다란 검은색 지붕의 건물이 보인다. 이것은 필드(Field) 박물관으로, 이 사진에 보이는 건물들 중에서도 특히 소중한 것이다. 사진 1은 이 박물관 소장품 중 하나로서, 무두질한 수사슴 가죽에 광물로 만든 물감으로 그림을 그린, 타원형의 지도이다. 이 소장품은 1906년에 원주민이었던 포니(Pawnee) 족의 스키디(Skidi) 무리에게서 얻은 것이다. 한때 포니 족은 네브래스카에 있는 플랫 강 강변에 살았다. 이들은 1875년에 오클라호마로 이주당했다. 이 가죽은 별자리를 그린 지도로 우리가 알 만한 별자리들이 그려져 있다. 그러나 이 지도는 별자리를 보이는 그대로 그려 놓은 것이 아니라, 중요한 자리들을 상징적으로 나타냈다. 자료 제공자들의 기억에 따르면, 이 가죽은 오랫동안 의식용 물품으로 사용되었고, 때로는 약봉지로도 사용되었다고 한다. 이 지도에서 은하수, 플레이아데스 성단, 황소자리와 북쪽왕관자리 등을 어렵지 않게 식별할 수 있다. "스키디는 별들이 조직했다."라고 러닝 스카우트(Running Scout)는 말한 적이 있다. 한때는 이들이 살던 17개의 마을들이 어떤 별자리, 즉 '포니자리' 모양으로 배치되어 있었다고 한다. 시간은 기록으로 남지 않은 그들의 지식을 풍화시켜 버렸다. 그러나 그들 역시 조심스럽게 그리고 기꺼이 천상의 질서를 관측하고 그것을 시각적 모형으로 만들려고 애썼다는 사실을 이 가죽 지도가 증명해 준다.

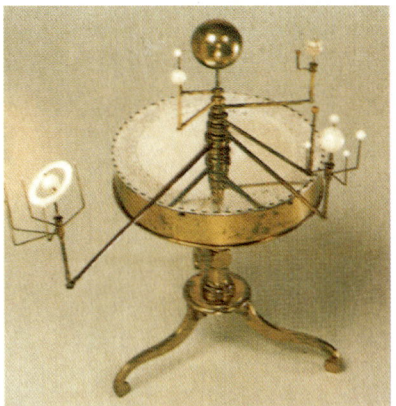

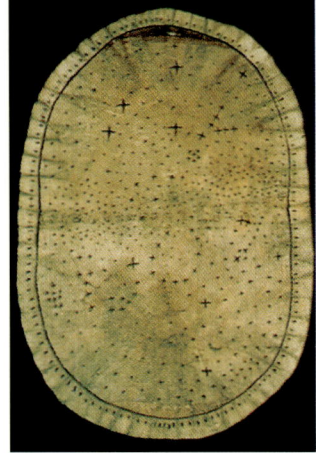

시카고를 떠나 뉴욕과 맨해튼 서부에 있는 허드슨으로 가 보자. 그곳에는 강철 케이블을 섬유처럼 꼬아 만들어 우아하게 늘여 놓은 구조물이 강 위로 걸쳐 있다. 1킬로미터 남짓한 것으로 어림해 볼 수 있을까? 1킬로미터는 조지 워싱턴 다리 기둥 사이의 수평 거리이다. 우리가 만들어 놓은 더 긴 선형의 구조물들 — 고속도로, 파이프라인, 만리장성 등 — 은 수천 킬로미터 규모에 이른다. 하지만 이들은 이 다리와 같은 구조적인 완전성이 없다. 다른 구조물들은 견고한 대지 위에 놓여 있지만, 이 다리는 1차원을 뛰어넘고 있다.

이웃

한 변이 1킬로미터인 이 정사각형 오른쪽 바로 가장자리에 주목할 만한 천문학 기구들을 소장한 애들러 천문관(Adler Planetarium)이 있다. 이곳의 소장품 중에는 사진 2에 보이는 상아와 놋쇠로 만든 아름다운 기구가 있다. 이 기구는 1780년에 벤저민 마틴(Benjamin Martin)의 런던 공방에서 만든, 톱니바퀴로 작동되는 태양계 행성 모형이다. 이런 장치는 상대적 축척과 운동 속도를 실제 상황에 맞게 만들기가 힘든데, 이 기구에서 행성들은 놋쇠로 된 몸통 안에 들어 있는 톱니바퀴의 작용으로 정확히 회전한다. 토성 밖에 천왕성이 없는 것으로 보아 이 모형은 분명히 1781년 존 프레더릭 윌리엄 허셜(John Frederick William Herschel, 1792~1871년)이 7번째 행성인 천왕성을 발견하기 전에 완성되었을 것이다. 이러한 기구들이 계몽주의 시대의 응접실에서는 귀중한 장식품이었고, 뉴턴 철학이 알려 준 세계 질서를 표현한 시각 모형이기도 했다. 이 장치의 행성들은 이미 이 책에서 우리가 살펴본 10월의 어느 날 행성들의 상대적인 위치에 존재하고 있다.

축구 경기를 보기 위해 수십만 명이 시카고 솔져스 필드(Soldier's Field) 경기장에 모여 있다.

1킬로미터, 1,000미터

10³ m

도심의 익숙한 광경들이 보인다. 지도처럼 기호로 이루어진 것이 아닌 이 사진에서 호숫가 도로, 경기장, 활주로, 부두, 박물관 등을 볼 수 있다.

10^2 미터
공원

1

3

2

5

6   100m

4

100미터 크기의 물건들 중에는 한 사람이 만들어 낸 것도 존재한다. 더 큰 규모에서는 도시나 곡물 지대처럼 복잡하다. 살아 있는 유기체들 역시 — 군집이나 삼림, 산호초가 아닌 단일 개체 — 이 규모에 해당하지만, 이 단위를 넘어선 적은 없다.

사진 1의 장수 거목, 세쿼이아(미국 캘리포니아 주에 사는 거목)는 살아 있는 것으로서는 가장 큰데, 높이가 약 80미터에 이른다. 간혹 100미터에 달하기도 한다. 그 어떤 생물도 이 거목보다는 작다. 더 긴 덩굴이나 바다 잡초가 있을지도 모르고, 이것보다 훨씬 더 큰 대나무 숲이 있을지도 모른다. 그러나 확실하게 100미터라는 규모는 대략적인 생물 크기의 한계라고 주장할 수 있다.

100미터 규모의 수직 구조물도 있다. 사진 2에 나오는 새턴 5호 로켓은 맨 위에서 추진체가 있는 밑바닥까지 110미터이며, 사진 3에 보이는 자유의 여신상은 횃불 끝에서 바닥까지 93미터에 이른다. 많은 건물들이 100미터 이상으로 뻗어 올라가 있다. 유명한 파리의 에펠 탑(자유의 여신상 골격을 설계한 사람이 이 탑도 만들었다.)은 1889년에 높이가 300미터에 달했다. 세계에서 가장 높은 건물은 450미터(지금은 더 높은 건물이 많이 생겼다. — 옮긴이)에 달하는데, 이 건물은 오른쪽 사진에 담긴 공원에서 불과 3킬로미터밖에 떨어져 있지 않다. 돛대, 탑, 굴뚝 중에는 높이가 450미터 이상인 것도 여럿 있다. 건물의 폭이 100미터를 넘기는 경우도 흔하다. 예를 들어 사진 4에 보이는 타지마할은 4개의 뾰족탑 폭 100미터의 대지를 차지한다. 그리스 에피다우루스에 있는 석회석으로 지어진 움푹 파인 형태의 극장은 그 지름이 120미터에 이른다.

배는 인간이 만든 큰 이동 수단 중 하나이다. 길이 30미터의 범선은 바다 어디든지 갈 수 있다. 제임스 쿡 선장의 인데버 호가 바로 이만 했다. 쾌속 범선은 60미터 혹은 그 이상이었고, 사진 6에 나오는, 모든 장비를 갖춘 현대 범선인 미국 연안 경비대 훈련용 이글 호는 전체 길이가 93미터나 된다. 가장 큰 여객선과 군함은 약 300미터이며, 가장 긴 초거대 유조선은 배 전체 길이가 400미터에 이른다.

100미터

이 공원이 시끄러운 고속도로와 부두에 정박해 있는 배에서 그리 멀지 않다. 소풍 나온 사람들은 다른 사람들이 주변에 없으므로 주위 환경에도 불구하고 어느 정도 은밀한 사생활을 즐길 수 있을 것이다. 전 세계 육지에 모든 사람이 고르게 퍼져 있다면, 이들도 이 사진의 프레임보다 6배나 큰 면적을 자신의 소유라고 주장할 수 있을 것이다. 자신들이 먹을 곡물을 키우자면, 여기 보이는 잔디 구획만 경작해도 충분할 것이다.

10^1 미터
생물과 인공물

1 10m

지금까지 살았던 동물 중 가장 큰 동물은 흰긴수염고래로 최근에는 멸종 위기에 처해 있다. 큰 고래들은 보통 10미터를 훨씬 넘으며 가장 큰 경우는 30미터에 달한다. 그러나 지금까지 어떤 동물도 100미터를 넘지는 않았다. 사진 1에 나오는 동물은 디플로도쿠스 카르네기라고 알려진 용각류 공룡이다. 이는 고래만 한 크기의 육지 동물로 25미터 이상까지 자랐다. 하지만 이 동물의 채찍 같은 꼬리는 바다 포유동물의 묵직한 꼬리와는 비교할 수가 없다. 공룡의 시대는 약 6500만 년 전이었고, 이들의 서식지는 습한 저지대였는데 지금은 바싹 말라버린 그곳에 유타 주의 국립 공룡 유적지(Dinosaur National Monument)가 있다. 우리가 속해 있는 포유류 동물 중에서 가장 큰 것은 비늘 있는 파충류만큼이나 낯선, 뿔 없는 코뿔소이다. 2500만 년 전 아시아의 대초원을 가로지르며 나무 꼭대기에 난 잎을 먹었던 이 특이한 종은 고비 사막에서 발견된 화석으로 옛 모습이 복원되었다. 사진 2의 발루키테리움은 키가 커서 편안하게 서커스에 나오는 코끼리 행렬을 내려다볼 수 있었을 것이다. 이 동물의 길이는 10미터였고, 어깨 높이는 5.5미터나 되었다.

2 2m

이 크기에 가장 가까운 것으로 우리가 사는 집이 있다. 집은 대개 폭 10미터에 높이 10미터이다. 사진 3에 나오는 그림 같은 목조 건물이 거의 이 크기와 비슷하다. 이 집은 1816년에 매사추세츠 주의 디어필드에 지어진, 지역 인쇄공 존 윌슨(John Wilson)이 살던 집이다. 비행기도 10미터 크기의 인공물이다. 여기에는 맨 처음 라이트 형제가 만든 비행기부터, 현재 많이 이용되고 있는 금속 껍질을 가진 경비행기(사진 4)들이 포함된다. 강력한 제트 엔진을 단 대형 비행기들도 아직 100미터에 근접하지 못했다. 가장 작은 비행기는 큰 새와 비슷한 3미터 정도이다. 한때는 10미터에 이르는 날아다니는 파충류도 있었다. 이들은 아마도 글라이더처럼 날았을 것이다.

3 2m

4

10미터

두 남녀가 공원에서 소풍을 즐기고 있다. 이 소풍 장면은 저 먼 은하들 사이를 가로질렀던 우리 여행의 중심에 있는 장면이다.

10^0 미터
소풍

이것은 우리가 가장 잘 알고 있는 크기이다.

2

1

3

5

6

7

1미터, ~1야드

10^0 m

이 규모는 인간의 동료 관계, 대화, 접촉의 규모이다. 한 남자가 따뜻한 10월 어느 날 낮잠을 자고 있다. 그의 주변에는 정신과 육체에 필수적이며, 그를 즐겁게 해 주는 것들이 놓여 있다. 이 사진에서 보이는 크기로 실제 사물의 크기를 가늠할 수 있다. 소피스트 프로타고라스(Protagoras)는 "인간은 만물의 척도이다."라고 말했다.

10^{-1} 미터
손

1

손은 여러 가지 다양한 도구를 잡는 역할을 한다. 자연 세계는 손 크기 정도의 규모에서도 아주 다양한 모습을 지니고 있다. 여기 보이는 사진들 중 몇 가지는 앞 장에 이어 계속해서 인공물에 속하며 몇 가지는 생명체에 속한다. 그림 1에 보이는 도구들은 히브리 어 성서를 라틴 어의 불가타 성서로 번역한 학자 성인 히에로니무스(Hieronymus, 348~420년)가 소유하고 있던 것이다. 이 도구들을 15세기 이탈리아 피렌체의 화가 도메니코 기를란다요(Domenico Ghirlandajo, 1449~1494년)가 히에로니무스가 죽은 지 1,000년 후에 이렇게 그림으로 묘사해 두었다. 사진 2에 나오는 캘리퍼스(내경, 두께를 재는 양각 기구)는 실물로, 대포알의 지름을 재기 위해 보스턴의 폴 리비어(Paul Revere)가 놋쇠로 만든 것이다. 사진 3의 큰 시계는 최초로 성공을 거둔 항해용 정밀 시계로 존 해리슨(John Harrison, 1693~1776년)이 설계하고, 여러 장인이 빚어낸 걸작품이다. 존 해리슨은 이 시계로 배 위에서 경도를 재는 도구를 발명해 영국 해군성이 주는 상을 받았다. 손 크기는 또한 여러 생명체와 크기가 같다. 꽃은 낮 동안 가루받이 역할을 하는 곤충을 유혹하게끔 진화했다. 이 증거는 명확하다. 사진 4에서처럼 가시광선으로 보면 이 꽃은 별 특색 없는 평범한 노란색을 띠고 있다. 그러나 곤충이 보는 것처럼 자외선으로 사진을 찍어 보면, 곤충이 잘 알아볼 수 있도록 중심이 어두운 무늬로 표시되어 있다. 사진 6에 보이는 연못에 사는 황소개구리는 약 10센티미터 길이다. 그림 7에 나오는 빛을 내는 커다란 눈을 한 새우처럼 생긴 동물은 크릴이다. 남극해에 사는 흰긴수염고래의 주식이다. 지금은 고래가 많지 않으므로 크릴이 풍부하다. 살아 있는 이 종의 전체 생물 무게는 다른 어떤 동물 종보다 많고, 심지어 우리 인류를 훨씬 능가한다. 끊임없이 곤충과 벌레를 사냥하는 사나운 사냥꾼인, 뾰족뒤쥐(사진 8)는 포유류 중에서도 가장 작을 텐데, 아마도 흰긴수염고래부터 크기별로 동물들을 일렬로 세우면 가장 마지막에 서 있을 것이다. 이 쥐는 끊임없이 먹어야만 한다. 그렇지 않으면 죽어 버린다. 몸체는 작고 상대적으로 표면적이 넓기 때문에 잠시 쉴 틈도 없이 체온을 빼앗기기 때문이다.

3   5cm ———

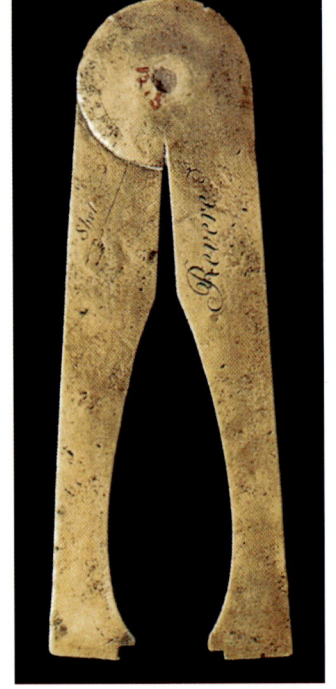

2

4

5

6

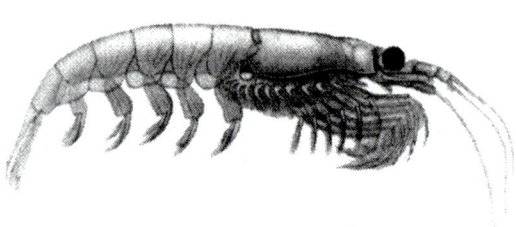

7   5cm ———

8

0.1미터, 10센티미터

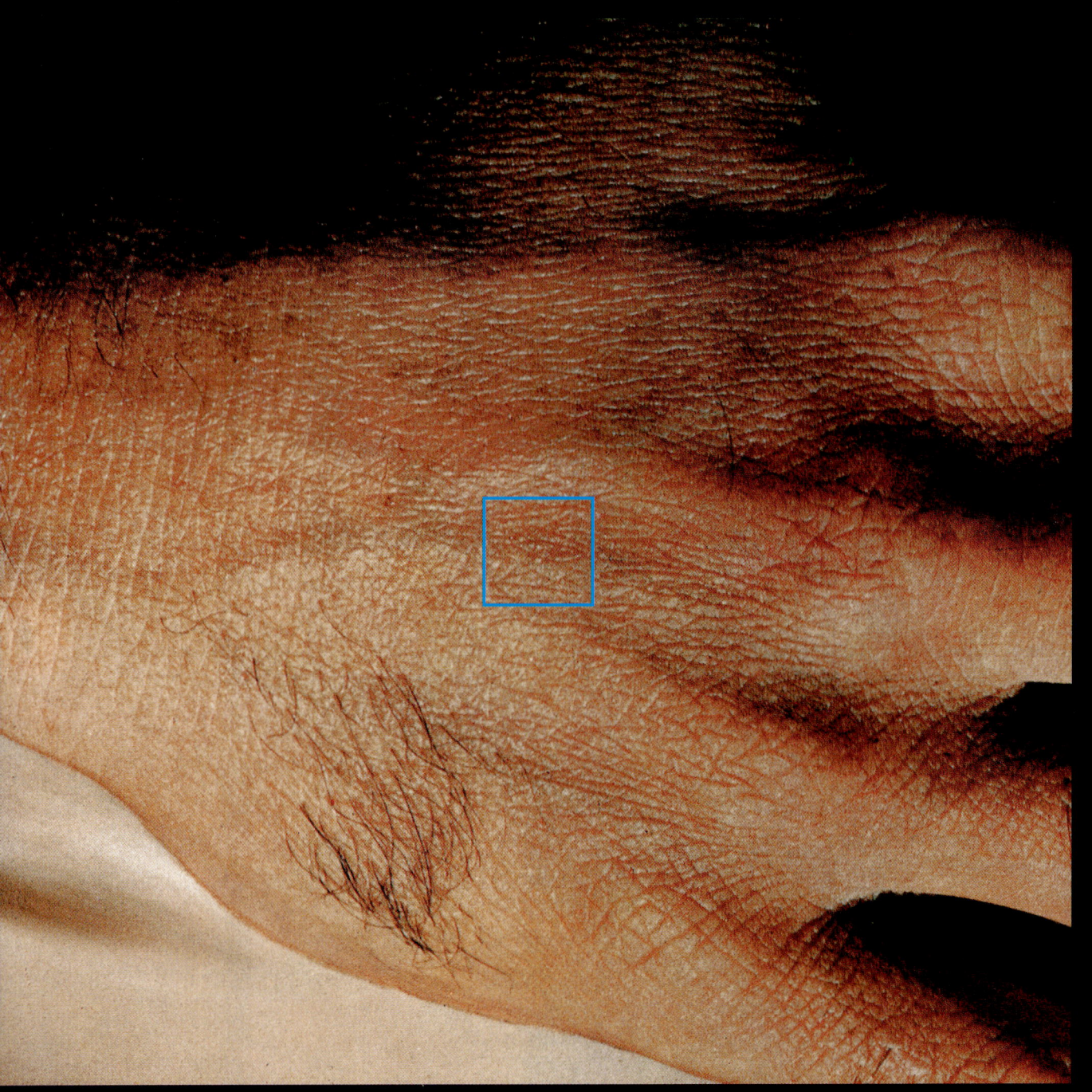

이 규모는 우리에게 익숙하다. 손등을 약간 확대한 사진이다. 우리가 지금 보고 있는 이 살아 있는 구조물은 눈과 정신이 안내하는 대로, 오랜 세월에 걸쳐 인간의 활동에 참여해 왔다. 그리고 손 자체의 표상을 포함해 세상의 모든 표상을 만들어 왔다.

10^{-2} 미터
엄지손톱

민첩한 손가락이 키보드 위를 여기저기 경쾌하게 움직인다. 사진 1의 타자기는 변환키(시프트 키)를 누르지 않고 그냥 치면 '가타카나'라고 하는 일본어 글자가 찍혀 나온다. 사진 2의 주조 은으로 만든 단정한 단추는 퀸시에 보관된 미국 2대 대통령 존 애덤스(John Adams, 1735~1826년)의 것을 찍은 것이다. 살아 있는 생명체로는 습한 삼림 지대에 사는 작은 버섯(사진 3), 외부 침입자를 향해 방어용 스프레이를 뿌리고 있는 폭탄먼지벌레(사진 4), 그리고 거의 투명한 몸으로 자유로이 헤엄쳐 다니는 히드로해파리(사진 5)가 있다.

1

2

3

4 1cm

5

손가락 끝에는 물결 모양의 주름이 아니라 눈에 익은 나선형의 능선들이 있다.(사진 6) 이 능선들이 지문을 만든다. 손등에는 복잡하게 얽힌 선들로 이루어진 그물망이 있는데, 이것은 자연에서 발견되는 여러 가지 다면체 그물망의 사례 중 하나일 뿐이다. 이 그물망들은 강력한 위상학적 규칙을 따른다. 사진 7의 그물망은 두 유리판 사이에 들어 있는 거품을 찍은 것으로 거의 실물 크기이다. 각 모서리마다 거품 방울의 표면 3개가 만나고 있다. 이것은 표면장력이 요구하는 역학적 균형에 따른 것이다. 전체적인 강제와 국부적인 균형 사이의 상호작용으로 5각형의 면들이 풍부하게 생겨난다. 거품 5각형은 생명체에서 종종 발견되는 5중, 5겹, 5배 같은 현상, 예를 들어 한 손에 손가락이 5개가 있다든지 하는 현상의 궁극적인 원인과 틀림없이 관련되어 있을 것이다.

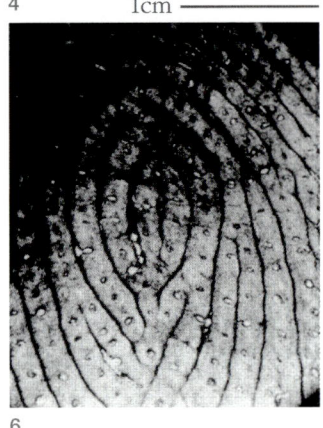
6

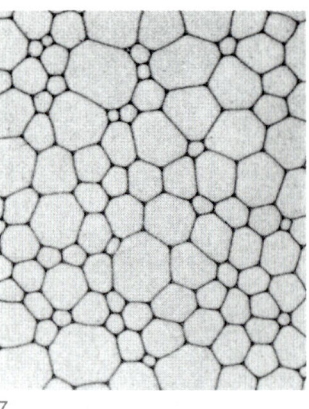
7

1센티미터

10^{-2} m

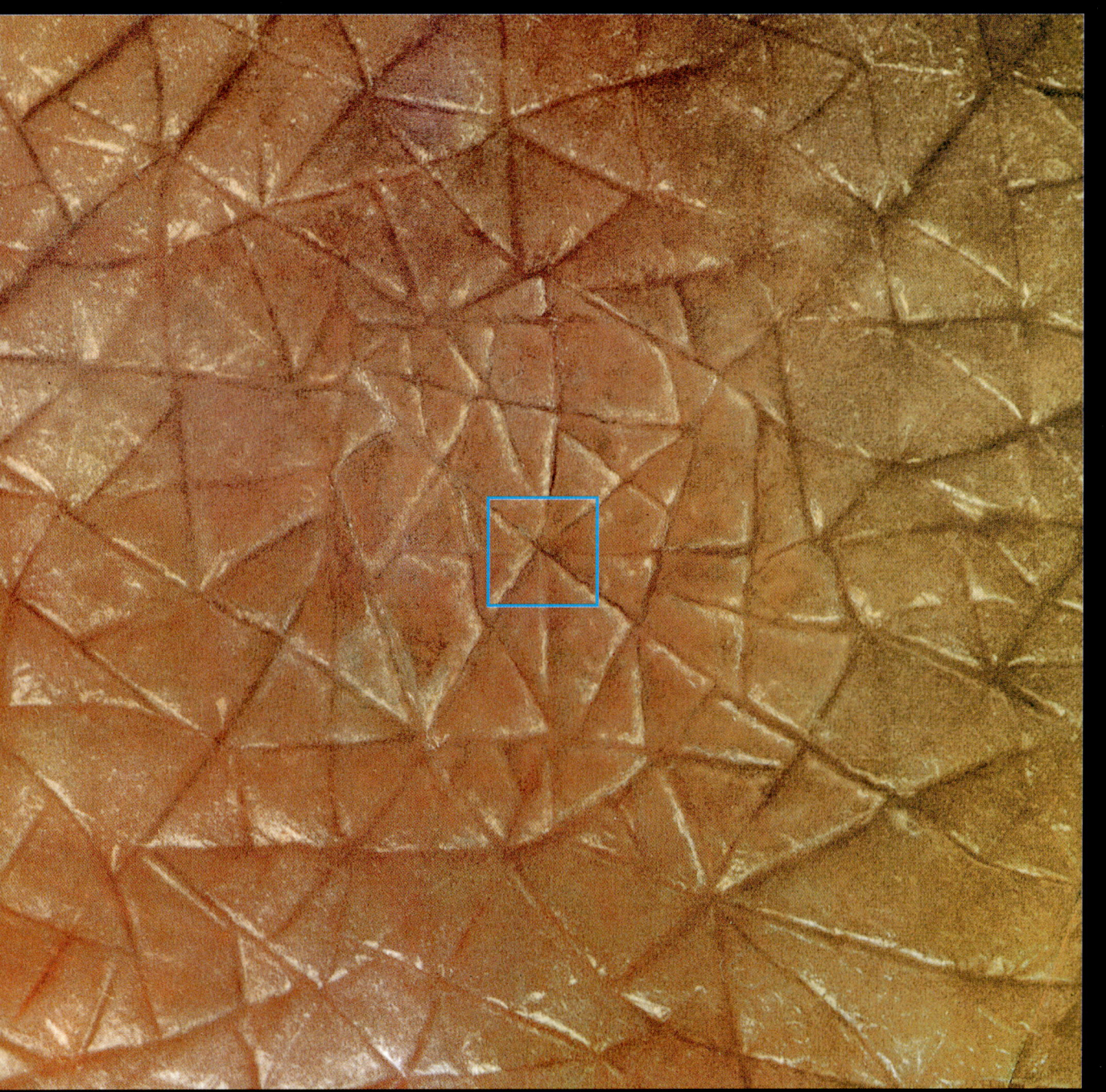

마치 강력한 확대경으로 보는 것과 같은 손등의 피부 사진이다. 주름은 피부 유연성의 수단이자 표식이기도 하다.

10^{-3} 미터

시각의 끄트머리

이 미시 세계의 장면들은 우리 시각이 닿는 끄트머리 가까이에 있다. 이것들은 일상적인 사물을 새롭게 보도록 만들어 줄 뿐만 아니라, 숨겨진 놀라움을 제공하기도 한다. 로버트 훅은 그림 1의 리넨 손수건 조각을 그리고 옆에다 이렇게 주석을 달았다. "내가 얻을 수 있었던 가장 미세한 한랭사 천 조각. …… 평범한 일반 현미경을 통해서도 당신은 이 거친 천 조각이 얼마나 훌륭한 작품인지를 알게 될 것이다." 그리고 "양귀비의 작은 씨앗은 작은 크기, 다양성, 아름다움 때문에 관찰할 가치가 있다."라고도 써 두었다. 3세기 후에도 이들(빵과 과자용 양귀비 씨앗 — 옮긴이)은 훅이 2에 그려 둔 모양대로 여전히 빵집에서 발견된다. "…… 지름이 1인치(2.54센티미터)의 32분의 1을 넘지 않는다. …… 신기하게도 벌집 모양이 전체에 퍼져 있다." 현미경은 이제 훨씬 용도가 넓어졌다. 사진 3에서는 못에 사는 투명한 유기물, 섬모로 가장자리를 두른 나팔벌레가 보이고, 사진 4에서는 숙주 흰개미의 목에 붙어 있는 기생충 진드기가 보이는데, 이것은 주사 전자 현미경으로 얻은 사진이다. 사진 5의 식염(소금) 역시 주사 전자 현미경을 통해 본 것이다. 소금도 1미터 크기의 황옥처럼 각진 결정 모양을 한 광물이다.

사진 6의 철물 조각은 실제로 정밀 시계의 평형 바퀴 가장자리에 있는 정교한 조정 나사이다. 사진 7에서는 각다귀 날개 옆에서 지금까지 만든 것 중에서 가장 작은 모터를 볼 수 있다. 미세한 납구리를 통해 교류 전류를 흘려 주면, 이 하찮아 보이는 전기 모터는 머리가 아찔할 정도로 팽팽 회전한다. 이 모터는 사진 6에 나오는 나사의 머리 부분만 한 크기이다. 오늘날 대부분의 복잡한 인공물들은 전자 없이는 어떤 부분도 움직일 수가 없다. 사진 8에 보이는 것은 수십만 가지 기능의 회로가 장착된 작고 얇은 실리콘 판이다. 이것은 고성능 컴퓨터의 기억 장치이다.

보이는 대로 사물 자체를 관찰하고 기록할 성실한 손, 그리고 믿음직한 눈…….

— 로버트 훅, 『현미경 세계(*Micrographia*)』(1665년)

1   0.5mm

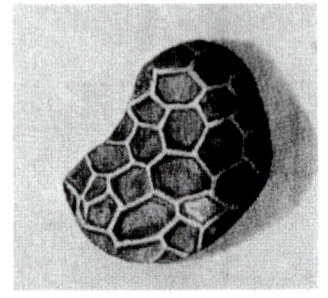
2   0.5mm

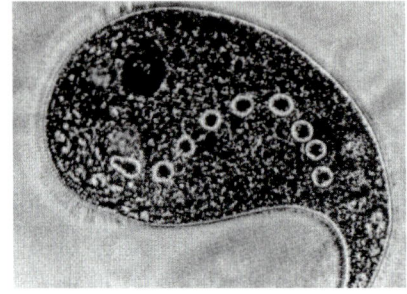
3   0.5mm

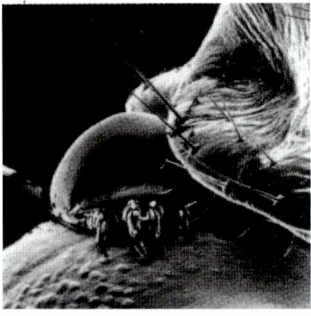
4   0.1mm

5   0.5mm

6   0.5mm

7   0.5mm

8   5mm

0.1센티미터, 1밀리미터

10⁻³

여기서 우리는 자연의 많은 비밀을 파헤쳐 온 현미경 관찰자들이 보는 세계를 경험할 수 있다. 우리는 잠든 남자의 피부 밑 가는 혈관을 지나가는 세포들 사이를 지

10^{-4} 미터
현미경 아래서

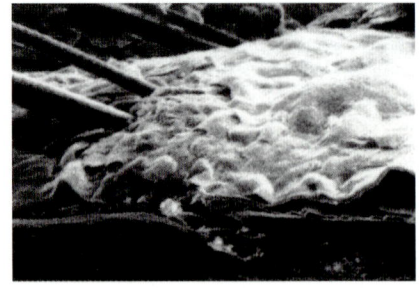

모세 혈관들 위에 놓인 피부의 얇은 층을 확대한 사진이다. 어떤 곳에서는 세포층들이 분리되어 있다. 가장 바깥의 세포들은 피부에서 떨어져 나가고 있는 중이다. 머리카락이 이 층을 관통하고 있다.

1　100μm

사진 2는 정교한 표면을 지닌 유명한 인공물이다. 우리에게는 눈보다는 귀를 통해 잘 알려져 있다. 음반 레코드의 홈들이다. 여기 보이는 작은 부분을 연주하는 데는 1,000분의 몇 초밖에 걸리지 않는다. 파도처럼 생긴 몇몇 홈은 녹음된 소리의 음계를 나타낸다. 이 음파는 1초에 수천 번 진동한다.

2　200μm

담수에 사는 섬모를 지닌 또 다른 원생생물을 사진 5에서 볼 수 있다. 원생생물 내부는 새로 섭취한 청록색의 구슬을 꿰고 있는 실들로 가득 차 있다. 이 섬유들은 광합성을 하는 세균에서 널리 발견할 수 있다.

5　100μm

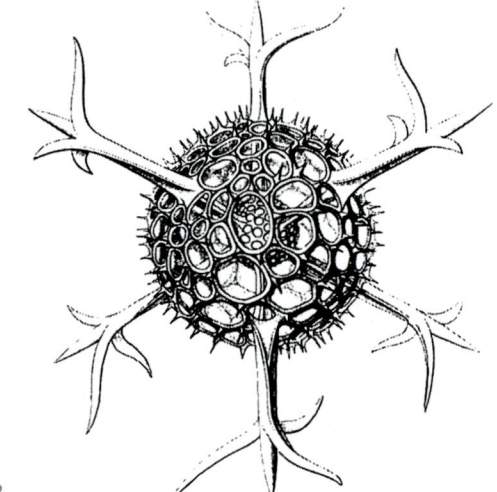

3

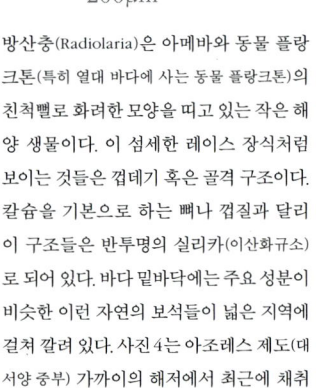

4　200μm

방산충(Radiolaria)은 아메바와 동물 플랑크톤(특히 열대 바다에 사는 동물 플랑크톤)의 친척뻘로 화려한 모양을 띠고 있는 작은 해양 생물이다. 이 섬세한 레이스 장식처럼 보이는 것들은 껍데기 혹은 골격 구조이다. 칼슘을 기본으로 하는 뼈나 껍질과 달리 이 구조들은 반투명의 실리카(이산화규소)로 되어 있다. 바다 밑바닥에는 주요 성분이 비슷한 이런 자연의 보석들이 넓은 지역에 걸쳐 깔려 있다. 사진 4는 아조레스 제도(대서양 중부) 가까이의 해저에서 최근에 채취한 시료이다. 그림 3은 과학자이자 화가, 철학자이기도 했던 에른스트 하인리히 필리프 아우구스트 헤켈(Ernst Heinrich Philipp August Haeckel, 1834~1919년)이 1세기 전에 대양의 깊이를 측량하고자 계획했던 챌린저 호 탐사 보고서에서 발췌한 그림이다.

0.1밀리미터, 100마이크로미터　　　　　　　　　　　　　　　　　　　　　　　　　　10^{-4} m

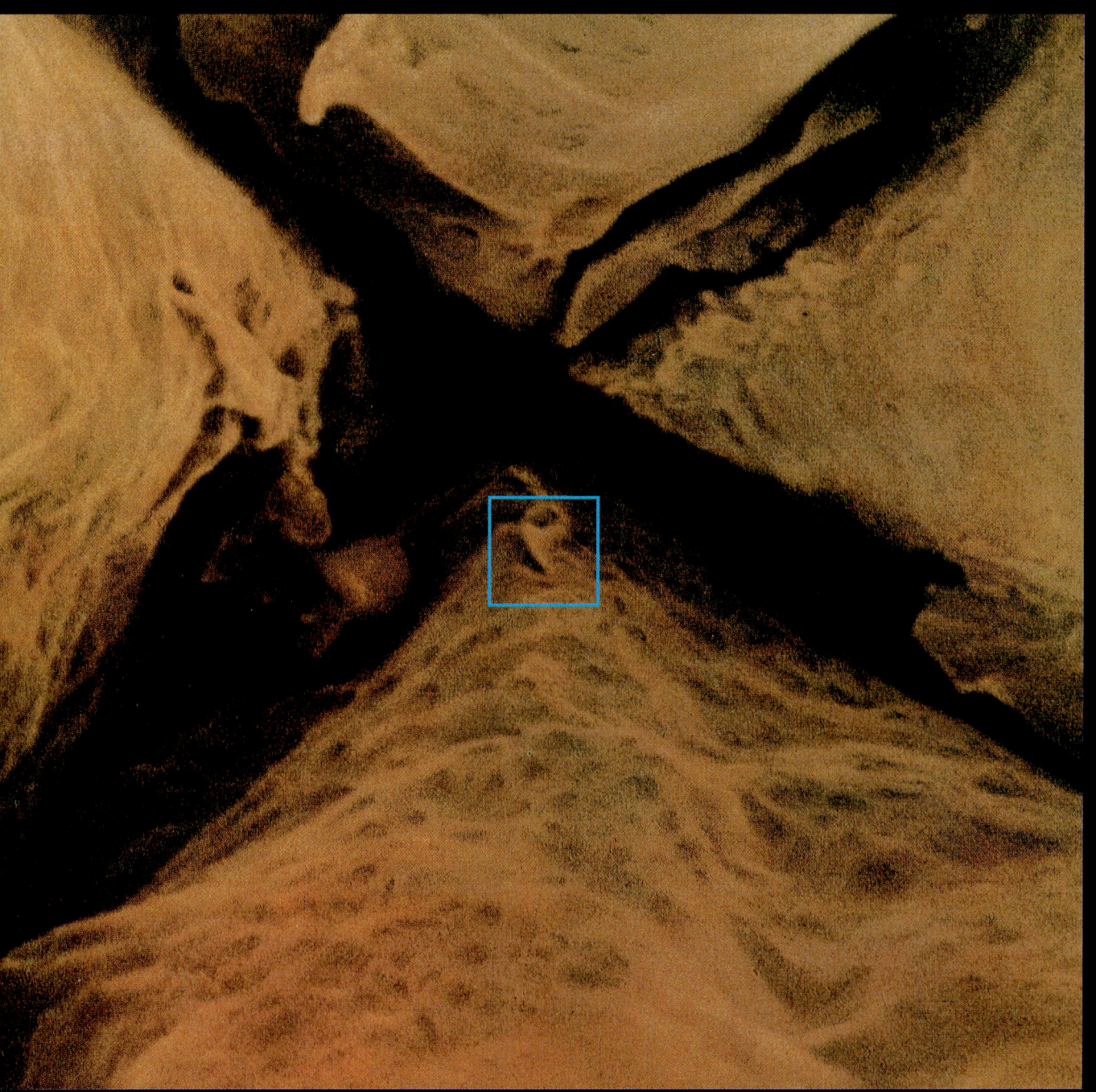

예상치 못했던 세부 모습들이 드러난다. 우리는 어디로 가야 할지 방향을 잡기 어렵다. 우리는 점점 더 깊은 심오한 세계로 들어가고 있다.
이 또한 우리에게는 저 멀리 있는 별들만큼이나 낯선 세계이다.

10^{-5} 미터
구조와 빛

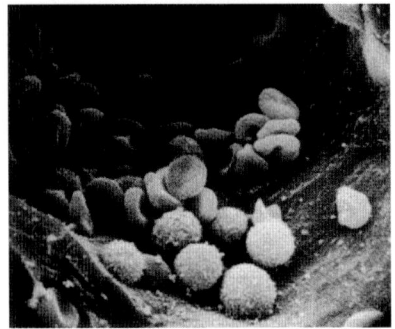

1　10μm

작은 혈관이 주사 전자 현미경 탐침 쪽으로 열려져, 작은 혈구들이 여기저기 흩어져 있는 모습이 드러나 있다. 산소를 함유한 원반 모양의 적혈구와 주름진 공 모양의 백혈구들이 보인다.

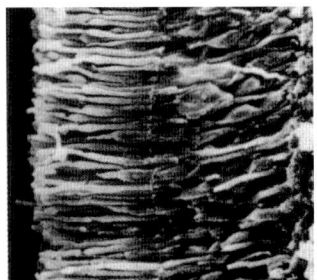

2　20μm

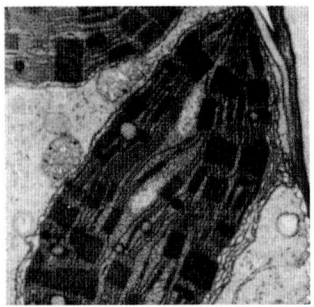

3　2μm

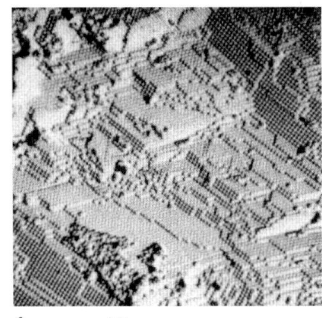

4　10μm

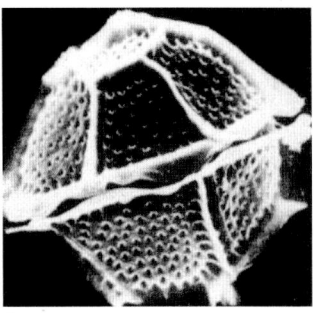

5　10μm

6　10μm

이 결정적인 규모에서 조직을 이루는 세포들이 완전히 구별되어 보이기 시작한다. 주사 전자 현미경 사진 2는 인간의 눈과 거의 비슷한 구조를 한 돼지 눈의 망막 일부를 보여 준다. 빛은 오른쪽에서 들어와서 사진의 왼쪽 가장자리를 따라 늘어서 있는 감광층으로 들어간다. 이 놀라운 기구로 얻은 세밀한 사진을 보면, 사진 건판 위에 놓인 개별 낱알들과 유사한 개별 망막 세포들로 인해 우리의 시각이 아주 세밀한 구조를 보는 데 어떤 한계에 부딪치게 됨을 분명히 알 수 있다. 1~2마이크로미터 정도인 망막의 한계가 자연의 가시광선에 본래 내재된 한계보다 약간 위에 있다는 점은 놀라운 일이다.(가시광선의 파장은 0.5마이크로미터 정도이다.) 우리의 시각은 눈의 특정 세포들과 빛의 상호 작용에 의존하고 있다. 그러나 생명 자체는 초록색 잎에 있는 엽록체라는 특별한 조직에서 빛을 흡수해 만드는 광합성 에너지에 의존하고 있다. 사진 3은 투과형 전자 현미경 아래에 옥수수 잎을 얇게 잘라 놓고 세포에 들어 있는 엽록체를 찍은 사진이다. 연쇄적인 화학 반응 과정의 첫 단계로 빛 에너지를 받아들이는 초록 색소인 엽록소는 절단면에 보이는 원반 더미 안에 들어 있다. 각각의 원반은 색소와 단백질을 가두어 둔 평평한 울타리에 해당한다.

광물 세계의 미세 구조도 마이크로미터 규모에서 보인다. 이 사진은 값진 오팔 보석의 일부이다. 오팔은 균일한 공 모양의 작은 실리카들이 규칙적으로 배열된 광물이다. 이 실리카들의 간격은 0.2마이크로미터인데, 가시광선의 파장과 비슷해서 가시광선의 빛에 보강 간섭의 효과를 일으킨다. 그 결과로 나타나는 것이 오팔의 불꽃처럼 찬란한 광채이다. 빛은 색깔에 따라 다른 방향으로 산란된다. 똑같은 현상이 원자 크기로 내려가면, 평범한 결정체에서도 일어나는데 이 결정체들은 모두 원자 단위에서 규칙적인 배열을 이루고 있다. 이 원자들 사이의 간격은 0.2마이크로미터보다 수천 배 더 작다. 따라서 모든 결정체는 사실상 오팔과 같다고 할 수 있겠지만, 실은 가시광선에 대해서가 아니라 상대적으로 더 짧은 파장인 엑스선에 대해서만 오팔과 같다고 할 수 있다. 그래서 결정 물질을 분석하는 데는 강력한 엑스선을 쏜다.

이 두 사진은 응축되어 있는 복잡성의 또 다른 예이다. 사진 5의 낯선 존재는 복잡한 셀룰로오스 갑옷과 투구를 걸친 담수 유기물이다. 다른 사진 6은 생물의 미세 형상과 막 경쟁을 시작한 현대 인공물의 하나인 실험적인 컴퓨터 장치로, 순금으로 세심하게 만든 벽들이 보인다.

10마이크로미터

10^{-5} m

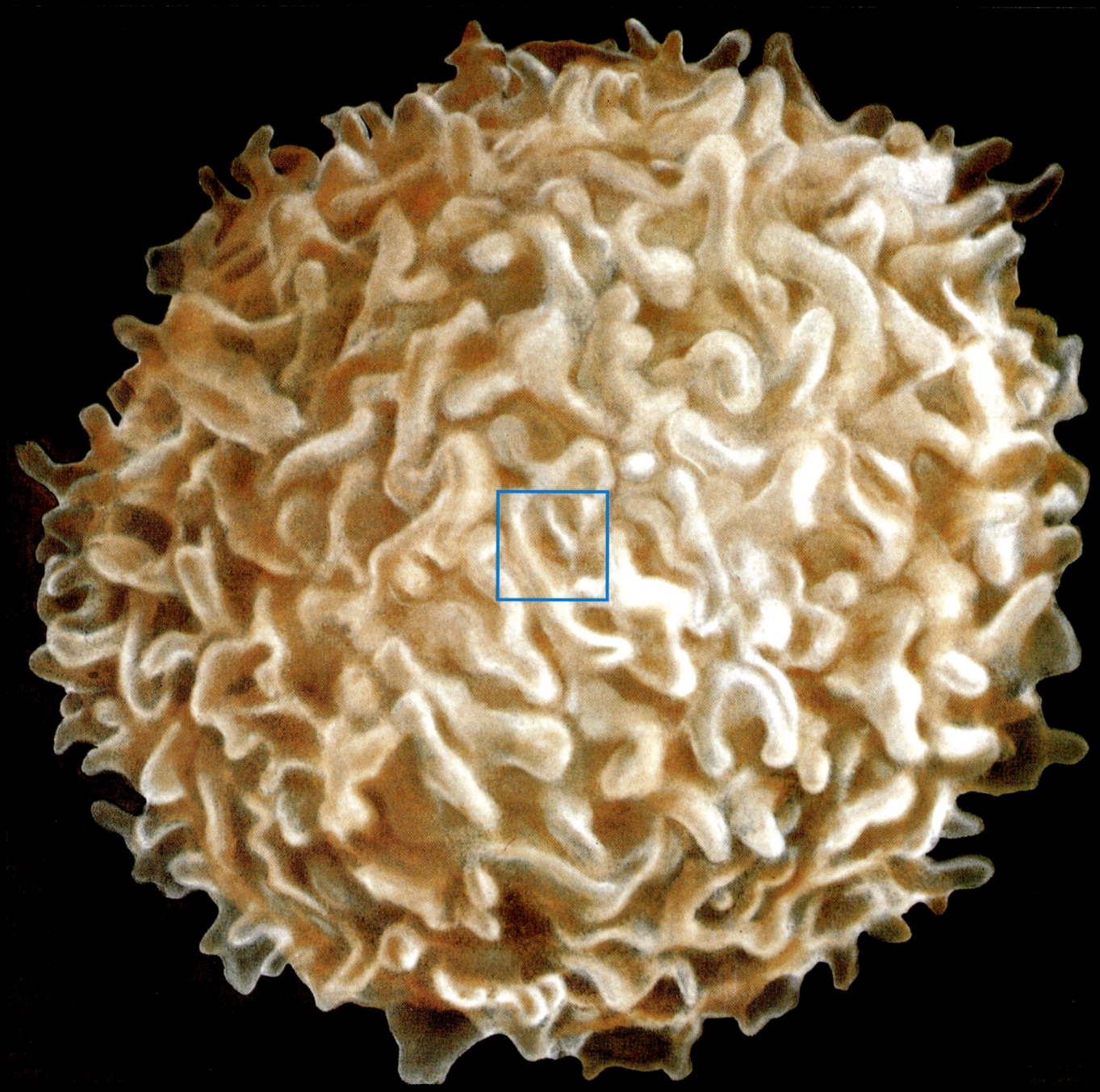

우리는 살아 있는 피부를 지나 피가 흐르는 모세 혈관으로 들어가고 있다. 적혈구는 대부분 원반형으로 생겼는데, 작고 불완전하며, 짧은 수명을 지니고 있고, 붉은 피에 색깔을 준다. 사진 속의 백혈구는 림프구의 일종인데, 적혈구와 달리 수명이 길고, 감염에 대항해 신체를 방어하는 면역계라는 복잡한 세포 화학 전쟁에서 중요한 역할을 하고 있다.

10^{-6} 미터
세포핵

세균은 세포핵이 없을 뿐만 아니라 더 크고 복잡한 세포에서 발견되는 특별한 기관들도 없다. 이들의 엽록소와 산화 효소는 진짜 핵을 지닌 세포들에서처럼 깨끗하게 함께 묶여 있지도 않다.

살아 있는 가장 작은 세포는 지름이 겨우 0.1마이크로미터밖에 되지 않는다. 비교적 단순한 세포는 10마이크로미터도 채 자라지 않는다. 핵이 있는 세포는 전형적인 인간의 세포나 전형적인 다세포 동식물의 세포처럼 수십 마이크로미터에 이르는 것도 있다. 토양이나 바다의 원생생물처럼 효과적인 기관들로 꽉 차 있는 자유롭게 살아가는 단세포 생물 중에는 1밀리미터 크기에 이르는 것도 있다. 동물의 난세포 중에는 이보다 훨씬 큰 것도 있다.

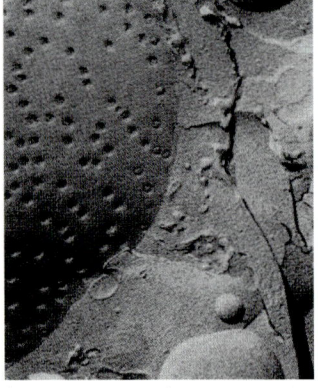

핵공(nuclear pore)은 그냥 열려 있는 구멍이 아니라, 복잡한 분자들이 지나다니는 길이다. 주사 전자 현미경 사진 1은 양파 뿌리 끝 세포 안에 들어 있는 핵의 표면으로, 여러 개의 핵공이 보인다. 냉동 분열 기술로 핵 표면이 뚜렷하게 드러나 있다.

1 1μm

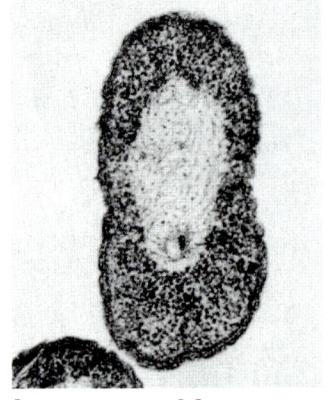

3 0.3μm

모든 식물 세포와 동물 세포는 핵을 가지고 있다. 그런데 생물 진화에서 오래된 가족인 세균과 그 친족들은 핵이 없다. 사진 3은 일상적으로 흔히 볼 수 있는 세균의 단면인데, 이 세균은 흙이나 담수에 널리 퍼져 있는 활동적인 세균이다. 세균의 중앙 부분은 밀도가 약간 높다. 이 안에는 이 작은 세포의 자가 복제에 필수적이며 어디에도 붙어 있지 않은 1개의 실로 된 고리 모양의 DNA가 있다.

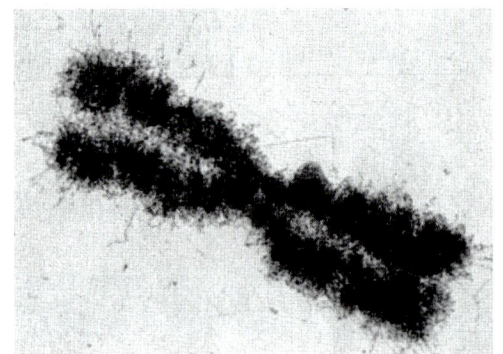

2 1μm

인간의 세포는 핵 안에 유전으로 물려받은 유산을 안전하게 간직하고 있다. 이 기다란 메시지는 단백질과 DNA로 만들어진 46개의 염색체라는 긴 두루마리에 담겨 있다. 이 메시지들은 세포 분열이나 복사 과정에서 상세히 고려되어야만 하고, 분열 시 2개의 새로운 세포에 유산으로서 정확히 분배되어야만 한다. 사진 2는 2개가 된 인간의 염색체를 보여 주는데, 세포 증식이라는 발레가 막 시작한 참이다. 기다란 분자 메시지가 부분적으로 펼쳐져 있는 것처럼 보인다.

가시광선의 파장은 살아 있는 세포의 길이보다는 약간 짧다. 우리 자신의 시각과 식물의 초록색을 통해서 우리는 세포와 가시광선의 상호 작용이 지상의 생명에 얼마나 중요한지를 알 수 있다. 그림 4는 빛의 파장을 색깔로 표시한 것이다. 어떤 색을 감지한다고 해서 언제나 그 색에 해당하는 파장의 빛이 물리적으로 실재한다고 할 수는 없다. 그러나 각 파장에 해당하는 밝은 빛은 표시된 색감을 자극하게 된다. 색깔을 지각하는 과정은 단순히 파장하고만 관계되는 것이 아니라 그보다 훨씬 복잡한 과정과 얽혀 있다.

자외선 —— 근적외선
1,000   5,000   10,000
옹스트롬
4

1마이크로미터

10^{-6} m

우리가 지금 보고 있는 것은 주름 잡힌 림프구의 표피, 즉 세포 안에 들어 있는 림프구의 핵을 감싸고 있는 얇은 보호막을 바라보고 있는 것이다. 물질들이 이 표피에 난 미세한 기공들을 통해 세포 안팎을 드나든다. 모든 완벽한 세포는 핵을 가지고 있다. 이 핵에서 나오는 분자들에는 세포의 일생을 좌우하는 정보들이 들어 있다. 인간의 몸 안에는 은하의 별보다도 수백 배는 더 많은 세포가 들어 있다.

10^{-7} 미터
생명의 분자

사진 1은 단일 DNA의 실타래를 보여 주는 전자 현미경 사진이다. 이 이중 나선(사진 위쪽과 아래쪽에 얽혀 있지 않은 끝을 볼 수 있다.)은 겨우 수십 마이크로미터의 길이로, 수십만 개의 가로대가 놓인 분자 사다리라 할 수 있다. 사진 중심에는 미세한 단백질 덩어리가 보이는데 DNA는 여기서 나온 것이다.

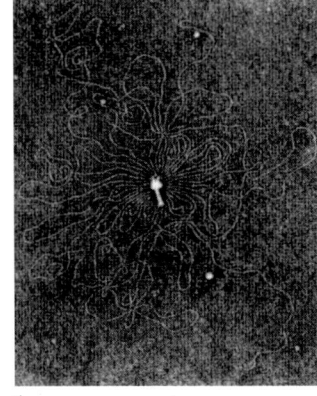

1 1μm

DNA가 복사되는 몇 단계의 과정을 한 번에 볼 수도 있다. 사진 3이 이것을 잘 보여 주고 있다. DNA 가닥을 따라 형성된 깃털 모양의 구조들이 보인다. 이 구조는 연관 분자인 RNA의 작은 가닥들로 이루어진 것이다. RNA는 DNA 정보 — 적어도 아주 간단한 경우들에서는 이 정보는 단백질을 요리하는 레시피에 해당한다. — 를 단백질 합성이 일어나는 핵 바깥에 있는 분자 구조에 전달하기 위해 핵 DNA의 중요한 부분을 복사한다. 수많은 RNA 가닥들은 여기서 한꺼번에 만들어진다. 가장 긴 것만이 완전한 것이다. 비록 과정으로서의 복사는 생명체에서 보편적으로 일어나는 것이기는 하지만, 여기에 보이는 예는 아주 특별한 것이다.

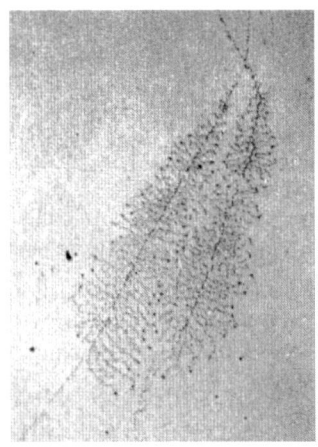

3 1μm

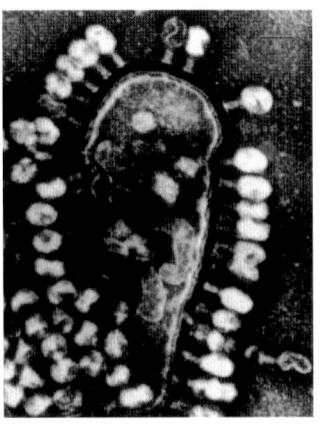

2 1μm

아직까지 우리는 DNA 끈이 동물 세포의 염색체 안에서 어떻게 매듭을 이루고 있는지 모른다. 이 교묘한 조직 과정의 단계 중 하나를 전자 현미경 사진 4에 나와 있다. 염색체에서 나온 DNA 한 가닥이 풀려나와 하나의 긴 끈이 되어 있다. 이 끈을 따라 작은 단백질 구슬들이 붙어 있다. DNA는 단백질 구슬 주위를 마치 실패처럼 감을 수 있는 것처럼 보인다. 이 실패들은 서로 뭉쳐 더 큰 사리가 된다. 이 큰 사리는 복잡한 염색체로 감기고 또 감긴다. 결과적으로 몇 센티미터 길이의 DNA가 마이크로미터 크기의 단백질 두루마리 위에 읽을 수 있는 형태로 저장된다.

사진 1의 유전 분자는 사실 어떤 세포의 것이 아니다. 이것은 혼자서는 살아갈 수 없는 바이러스 사진이다. 이 DNA는 살아 있는 정상 세포 장치를 사용할 수 없다면 자기 복제를 할 수가 없다. 일단 세포의 통제권을 장악하게 되면, 바이러스는 자신을 보호하고 무장시키는 특정 단백질의 생산이나 자체의 복제를 지시하게 된다. 사진 2에 나오는 전투 장면은 수많은 바이러스 입자들이 숙주인 세균의 세포에 달라붙어 있는 모습을 보여 준다. 일종의 끈을 담은 상자인 바이러스의 단백질 외막은 세포벽의 구조에 잘 달라붙을 수 있는 모양을 하고 있다. 접촉을 하게 되면, 신축 가능한 단백질들은 바이러스의 DNA 테이프를 세포 안에 투입한다. 거기서 이 DNA는 세균의 세포 장치를 장악해 세포에 필요한 물질이 아니라 바이러스를 합성하도록 한다. 벌써 새로 만들어진 바이러스 머리들이 보인다. 세포는 파열해 열려 있다.

여러 종류의 바이러스들이 알려져 있는데, 각 바이러스는 세균이건 참나무건 인간이건 관계없이 특정 세포들을 침범한다. 바이러스는 원생생물의 초기 형태라기보다는 그들의 숙주 세포들이 진화하는 동안 발생한 유전적인 이탈자라고 볼 수 있을 것이다.

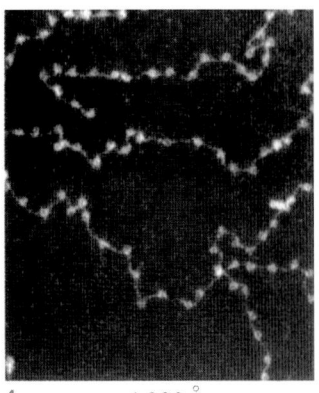

4 1,000 Å

0.1마이크로미터, 1,000옹스트롬

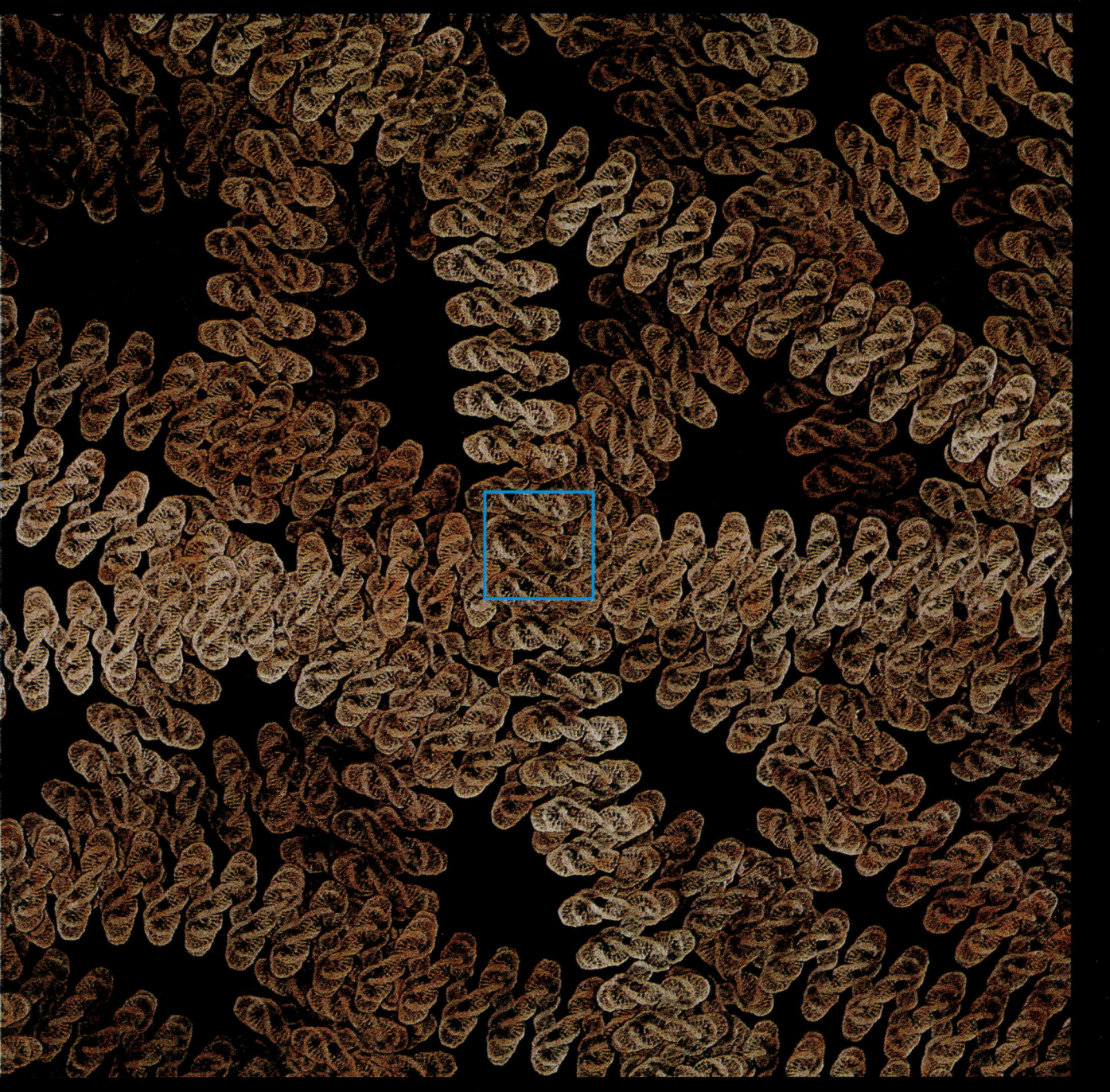

DNA 는 엄청나게 긴 분자이다. DNA 의 코일은 교묘하게 감겨 이렇게 작은 공간에 세포핵 안에 온전하게 들어가 있다. 이 생명의 지침서들은 세포 분열 과정을 통

10^{-8} 미터
이중 나선

1 20Å

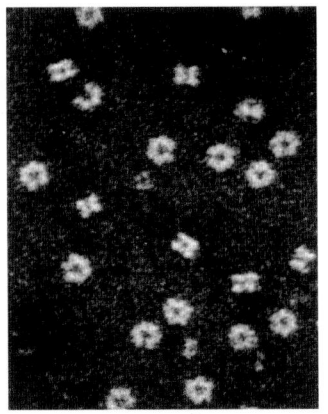

2 500Å

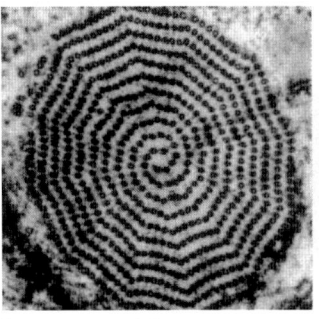

3 0.5μm

사진 2는 비록 조야하기는 하지만, DNA 분자와 같은 분자의 교육용 모형과 우리 시각 사이에 가로놓였던 간극을 메우는 데 큰 역할을 했다. 물리학과 화학은 분자 모형을 복잡한 추론을 통해 점차로 정교하게 만들어 왔다. 이러한 이론상의 분자 모형은 아직까지 직접적으로 시각적인 뒷받침을 얻지는 못했다. 그러나 근거가 충분하고 오랫동안 우리에게 익숙해 있는 현상들을 통해 판단할 수 있다. 그림 1에 전형적인 기체, 액체, 고체의 분자 모형이 나와 있다. 방 안의 공기와 같이 일반 기체를 이루는 간단한 분자들은 분자 지름 5~10개에 해당하는 거리만큼 충분히 멀리 떨어져 있다. 이들은 진동하고 자유로이 날아다니면서 회전도 한다. 또한 음속의 속도로 마구 움직여 다니다가 서로 충돌하기도 하고, 다른 분자들 혹은 그들을 감금하고 있는 벽(벽 자체는 언제나 진동하고 있다.)에 튕겨 다시 제자리로 되돌아오기도 한다. 똑같은 분자들이 서로 상호 작용을 하다가 가까이 묶여서 질서 있게 배열되어서 결정 같은 고체가 되기도 한다. 결정 구조 속에서 분자의 끊임없는 운동은 통제되어 분자는 진동 운동을 하게 된다. 중간 형태인 액체 상태에서는 분자들은 서로를 헤치고 나아가며, 다만 일시적인 결합만을 할 뿐이다. 이런 분자 모형은 기체의 팽창이나 수축이 쉽다는 사실 — 기체 분자들은 평균적으로 쉽게 자신들이 날아다닐 정도의 공간을 잘 찾는다. — 과 고체나 액체의 저항력이 큰 점, 즉 고체나 액체에서는 수축 시 원자 배열에 실제로 변형이 일어난다는 사실을 잘 설명해 준다.

아무리 작은 물질 시료라고 하더라도 그 안에는 엄청난 수의 분자가 들어 있다. 각 변이 100옹스트롬인 정육면체 안에는 고체 상태의 분자는 약 10^5개 들어갈 수 있으며, 보통 공기 같은 기체는 수백 개의 분자가 들어간다. 물질을 이루는 분자의 개수가 어마어마하다는 사실은 일반적인 결정 물질처럼 단순 반복된 결합 구조로 이루어진 물질에도 다양한 성질을 부여한다.

자기 복제하는 DNA는 잘 알다시피 복잡한 분자 구조물이다. 또한 형태나 기능 면에서 DNA를 연상시키는 어떤 녹음 테이프보다 더 민감하다. 세균의 DNA처럼 길이가 아주 짧은 DNA조차도 1억 개의 원자들로 이루어져 있다. 살아 있는 세포 안에는 간단한 생명 기능을 수행하는 훨씬 더 작은 분자 구조들이 가득하다. 사진 2는 어떤 세균이 만든 단백질 분자들의 모습이다. 이 분자들은 각각 5만 개의 원자들이 얽히고설킨 복잡한 코일의 형태를 지니고 있다.

분자 생물학자는 살아 있는 세포를 시스템으로 나타낼 것이다. 이 시스템 안에서는 일종의 정교한 공학이, 완전한 대칭의 특정 분자들을 복잡한 기능을 하는 장치들로 조립해 둔다. 사진 3은 유전 기능이나 화학 기능과는 거리가 먼 예를 보여 준다. 이 형상은 한 수중 미생물의 중심에서 다수의 미세한 가시들을 방사상으로 뻗어 가고 있는 한 묶음의 분자 관상 기관의 단면이다. 이 구조의 길이는 수십 마이크로미터에 이른다. 이것은 먹이를 먹는 데 쓰이고, 어쩌면 운동하는 데 쓰일지도 모른다.

나는 2개의 사슬 모양의 모형을 만들기로 결정했다. 프랜시스는 이에 동의할 것이다. 비록 그는 물리학자였지만, 생물학의 주요 대상들이 쌍을 이루고 있다는 사실을 알고 있다.

—제임스 듀이 왓슨(James Dewey Watson, 1928년~), 『이중 나선』(1968년)

100옹스트롬

10^{-8} m

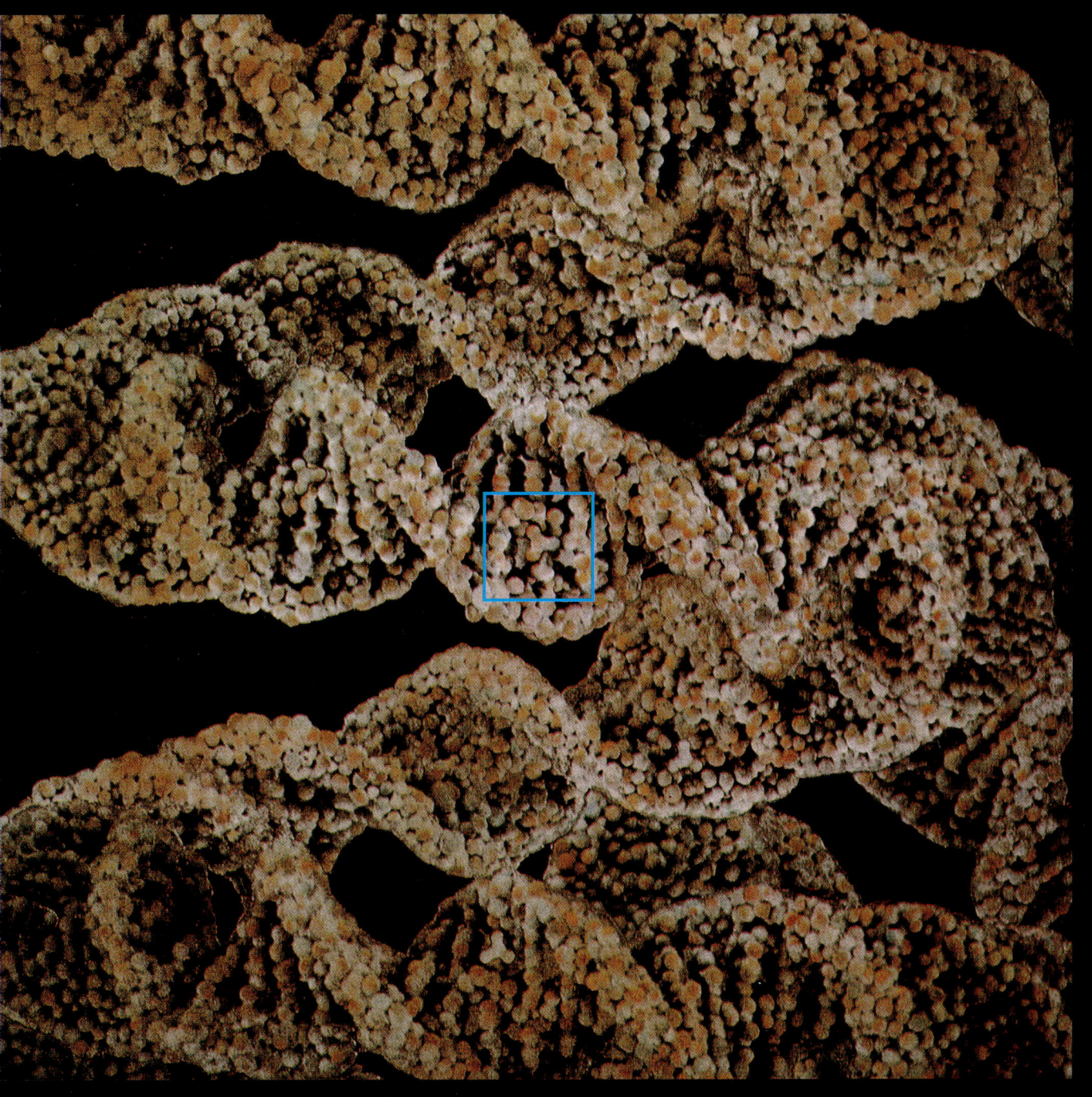

이 근접 촬영 사진에서 DNA의 길게 꼬인 분자 사다리, 즉 이중 나선 구조를 볼 수 있다. 어떤 생물의 특성은 이 서로 다른 가로대들이 어떤 식으로 반복·배열되느냐에 달려 있다. 이 분자에 담긴 화학적인 메시지는 4개의 문자로 된 분자 알파벳으로 작성되어 있는데, 상당히 긴 부분까지 판독되었다. 하나의 알파벳이 모든 생명에 들어가 있지만, 신체의 각 세포 안에서 되풀이되는 내용들은 개체마다 다르다. 사다리의 두 기둥은 세포가 복제되는 동안 서로 분리되어, 사다리의 가로대들이 완전히 복사되는 동안 주형의 역할을 한다.

10^{-9} 미터
분자 모형

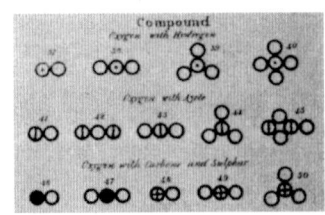

영국의 화학자 존 돌턴(John Dalton, 1766~1844년)은 1810년 이전에 몇몇 간단한 분자들에 대한 뛰어난 모형을 선구적으로 보여 주었다.

화학의 논리는 화학적 경험이라는 빛을 받아 사변적인 이오니아 철학자들의 원자론을 능가하는 이론으로 성숙해 왔다. 원소라는 개념은 우리가 먹는 것이 모두 다 검은 물질, 즉 숯으로 변할 수 있다는 깨달음만큼이나 구체적인 것이 되었다. 상대 무게나 상대 부피 개념이 서서히 확실한 것이 되어 가면서 간단한 실험실 데이터에서 원자 결합이라는 개념이 나오게 되었다. 그리고 이 개념은 '물은 H_2O이다.' 같은 화학식으로 집약되었다.

1870년대 무렵 여전히 화학자들은 분자의 크기에 대해서는 거의 알지 못했지만 새로운 논리를 발전시켰다. 그들은 분자로 결합하는 원자들 짝을 알고 있었고, 또한 몇몇 경우에는 이 원자들이 공간적으로 어떻게 배열되어 분자를 이루는지도 알고 있었다. 이 원자들의 배열 형태는 어떤 초기 물질은 어떤 결과 물질을 낳을 수밖에 없다는 화학 반응의 규칙성을 근거로 추론한 것이었다. 원자들이 기하학적인 균형의 원리에 잘 부합하고 있다는 사실이 명확해지자, 화학자들은 과감하게 (마음의 눈으로 본) 분자를 공간적으로 운동하는 합성 물체로 기술하기 시작했다. 이런 일은 물리학자들이나 철학자들이 이들의 작업을 충분히 후원하거나 인정하기 전에 일어났다.

오늘날 분자 모형은 교육용 도구 이상의 의미, 아니 아주 작은 실체를 대략적으로 묘사해 놓은 것 이상의 의미를 지닌다. 이것은 그 자체로 강력한 연구 수단이다. 이중 나선의 발견은 마분지, 철사와 주석으로 만든 원자 모형을 수차례 이용한 결과였다. 이 모형은 명확한 규칙을 따라야 했고 모든 실험 결과에 들어맞아야만 했다. 여러 다양한 안정적인 화합물군에서 도출해 낸 법칙들 — 화합물들은 결코 이 법칙들이 허용하는 모든 가능성을 다 써 버리지 않는다. — 은 이미 확증된 사실을 반영해 준다. 즉 원자들은 각 원자와 특정 이웃들과의 사이에 공평하게 일정한 거리를 두고 결합하고자 한다는 것이다. 어떤 결합에서는 정해진 각도가 유지되어야만 한다. 원자들은 서로를 방해할 수 있는 접촉을 피해서 무리를 짓고, 저마다 자신에게 필요한 공간을 요구한다.

이 모형들은 모두 불완전하고 추상적이다. 이 모형들은 분자의 무게도 나와 있지 않고 원자 속에 전자가 들어 있다는 이야기도 없다. 또한 이 모형들에는 원자의 이상한 표면 특성도 들어 있지 않다. 이 모형들에서 분자들은 끊임없이 상호 작용을 하는 작은 원자의 춤으로 인해 움직이는 일도 없다. 진동하지도 회전하지도 않는다. 결합이 풀어져 그렇게 할 수 있을 때조차도 말이다. 그러나 이 분자 모형이 훌륭했던 것은 분자를 전혀 볼 수 없던 시절에, 우리에게 허용된 몇몇 순간이기는 했지만, 분자의 순간적 형상을 그려 냈기 때문이다.

그림 2에는 우리에게 익숙한 몇몇 물질에 대한 실제 사용하고 있는 현대적인 모형이 나와 있다. 물은 생명을 가능하게 한다. 두 거대 분자는 포도당(글루코오스)과 시스테인이다. 이 둘은 기다란 유기체 고리로 된 생체 단위체 — 단량체(모노머) — 이다. 이 단위체는 작은 원자 짝이 아니라 집합체로, 생명체 내에 존재하는 중합체(폴리머)이다.

포도당은 단순한 설탕 덩어리이고, 시스테인은 모든 단백질 고리를 만드는 24개의 아미노산 중 하나이다.

2   10Å ————

사진 3은 한 결정성 고체의 원자 배열을 확대한 것이다. 기술적인 한계로 인해 다소 다루기 힘든 물질을 이용한다. 여기에 사용된 것은 산화니오븀의 얇은 결정으로, 투과형 전자 현미경으로 보면 몇 가지 결함이 함께 보인다. 원자 융단은 복잡해 보이긴 하지만 깨끗하다.

3   100Å ————

10옹스트롬, 1나노미터

10^{-9} m

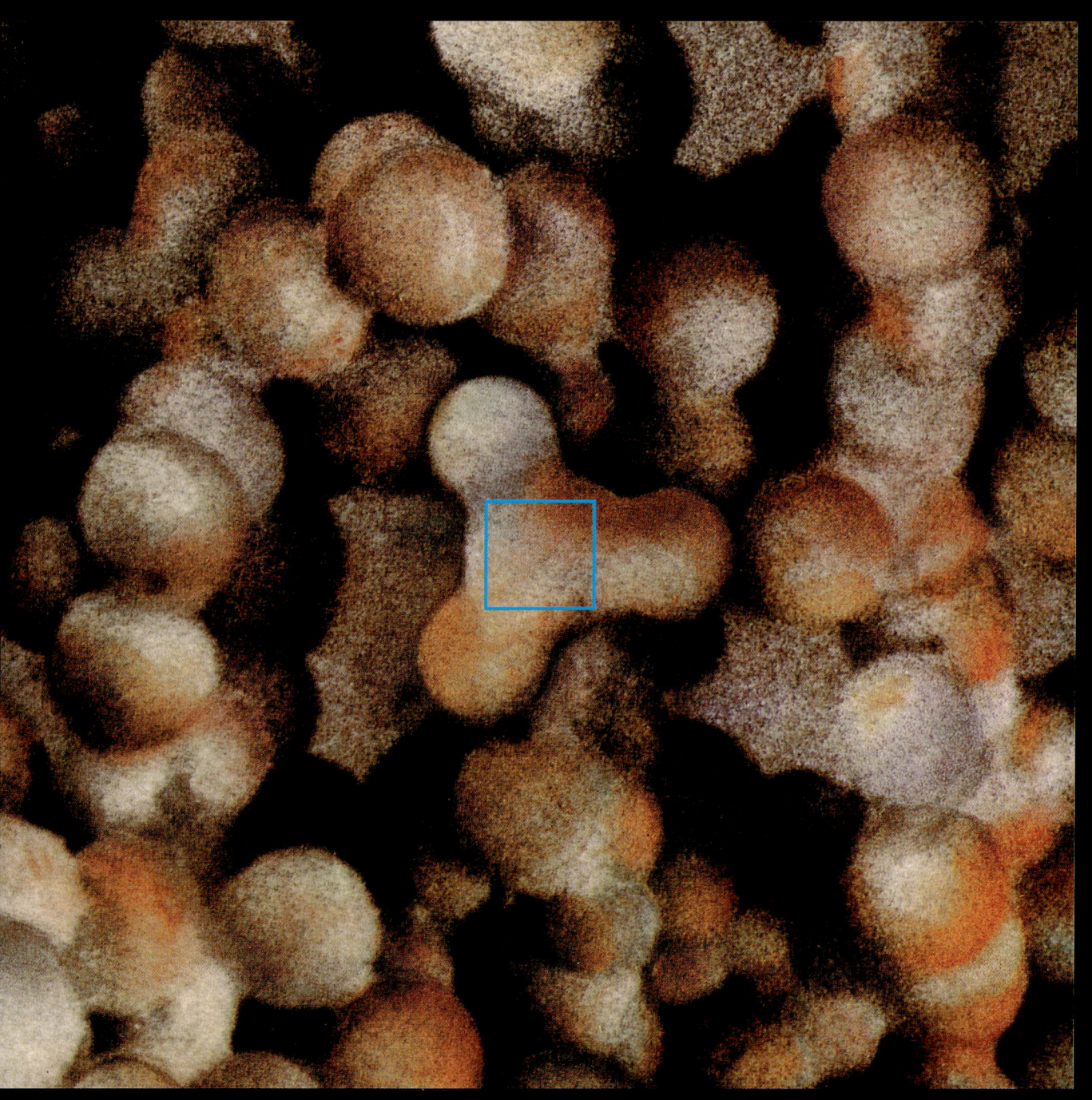

우리는 지금 생명의 기본 단위, 즉 유전 메시지에 사용되는 문자를 보고 있다. 이 문자들 사이의 특별한 질서로부터 이 긴 유전 메시지의 내용이 만들어진다. 이들의 결합 패턴과 모양은 화학 법칙에 따른 것이다. 그 자체로는 생명과 무관한 원자들이 이 화학 법칙에 따라 결합해 구조를 이루고 있다. 사진을 보면 중앙의 탄소 원자에 3개의 산소 원자들이 결합해 있는 것이 보인다.(탄소와 결합하는 또 하나의 산소 원자는 뒤쪽에 있다.) 이와 유사한 결합은 성간 공간에 존재하는 차갑고 얇은 구름들 사이를 떠다니는 탄소와 산소 원자들 사이에서도 무수하게 발견된다.

10^{-10} 미터
원자 표면

"아무것도 존재하지 않아? 아무것도 존재하지 않는군! 아니, 내 앞에 놓여 있는 숟가락을 볼 수 있는 것처럼 손쉽게 이 작은 것들을 볼 수가 있지!"

— 어니스트 러더퍼드(Ernest Rutherford, 1871~1937년)가 아서 스탠리 에딩턴(Arthur Stanley Eddington, 1882~1944년)에게. 러더퍼드가 식탁에 앉아 우리 인간이 언젠가는 정신적인 개념 이상으로 전자를 알게 될 것이라고 크게 떠들고 있었을 때 한 이야기.

특수한 방식으로 원자를 결합시켜 평범한 물질에 얼룩덜룩한 표면을 만드는 힘은, 원자의 흐릿한 표면 위에서도 작용한다. 모든 원자는 공통된 모듈 구조를 가지고 있으며, 단일한 구조 원리를 따른다. 원자는 모두 다 전자들의 구름과, 이 전자들을 끌어당기는 작은 중심 핵으로 이루어져 있다. 모든 원자의 표면은 전자들의 운동 패턴 그 자체이기도 하다. 여기에서는 특별한 대칭성과 전기력이 전자의 운동을 지배한다. 원자에 결합된 전자들은 미시 세계의 법칙에 따라 양자 역학적 운동을 한다. 이 운동은 태양 주위를 도는 행성의 궤도처럼, 단순한 궤도로 나타낼 수 없다. 오히려 이 운동은 본질적으로 확률적이다. 원자에 안정적으로 결합되어 있는 전자 하나를 위치를 개별적으로 정확하게 추적하는 것은 불가능하지만, 이 결합으로 생겨나는 전하의 패턴은 고정되어 있으며 확실하다. 공유 전자들은 증가된 음전하 영역에 도움을 주고, 양전하를 띤 원자 중심 핵은 음전하 영역을 끌어당겨 분자를 이룬다.

게다가 빨간 불꽃에서 검은 잉크에 이르기까지 빛을 방출하고 흡수하고 산란시킴으로써 생기는 물질의 가시적인 성질이 모두 다 이 원자의 표면에 있는 전자들의 구름에 의해서 결정된다.

모든 원자는 전자들의 조립물이기 때문에 이들은 상당한 가족 유사성을 지니고 있다. 그래서 서로 다른 100여 개의 화학 원소들 — 각 원소가 하나의 핵종(核種)이다. — 은 실제로 구분이 된다고 할 수 없다. 이런 통찰은 이미 1세기 전에 있었다. 이는 주기율표라는 전승 지식에 코드화되어 있다.

19.0 불소 노란색의 강한 부식성 기체 수소와 강산 생성	20.2 네온 불활성 기체 어떤 화합물도 못 만듦	23.0 나트륨 부드러운 은색 금속 물과 폭발적으로 반응해 염기성 용액을 만듦
35.5 염소 초록색의 부식성 기체 수소와 강산 생성	39.9 아르곤 불활성 기체 어떤 화합물도 못 만듦	39.1 칼륨 부드러운 은색 금속 물을 분해해 염기성 용액을 만듦
79.9 브롬 적갈색의 반응성 액체 수소와 강산 생성	83.8 크립톤 불활성 기체 1개 혹은 2개의 불안정한 화합물 생성	85.5 루비듐 부드러운 은색 금속 물을 분해해 강한 염기성 용액을 만듦

1

몇 가지 원소를 선택해 그 화학적 성질들을 도표 1로 정리해 보았다. 이 원소들은 상대적인 원자 질량 순에 따라 개략적으로 배열된 것이다. 화학적으로 한가족임이 너무나 명백하게 드러난다. 닮은 점들이 반복적으로 나타나는데, 점차적으로 변화하는 것이 아니라 원자 질량이 증가함에 따라 주기적으로 변화한다.

똑같은 주기성이 그림 2의 그래프에 다르게 표현되어 있다. 여기서는 똑같은 현상이 비커와 산(酸)에 둘러싸여 있던 19세기 화학자들의 정성적인 언어가 아니라, 진공관과 전기적인 측정 기구로 가득 찬 실험실의 원자 물리학자들이 사용하는 정량적인 문제로 표현되어 있다. 세로축의 전압은 표적 기체가 흘러가는 동안 이 기체 원자들로부터 원자가 전자를 떼어내는 데 필요한 최소 전압을 뜻한다. 주기적으로 최대와 최소가 나타나는 것이 뚜렷하다. 원소들의 다양한 통일성이 여기서 다시 보인다.

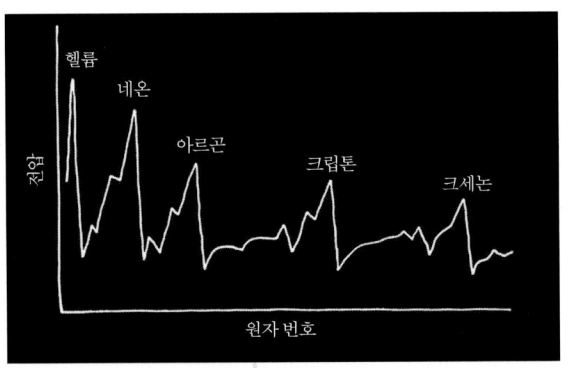

2

1옹스트롬

10^{-10} m

원자 규모의 양자 법칙은 전자의 운동을, 우리가 일상적으로 경험하는 입자의 운동을 기술할 때보다 더 미묘하게, 그리고 불연속적으로 기술할 것을 요구한다. 따라서 이 사진의 점들은 개별 전자를 나타낸 것이 아니다. 그 대신 대칭적이면서 추적이 불가능한 양자 역학적 운동을 수행하는 동안 전자들이 그려 내는 전하 구름을 나타낸다. 원자들은 다른 원자와 결합할 때 이 전자 구름의 표면에 있는 전자들을 공유하게 된다.

10^{-11} 미터
원자의 내부

원자 내 가장 깊숙한 곳에 위치한 최내각 전자들은 대개 화려한 고립 생활을 한다. 그들은 일반 세계에는 거의 영향을 미치지 못하는 곳에서, 원자핵의 중심으로부터 강력한 전기적 영향을 받으며 운동하고 있다. 그들은 불꽃이나 전기적 충격 혹은 화학적인 공격에도 거의 꿈쩍 않고, 자신들의 원형 춤을 그저 계속할 뿐이다. 극한 조건(번개나 방사선의 영향 혹은 태양 내에서와 같은 조건)만이 이들의 대칭 운동을 크게 변화시킬 것이다. 이들은 가시광선과는 작용하지 않는다. 가시광선은 전자 하나를 떼어 내기에 충분한 에너지를 제공하지 못한다.

아주 소수의 가장 가벼운 원자들을 제외한 대부분 원자의 경우, 최내각 전자는 엑스선이라고 알려진 방사선만을 흡수하고 방출할 수 있는데, 이 빛은 가시광선의 경우보다 1,000~1만 배 강력하다.

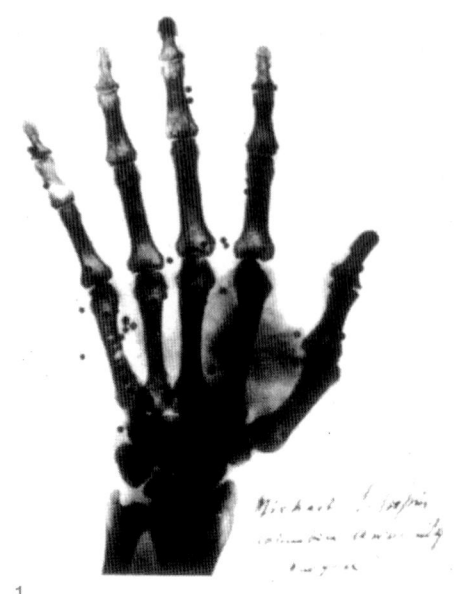

1

사진 1의 엑스선 사진은 1896년 2월 미국에서 만든 최초의 의학 방사능 사진 중 하나이다. 권총 사고로 사람 손 안에 박혀 버린 작은 납 총알(전자들이 밀집해 있다.)이 뚜렷이 보인다. 빌헬름 콘라트 뢴트겐(Wilhelm Konrad Röntgen, 1845~1923년)은 1895년 12월에 우연히 엑스선을 발견했다. 1914년 이전에 이미 엑스선은 가장 안쪽에 있는 원자의 전자껍질을 조사하는 탐침이 되었다. 고전압의 엑스선관 안에서 빠르게 운동하는 전자 흐름들은 표적 원자 내에 깊숙이 위치한 전자를 교란시킬 수가 있다. 이 과정에서 엑스선들이 방출되고, 이 엑스선은 다시 다른 원자의 내부 껍질에 흡수되기도 한다.

그래프 2에는 한 원소가 강하게 흡수할 수 있는 가장 높은 엑스선 에너지를 연구한 결과가 요약되어 있다. 가로축의 에너지는, 각 원소들의 가장 안쪽에 있는 원자 껍질('최내각'이라고 한다.)이 들어오는 엑스선에 대해 보여 주는 반응의 정도를 나타낸다. 원자가 무거우면 무거울수록, 더 높은 에너지의 엑스선을 흡수하게 된다. 이런 매끄러운 연관은 설득력이 있다. 흡수되는 엑스선 에너지에 따라 원소들을 배열하면 상대적인 원자 질량보다 훨씬 규칙적인 방식으로 모든 핵종을 집합시킬 수 있다. 이렇게 해서 만들어진, 원소에 붙이는 고유한 이름표를 원자 번호라고 한다. 이것은 최내각 전자들을 붙들고 있는 양전하의 총수에 해당한다. 이것은 전기적으로 완전히 중성인 원자에 들어 있는 전자의 총수와 동일하다. 원자 번호는 어떤 원소에게든 가장 합리적인 이름표를 제공한다. 화학 원소의 주기율과 빛 혹은 일반적인 방사선과 원자의 상호 작용들을 원자 번호에 따라 질서 있게 배열할 수 있다.

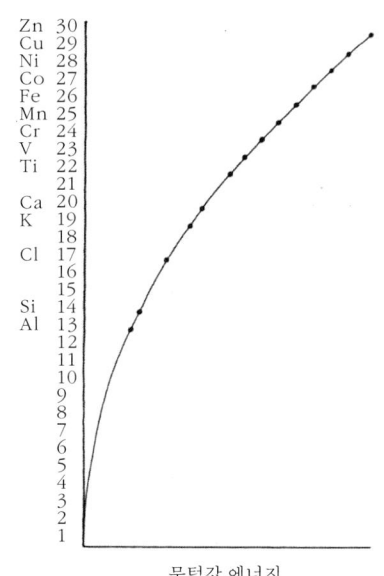

2

문턱값 에너지

0.1옹스트롬, 10피코미터

10^{-11} m

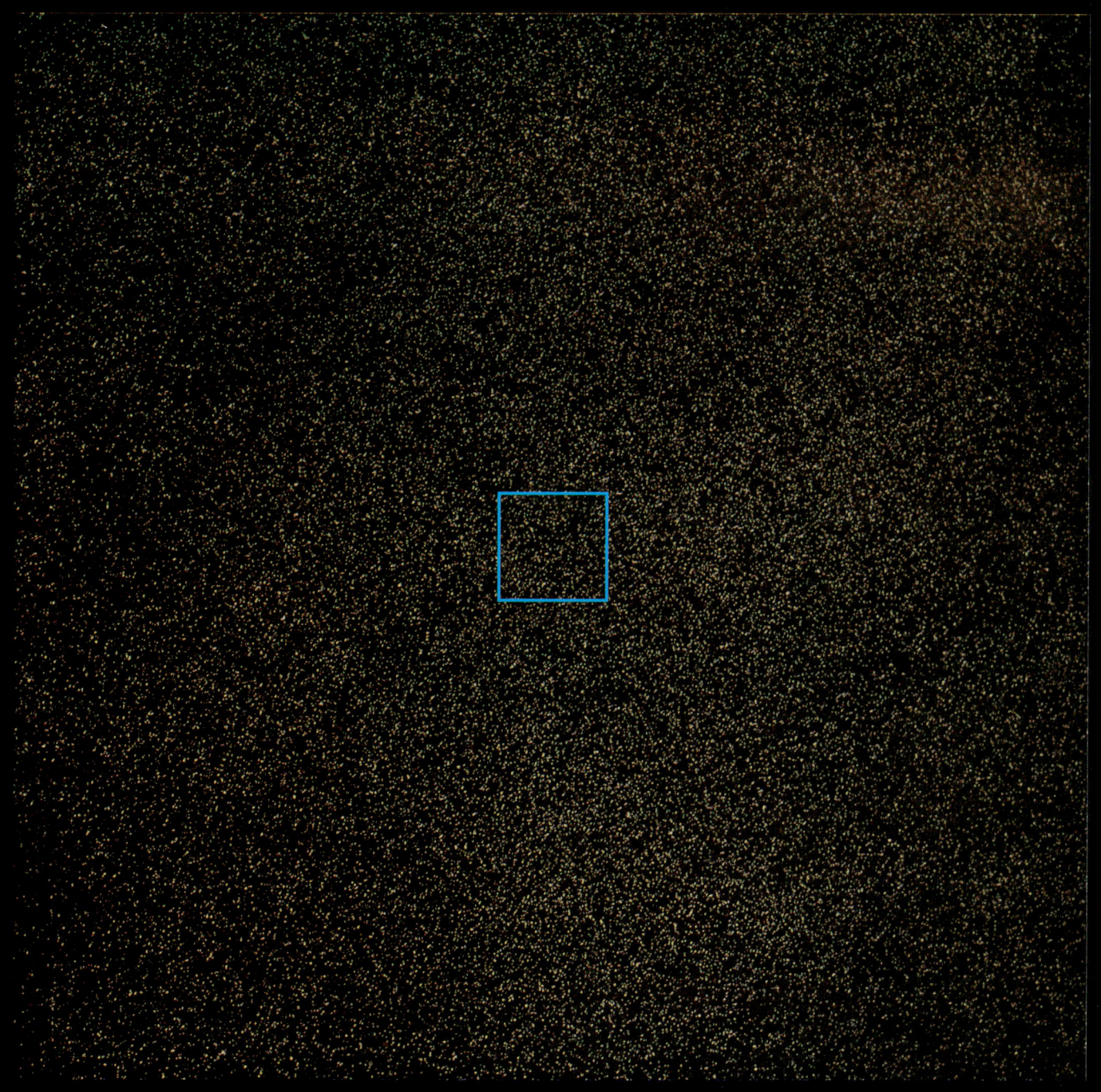

지금 우리는 탄소 원자에서도 가장 깊숙한 곳에 있는 두 전자 사이에 있다. 그들은 춤을 추면서 산뜻한 구형의 전하 구름을 만든다. 탄소의 최외각 전자 4개는 불꽃에서건, 다이아몬드에서건, DNA에서건 왔다 갔다 할 수 있다. 그러나 이 최내각 전자들은 일상 경험들과 무관한 채로 남아 있다. 외부 세계에서 일반적으로 경험할 수 있는 일 가지고는 이들의 고독을 방해할 수가 없다. 이들은 원자핵하고만 반응한다.

10^{-12} 미터
원자핵의 부피와 질량

원자핵이 원자와 비해 엄청나게 작다는 것은 이상한 일이다. 원자핵은 원자의 모든 양전하를 포함하고 있을 뿐만 아니라, 원자의 질량 전체를 가지고 있기 때문이다. 전자 구름은 분명히 원자의 부피를 채우고 있지만, 원자 안의 전자들을 모두 모아 봐야 책을 소포로 보낼 때 붙이는 우표 한 장의 무게보다도 원자 질량에 기여하는 바가 작다. 원자핵은 무겁고 작다. 이 원자핵 안에서는 강력한 결합력이 작용하고 있다. 전자들이 보통 물질에 음전하를 공급하고 있는 것처럼, 양성자들은 물질이 띤 양전하를 전적으로 책임지고 있다. 전기적으로 서로 다른 것은 끌어당긴다. 양성자들의 집합체가 중심 원자핵을 이루고 전체 원자를 결합시키고 있다. 원소는 양성자들의 집합체가 어떤 것이냐에 따라 달라진다. 이 양성자 집합체에서 양성자의 총수가 원소를 정의하는데, 이 정수를 원자 번호라고 한다.

보통의 수소는 모든 원자 중에서도 가장 가벼운 원자이다. 수소의 질량은 탄소 원자의 질량을 12라고 하면 거의 1이다. 수소는 원자 번호의 단위로 쓰이기도 한다. 즉 1개의 양성자를 갖고 있다. 수소 원자는 단일 음전하를 띤 전자와 결합하고 있는 단일 양성자로 이루어져 있다. 탄소는 질량은 12이지만, 원자 번호, 즉 양성자 수는 겨우 6이다. 이것은 충분히 수긍할 수 있는 사실이다. 예를 들어 자연에서 존재하는 원자 중에서 가장 무거운 우라늄의 상대 질량은 약 238이지만, 원자 번호는 겨우 92이다. 원자핵의 질량에 가세하는 어떠한 것이 존재하는데, 이것이 가세함으로써 얻어지는 질량은 양성자만의 질량의 2배에 해당한다. 그런데 전하량에는 기여하는 바가 조금도 없다. 1932년에 이 무거운 중성 입자가 발견되었고 이 입자를 '중성자'라고 한다.

자유 중성자는 정말로 이상한 화학 원소이다. 원자 번호는 0이며 질량은 1이다. 전하가 없으므로, 이 원소는 전자를 하나도 갖고 있지 않다. 이 원소의 부피는 그 원자핵의 부피와 같을 것이다. 솜털 같은 전자 구름이 갖는 부피는 중성자에서는 보이지 않는다. 중성자에는 평범한 화학도 적용되지 않는다. 대신에 중성자는 **아주 탁월한** 핵변환 시약이다. 이 중성자는 다른 원자핵과 결합하면 엄청난 양의 에너지를 방출한다. 우리가 알고 있는 거의 모든 원자핵과 이렇게 반응한다. 이 에너지는 연소와 같은 일반적인 화학 반응에서 볼 수 있는 에너지의 수백만 배에

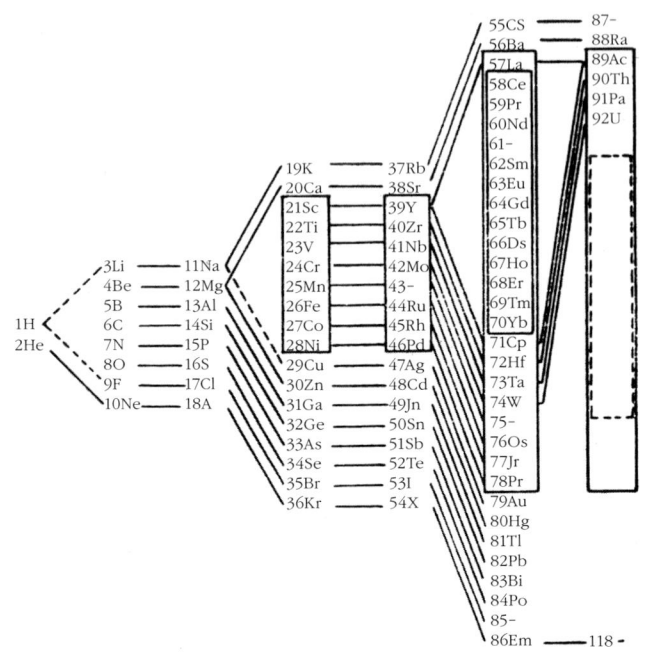

1923년에 닐스 보어가 자신의 초기 원자 모형에 의거해 제시한 원소 체계. 이 도표에는 각 원소에 대한 화학 기호와 원자 번호가 나와 있다. 도표의 선들은 동일한 족에 속하는 원소들을 연결하고 있다. 지금까지 원자 번호가 92(우라늄의 원자 번호)를 넘어가는 12개의 원소가 핵반응을 통해 합성되었다. 모두 불안정하다.(2012년 현재 원자 번호 118의 우누녹튬까지 핵합성되었다. ―옮긴이)

달한다. 이 결합의 결과는 연금술이다. 한 원자(원소)를 다른 원자로 바꾸는데 이것은 원자핵 변환 과정에서 전형적으로 일어나는 일이다.(이 반응을 이용해 납으로 금을 만드는 일은 비경제적이기는 하지만 가능하다.)

1피코미터

10⁻¹² m

원자의 작은 중심이 보이기 시작한다. 강력한 전기적인 인력으로 전자의 춤을 결합시키고 있는 원자핵이 원자력의 균형을 잡고 있다. 음전하를 띤 6개의 전자를 속박하기 위해서는 정확히 6개의 양성자가 원자핵 안에 모여 있어야만 한다. 이 수(원자 번호)는 탄소 원소의 성질을 규정한다. 우리는 100개의 서로 다른 양성자 덩어리, 즉 원소들을 알고 있다. 모듈적이기는 하지만 다양한 이 원소들이 물질 우주를 결정한다.

10^{-13} 미터
원자핵

원소 하나는 하나의 화학종, 즉 특정 수의 양성자를 지닌 핵종에 속한다. 탄소 원자는 6개의 양성자를, 수소 원자는 1개의 양성자를 지닌다. 이 양성자의 총수는 원자의 화학적 성질을 결정한다. 중성자는 질량을 보태며 원자핵의 구조에서 중요한 역할을 하지만, 원자핵 바깥 전자 구름의 특성에 대해서는 거의 영향을 미치지 않는다.

탄소나 염소나 금이나, 어떤 화학 원소든 그 특징을 구별해 주는 것은 양성자의 총수이다. 원자핵 안에서 몇 개의 중성자들이 이 양성자와 결합하고 있는가는 원소의 화학적 성질에는 하등의 영향을 미치지 않는다. 중성자의 수는 서로 다르지만, 양성자의 수가 같은 두 원소를 '동위 원소'라고 한다. 어원을 따져 보면 주기율표에서 '동일한 위치에 있는 원소'라는 뜻이다. 대부분의 자연에서 얻어지는 원소들은 동위 원소들의 혼합물이다. 원자 번호는 동일한 원자핵들이 중성자 수가 다른 형제들을 가지고 있기 때문이다.

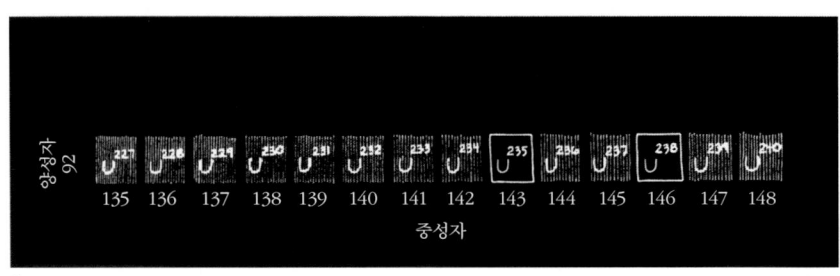

2

무거운 원소들의 동위 원소 목록에서 끝에 있는 것들 일부를 발췌한 그림인 그림 2에서는 가장 무거운 천연 원소 우라늄의 동위 원소가 나와 있다. 중성자와 양성자의 균형이 어떻게 이동해 가고 있는가를 주목해 보자. 거의 희박한 천연 동위 원소 우라늄 235(U^{235})는, 자연에 훨씬 풍부하게 존재하고 화학적으로도 아주 유사한 천연 동위 원소인 우라늄 238(U^{238})이 할 수 없는 중성자 연쇄 반응을 유지할 수 있기 때문에, 아주 비싼 공정을 거쳐 우라늄에서 다량으로 분리해 낸다. 우라늄의 동위 원소들은 모두 다 불안정하다. 그러나 몇몇 동위 원소의 원자핵 붕괴는 지구가 생존하는 기간만큼 오랫동안 서서히 일어난다.

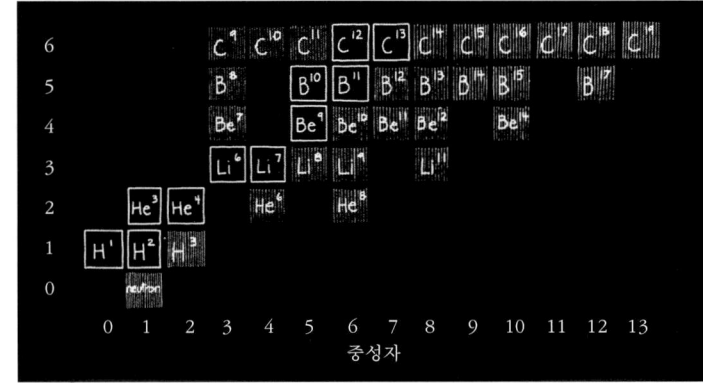

1

그림 1에는 주기율표의 첫 번째 원소에서 4개의 양성자를 지닌 베릴륨까지, 몇 가지 원소들의 동위 원소들이 배열되어 있다. 이 원소들의 원자핵들은 합성 원자핵으로 일시적이며 불안정하고, 지구 나이에 비해 짧은 시간 안에 붕괴해 버린다. 안정적인 천연 동위 원소는 어디에선가 중성자와 양성자 수를 거의 동수로 갖게 될 것이다. 이 균형 지점은 원자핵의 질량이 증가함에 따라 서서히 중성자가 많은 쪽으로 이동해 간다. 지금까지 우리는 알려진 모든 원소들 중에서 200~300개의 안정된 동위 원소들을 알고 있는데, 이것은 불안정한 동위 원소보다 10배나 많은 것이다. 이들에 대한 연구는 핵물리학과 화학 분야의 주요한 주제이다. 이 분야들은 바깥쪽 원자를 연구하는 전자 물리학과 화학에 비유하면, 에너지가 높은 원자 내부를 연구하는 분야라 할 수 있다.

0.1 피코미터, 100 페르미

10^{-13} m

우리는 지금 탄소 원자의 작고 육중한 원자핵을 뚜렷이 보고 있다. 가까이 모여 있는 원자핵의 구성 요소들은 왕성한 양자 역학적 운동을 하지만, 그들이 이 원자핵 속에서 할 수 있는 운동은 아주 제한되어 있으며 유체 운동과 비슷하다. 가공할 정도의 강도를 지니고는 있지만 극히 제한된 영역에서만 힘을 미치는, 비전기적인 핵력으로 결합되어 있는 6개의 중성자와 6개의 양성자는 마치 서로 접촉하고 있는 것처럼 보인다. 12개의 핵자를 지닌 이 원자핵을 탄소 12라고 한다. 이것은 가장 일반적인 탄소의 동위 원소로 원자 질량의 현대적인 기준이기도 하다.

10^{-14} 미터
양성자와 중성자

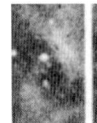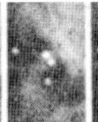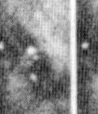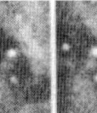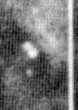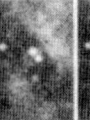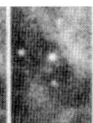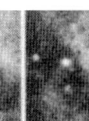

1

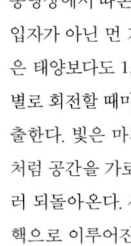

2

3

동영상에서 따온 이 사진들은 원자핵 같은 입자가 아닌 먼 거리에 있는 별이다. 이 별은 태양보다도 1,000배나 밝은 아주 작은 별로 회전할 때마다 1초당 30회씩 빛을 방출한다. 빛은 마치 등대의 회전하는 불빛처럼 공간을 가로질러 갔다가 다시 가로질러 되돌아온다. 사실 이 별은 거대한 원자핵으로 이루어진 별이다. 여기에는 100여 개가 아닌 10^{56}개의 원자핵 입자들이 상호 인력으로 결합해서, 태양의 전체 질량에 해당하면서도 크기는 겨우 작은 도시만 한 핵 물질 덩어리를 이루고 있다. 이것은 10의 제곱수의 세계가 보여 주는, 우리가 예상치 못한 연관 고리를 발견하게 되는 장면 중 하나다.

섬광 사진들은 두꺼운 창을 통해 순간적으로 막 끓어오르려 하는 액화 수소 용기 깊숙이를 보여 준다. 검은 배경 위로 파 놓은 것처럼 보이는 하얀 선들은 고에너지 하전 입자들의 자취를 표시한 것이다. 입자들은 액체를 통과해 수십 센티미터를 질주한다. 그러고는 눈에 보이는 아주 작은 거품 꼬리가 입자들의 궤적을 따라 남겨진 교란된 원자들 주위에서 자라나기 시작한다. 하전되지 않은 입자들은 주위 원자를 거의 교란시키지 않으므로 우리가 볼 수 있는 궤적은 하나도 남기지 않는다.

사진 2를 자세히 보면 아무것도 없는 어둠 속에서 한 쌍의 입자가 갑자기 튀어나왔음을 알 수 있다. 이것은 전자와 양전자 쌍으로, 보이지 않는 복사 에너지를 받아 새로이 생겨난 입자들이다. V자를 거꾸로 따라가 보면, 입사된 하전 입자가 처음으로 액체 내의 한 양성자와 반응해, 하전 입자들과 보이지 않는 방사선을 만들어 낸 지점을 찾아낼 수 있다. 여기서 하전 입자 두 쌍과 전기적으로 중성인 방사선이 만들어졌다. 두 쌍의 하전 입자들은 각각의 짝과는 서로 반대 방향으로 휜다. 이것은 상자에 강한 자기장이 걸려 있어 이 자기장이 양전하를 띤 입자와 음전하를 띤 입자를 서로 반대 방향으로 휘기 때문이다.(상자 속으로 입사된 입자들은 불안정한 양전기의 파이 중간자 (pi-meson)이다.)

사진 3에서는 입사된 중간자(meson)가 액체 속의 정지 양성자를 두드려서 양성자를 앞쪽 아래로 튕겨나가게 했다. 이 양성자는 다른 정지한 양성자와 충돌했는데, 후자는 조금만 움직였다. 입사된 중간자는 양성자와 충돌 후 양성자의 궤적에 대해 거의 직각으로 날아가 버렸다. 이것은 두 충돌 입자의 질량이 거의 같음을 뜻한다.

여러 다양한 입자들로 이런 종류의 원자핵 당구 실험을 해 본 결과를 함께 모아 보면, 입자들의 성질과 그들의 상호 작용이 해명할 수 있을 것이다.

10페르미

10^{-14} m

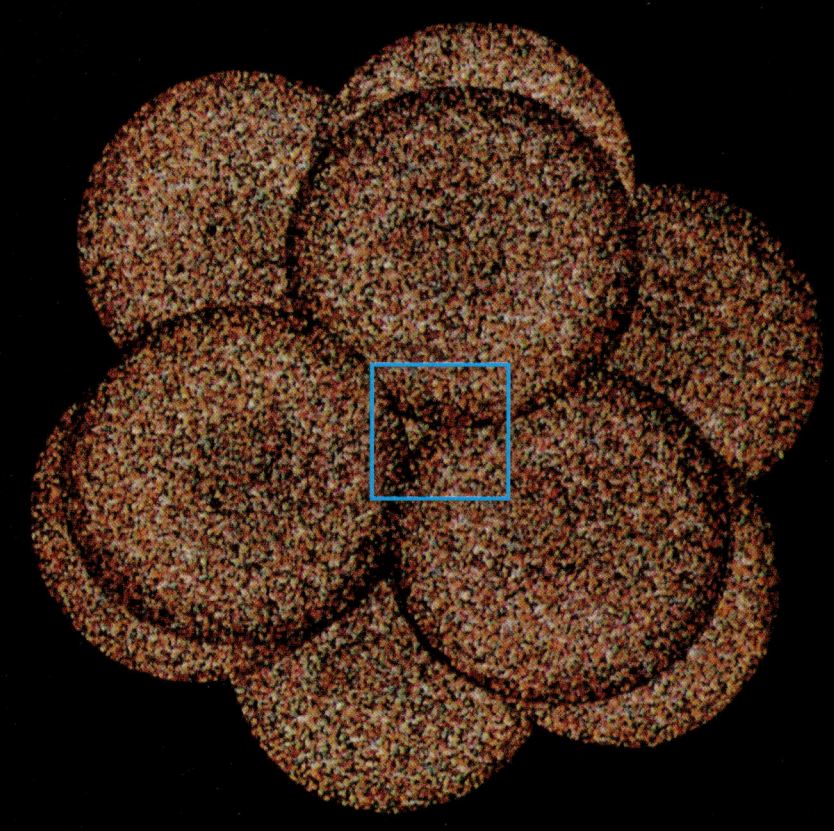

영원한 춤을 추고 있는 안정한 탄소 12의 모습을 순간적으로 포착한 것이다. 이 원자핵을 구성하고 있는 전 우주의 원자를 구성하고 있는 전 우주의 원자를 구성하고 있는 보편적인 기본 모듈이다. 양성자들은 천연 수소처럼 자유 상태로 존재할 수 있다고 한다. 그러나 중성자는 우라늄의 핵분열에서처럼 강력한 핵반응을 통해서만 자유로워질 수 있다. 이 입자들을 개별적으로 연구해 본 결과, 핵자의 물리학이 화학과 유사하다는 사실이 드러났다. 이 입자들을 고에너지로 충돌시키면 핵자를 이루는 새로운 입자들이 튀어나오기 때문이다. 이 입자들의 수명은 순간이라고 할 수 있을 정도로 매우 짧다.

10^{-15} 미터
양성자와 쿼크

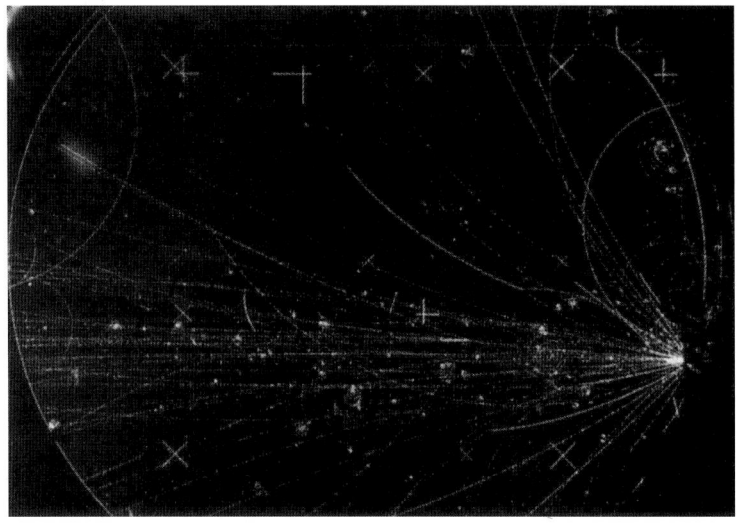

이 궤적 사진은 고에너지 입자가 보여 주는 복잡한 현상을 기록해 놓은 것이다. 여기서 우리는 양성자나 전자나 방사선의 안정된 세계를 초월하게 된다. 우리는 일시적으로 존재하는 새로운 입자들의 부채(더 가벼운 꼬리들)를 본다. 아직 확실한 증거는 없지만 대부분 입자들은 쿼크가 결합된 것이라고 생각할 수 있다.(1995년 톱 쿼크를 마지막으로 모든 쿼크가 발견되었다. ─ 옮긴이) 쿼크는 일반 전하와 확연히 구분되지만, 전하에 비유할 수 있는 몇 가지 새로운 종류의 전하를 갖고 있다. 세 종류의 쿼크가 결합해 양성자를 만들고 다른 세 가지 쿼크가 결합해 중성자를 이룬다. 쿼크가 쌍으로 모이면 잘 관측할 수 있는 중간자라는 불안정한 입자가 된다. 다른 쿼크 조합들은 여기 보이는 궤적들과 같은 수많은 입자들을 만들어 낸다. 이 입자들은 잠깐 존재했다 사라진다. 무거운 꼬리를 남기는 수많은 양성자도 역시 보인다.

여기 보이는 모든 궤적은 최초의 한 사건 ─ 오른쪽에 보이는 금박 안의 무거운 원자핵 하나가 입사된 입자 하나와 부딪혀 조각난 사건 ─ 에서 발생했다.

입자 물리학자들은 지난 10년간 새로 획득한 질서를 자랑스럽게 여기면서 1980년대로 진입했다. 우리가 알고 있는 모든 물질과 방사선의 모듈 세계는 아직 완전히 증명되지 않은 세 입자 가족들로 구성되어 있는 것처럼 보인다. 첫 번째가 강하게 상호 작용하는 입자들, 양성자와 중성자, 그리고 순간적으로만 존재하는 아원자핵 세계이다. 이들 모두 몇 가지 쿼크의 결합으로 이루어져 있다. 두 번째가 안정적인 전자와 중성미자, 그리고 몇몇 동종 입자들인데, 모두 단순한 구조와 상대적으로 약한 상호 작용을 갖고 있다. 마지막으로, 하전 입자들 사이에서 양자 역학적 입자 교환을 통해 스스로 전자기력을 매개하는 광자 같은 힘 전달 입자들이다. 중력, 약력, 강력, 전자기력 같은 힘들은 저마다 특정한 매개 입자의 집합을 갖고 있다.

1페르미

10⁻¹⁵ m

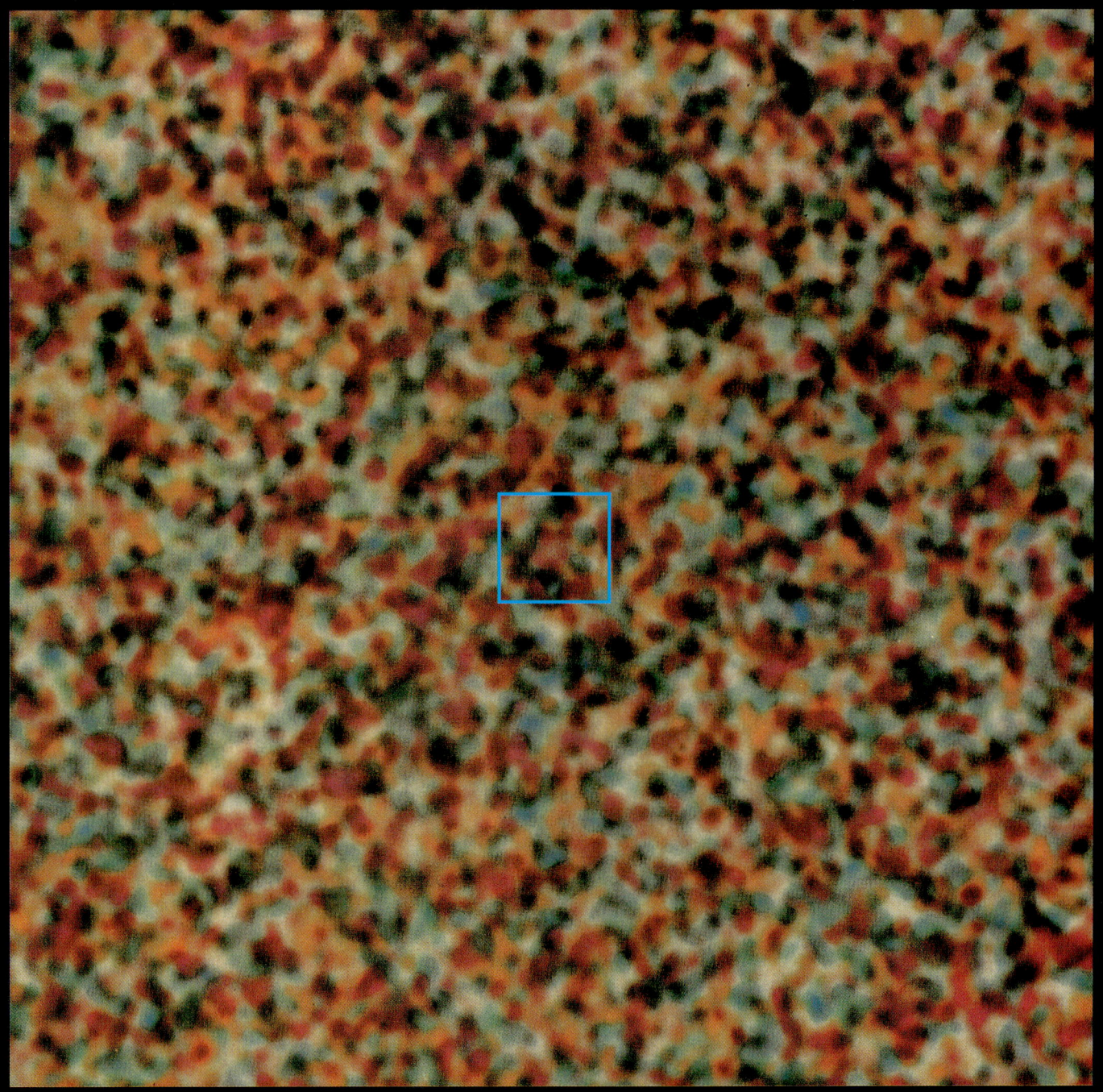

양성자도 내부 구조를 가지고 있다. 대칭적이고 움직이지만 역시 추적은 불가능하다. 여기서는 더 강한 힘들이 더 짧은 영역에서 작용한다. 양성자와 중성자는 강한 상호 작용을 하는 빠르게 움직이는 쿼크로 이루어져 있다. 채색된 점무늬는 어떤 피사체를 포착한 사진이 아니라, 이제 막 이해하기 시작한 물리학에 대한 추상적인 표현이다.

10^{-16}미터

새로운 것은 바로 다음 문, 10^{-17}미터에 있을 것이라고 누군가는 말한다. 그러나 오늘날 일부 이론 물리학자들은 현재의 쿼크와 이와 관련된 입자들을 가지고 모든 현상, 할 수 있다면 더 작은 세계인 10^{-31}~10^{-32}미터 규모까지 어떻게든 기술할 수 있으리라 진지하게 믿고 있다. 그들은 거기에 예상이 가능한 새로운 구조, 즉 새롭지만 더 잘 이해할 수 있는 입자 세계가 존재할 것이라고 말한다.

결국 시간이 말해 줄 것이다.

그는 내 손바닥 안에다 개암나무 열매 같은, 작은 것을 쥐어 주었다. 공처럼 둥근 것이었다. 나는 그것을 바라보며 그것이 무엇인지 생각했다. 이것이 무엇일까? 그러고는 자연스럽게 이렇게 대답했다. 이것은 만들어진 모든 것이다.

—노리치(Norwich)의 은둔자 줄리언,
1400년경

0.1페르미

10⁻¹⁶ m

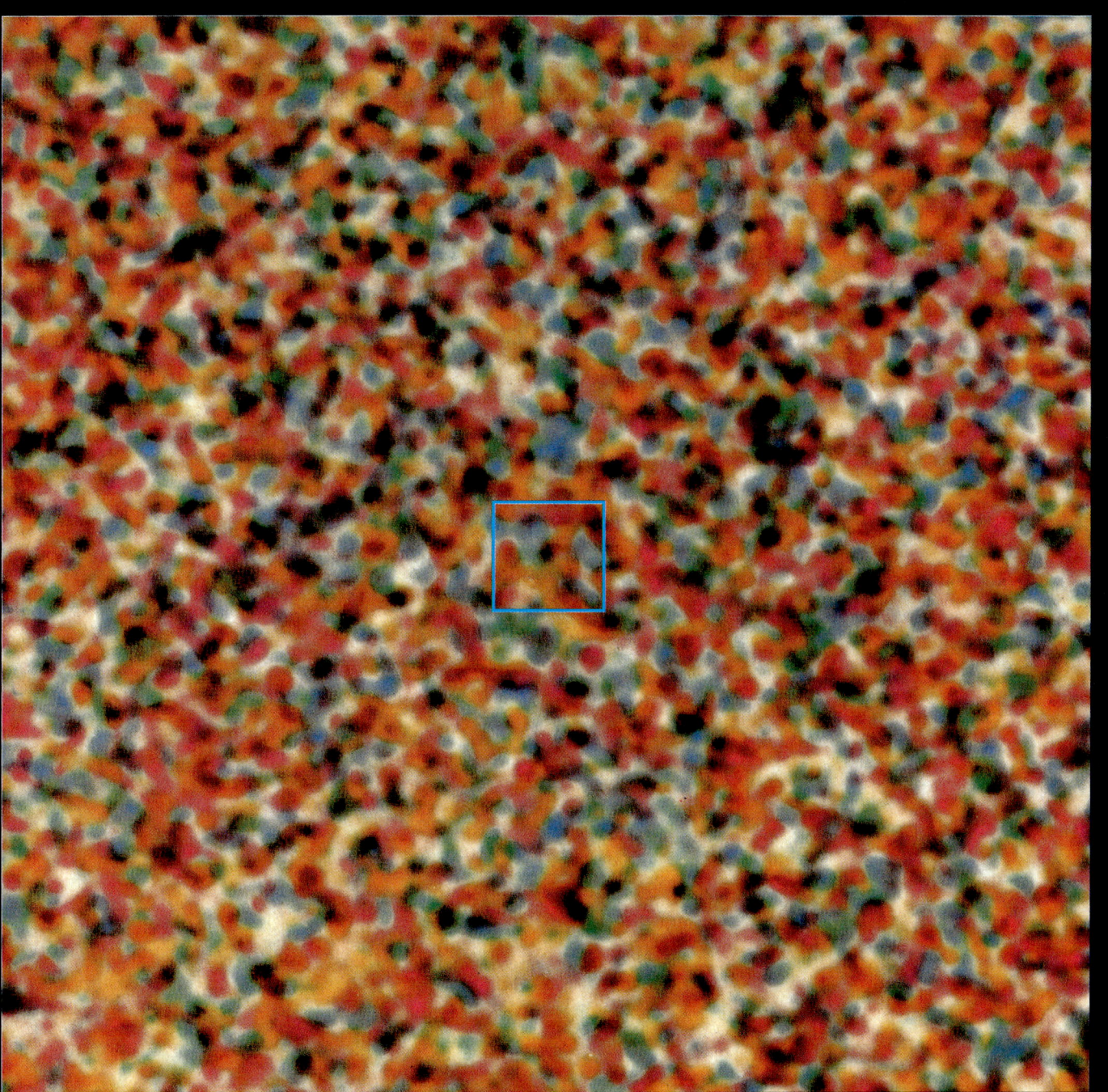

다음 단계로 가면 무엇을 보게 되고, 무엇을 이해하게 될 것인가?

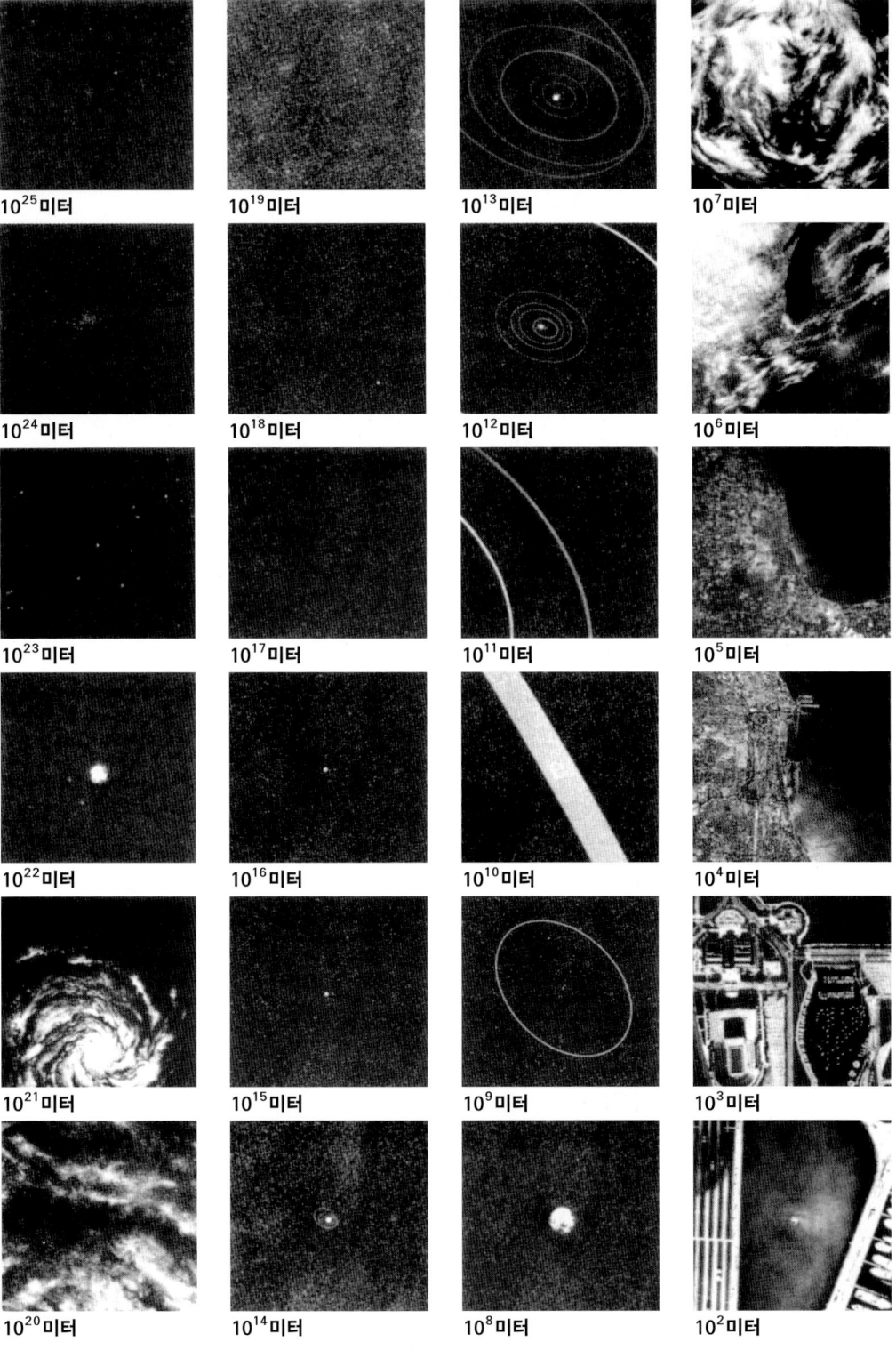

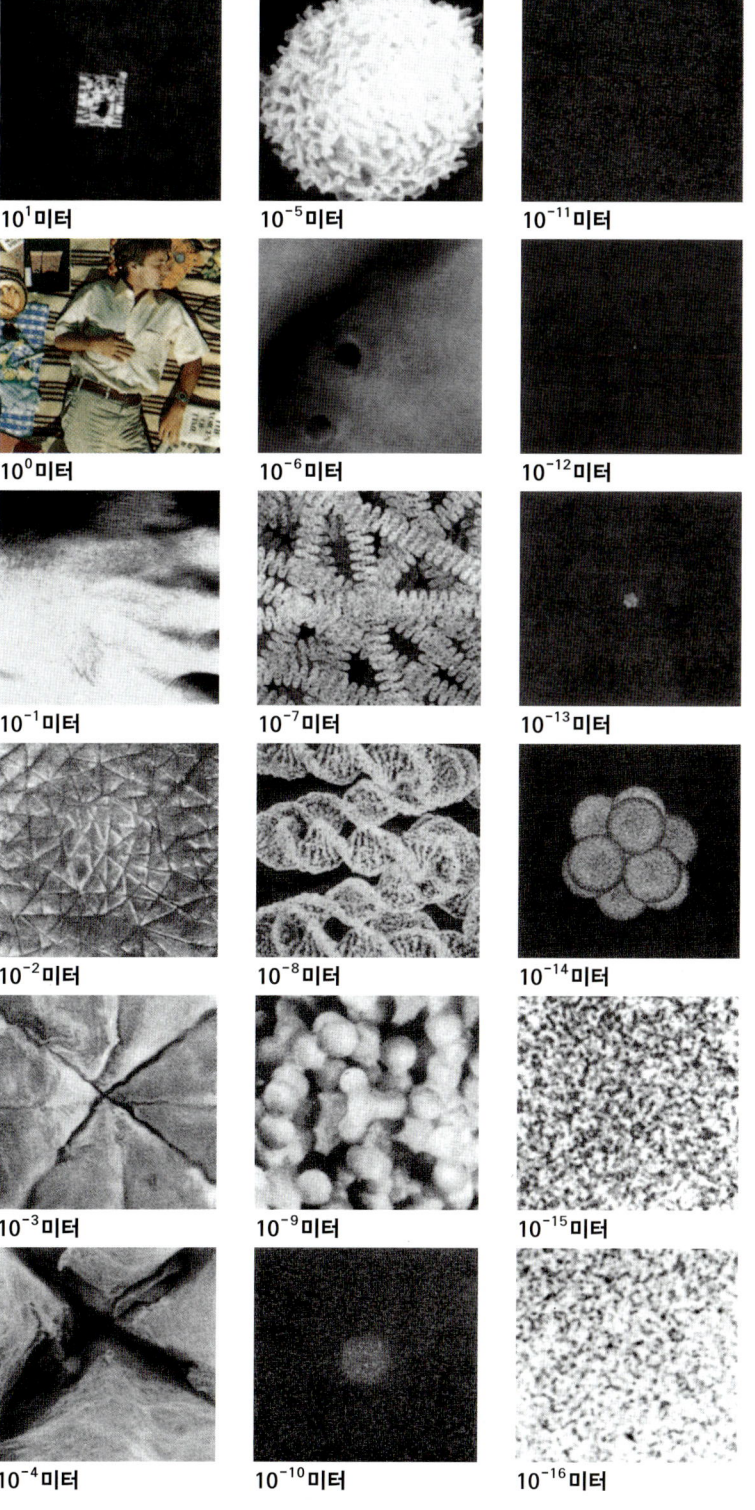

여행에 필요한 규칙

아래 규칙들은 이 책에 나오는 42번의 도약을 설명하는 것이다.

규칙 1   여행자는 직선을 따라 움직이는데, 이 직선을 결코 떠날 수 없다.

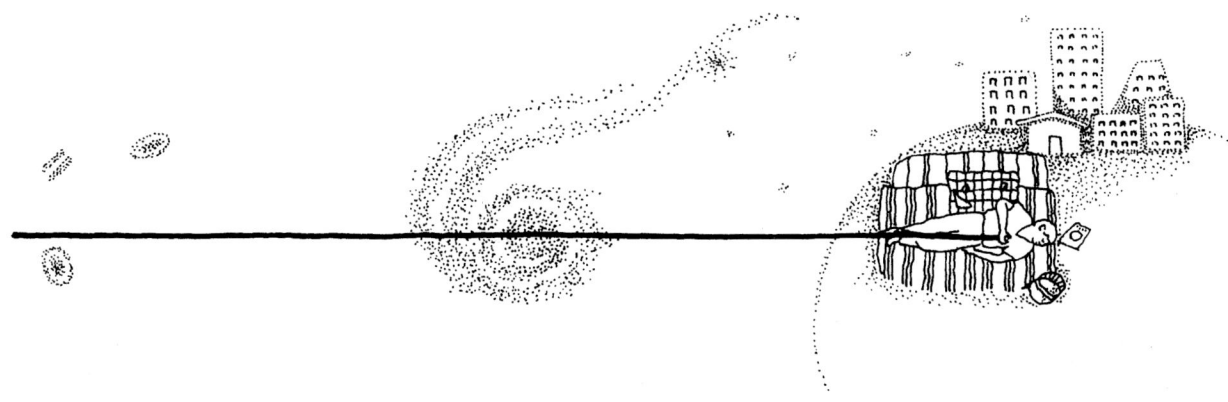

규칙 2   이 직선의 한쪽 끝은 우주의 가장 바깥쪽에 드리운 짙은 어둠 속에 놓여 있고, 다른 쪽 끝은 지구 위 시카고에서 햇빛을 받으며 자고 있는 어떤 사람의 피하 조직 속에 있는 탄소 원자 안에 놓여 있다.

규칙 3   여행을 하는 동안 잇달아 등장하는 각 사각형 사진들은 탄소 원자의 중심을 향해 들어가면서 보게 되는 광경을 나타낸다. 이 광경은 여행자가 탄소 원자핵에서 멀어지면 멀어질수록 더 광활한 영역을 망라하게 된다. 여행은 직선을 따라서 진행되기 때문에, 모든 사진이 그 사진 피사체와 탄소 원자 사이에 나타나는 장면들을 모두 포함하고 있다. 한 가지 더! 탄소 원자핵은 보이건 보이지 않건 간에 각 사진의 중앙에 위치한다.

규칙 4

사진에 담긴 광경들은 모두 한쪽 방향에서 바라본 것이지만, 여행객은 어느 방향으로든 움직일 수 있다. 탄소 원자를 향해 안쪽으로 여행하거나, 은하를 향해 바깥쪽으로 여행할 수 있다.

규칙 5

관찰 지점들 사이의 거리를 어찌할지 조심스럽게 결정해야 한다. 만일 이 여행의 보폭이 일정하다면 두 가지 문제가 생긴다. 이 책의 두께에 맞추려면, 보폭을 엄청나게 넓혀야 한다. 각 보폭이 5000만 광년의 거리에 해당할 정도로. 첫발을 내딛자마자 시카고 상공에서 은하 영역까지 날아갈 것이다. 만일 보폭을 좁힌다면 — 한 번에 1미터 정도가 되면 — 책의 쪽수가 엄청나게 많아져 10,000,000,000,000,000,000,000,000쪽이나 될 것이다.

우리는 여행을 하는 동안 보폭을 어떤 규칙에 따라 바꿀 수 있다. 가령 기하급수로 늘어나는 보폭은 어떨까? 이런 경우, 다음 보폭의 크기는 각 보폭에 어떤 정해진 수를 **곱한** 것이다. 여행자는 원자 가까이에서는 원자 크기만 한 작은 보폭을 택하고, 시카고 상공에서는 보폭을 크게 할 수 있다. 또한 행성, 별, 은하 영역에서는 그에 맞는 크기의 보폭을 택하면 된다.

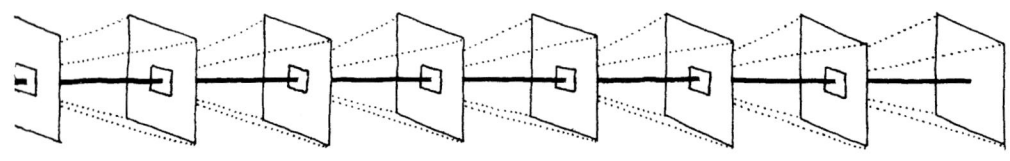

규칙 6

우리는 이번 여행에서 10을 곱할 것이다. 여행을 하는 동안 우리의 보폭을 바라보게 되는 광경의 크기는 모두 10배씩 변하게 된다.

각 사진의 프레임은 앞뒤 사진들보다 10배 더 넓거나 좁은 광경을 보여 준다. 어느 방향으로 나아가든 새로운 정보들을 발견할 수 있다. 바깥쪽으로 가면 점점 광대한 전경이 펼쳐지며 그 속에 새로운 것들이 나타난다. 안쪽으로 가면 장면이 확대되어 세부 사항을 더 자세히 볼 수 있게 선명도가 더해진다. 이런 연관은 각 사진마다 전체 틀의 10분의 1폭이 되게 중앙에 작은 사각형을 그려 넣음으로써 강조했다.

10은 우리 목적에 잘 들어맞는 좋은 인수다. 새로운 사진들마다 새로운 것이 풍부하게 드러나 있기도 하지만 그대로 남아 있는 중앙 부분 — 전체 면적의 100분의 1에 지나지 않는다. — 도 여전히 알아볼 수 있게 되어 있다. 계속 크기를 줄여 가면서 발걸음을 계속 옮기다 보면, 놀라운 결과를 만난다. 우리 앞에 아주 작은 저 안쪽의 세계가 펼쳐진다.

여기서 부수적으로 동반되는 몇 가지 점들에 주목해 보자. 단 한 걸음만 옮겨도 어떤 대상이든 10을 공통 인수로 — 사람들은 이를 크기의 **차수(次數)**라고 부른다. — 크기가 달라진다. 보폭을 두 번만 떼어도 100배가 달라진다. 어디서 출발하건 어느 쪽으로 방향을 잡건 상관없이 세 걸음만 움직여도 1,000배로 규모가 달라진다. 안쪽으로 들어가면 매 보폭의 길이는 원자 중심까지 남아 있는 거리의 10분의 9에 해당한다. 아킬레스와 거북의 경주처럼 이 직선 위에 있는 여행자는 자신의 목표 지점에 절대로 도달할 수가 없다.

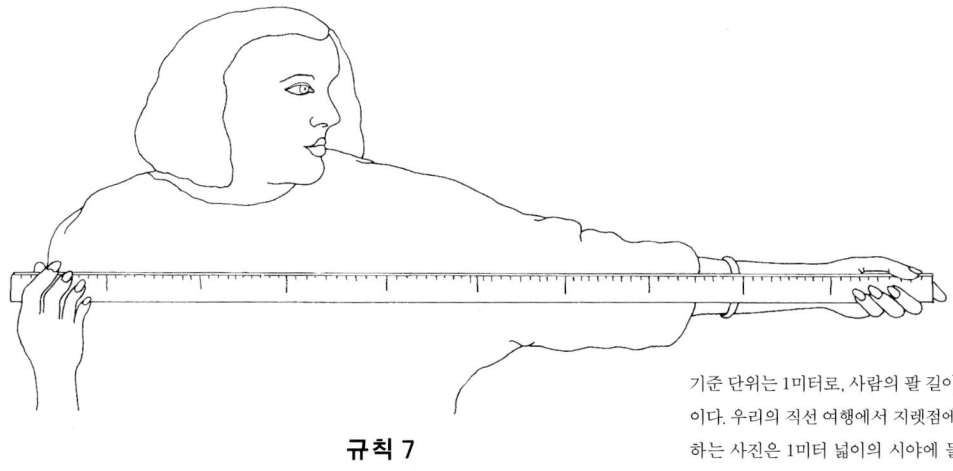

규칙 7

기준 단위는 1미터로, 사람의 팔 길이 정도이다. 우리의 직선 여행에서 지렛점에 해당하는 사진은 1미터 넓이의 시야에 들어오는 소풍 광경을 담고 있다. 우리 여행에 사용하고 있는 이 10이 인수로 선택된 것은 이 숫자가 10개의 손가락에 근거한 10진법이나 편리한 미터법에 이용되고 있기 때문이기도 하다.

어떤 수에 그 수를 몇 번씩 곱할 때 나온 결과를 우리는 그 수의 제곱수라고 한다. 우리 여행은 10의 제곱수에 해당하는 보폭으로 진행된다. 여행의 각 사진에 붙인 숫자 이름표는 사각형 사진에 담긴 광경의 폭과 높이를 미터법으로 나타낸 것이다. 숫자는 10의 제곱수로 표기해 두었다.(이에 대한 자세한 설명은 다음 쪽에 나온다.) 사진 테두리와 중앙의 사각형은 어떤 대상이든 실제 크기를 어림할 수 있는 편리한 척도가 되어 줄 것이다.

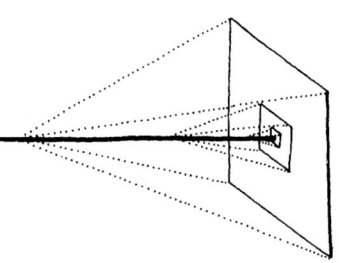

우리 여행이 끝나는 지점은 모호한 곳이 아니다. 더 이상 발걸음을 옮겨 보아야 공간적으로 새로운 구조도 나타나지 않는 바로 그 지점에서 우리는 여행을 멈춘다. 알기 어려운 안쪽 목표 지점에는 현재 우리가 갖고 있는 지식이 허용하는 한 가까이 다가갈 수 있을 것이다. 우리 후손들은 더 멀리 여행하게 될 것이다.

그러나 이 직선 경로는 임의로 선택된 것은 아니다. 실제로 가장 바깥 부분은 우주의 전형임에 틀림없다. 거기서부터 은하들 사이에는 선택할 것도 많지 않다. 그러나 안쪽 끝은 여행을 흥미진진하게 만들기 위해 조심스럽게 선정되었다. 이 끝은 살아 있는 생명체들에게 가장 이로운 원자인 탄소 원자 안에, 유기 분자들에서도 가장 중요한 분자인 DNA 안에 놓여 있다. 이 길은 우리를 수직 방향으로 들어올려 하늘에서 호숫가에 자리한 거대한 도시를 내려다볼 수 있게 해 준다. 사진 속에 담긴 것은 낮에 보이는 광경이다. 우리는 이 직선 경로가 수직 방향으로 지구에서 멀어져 갈 뿐만 아니라 은하수의 평평한 원반에 수직으로 뻗어 나가도록 하려면 시간을 하루 중 언제, 1년 중 언제로 해야 할지도 고려했다.

각 사진에서 관찰자의 시선은 특별한 입체, 즉 사각형이 밑면인 피라미드를 벗어나지 못한다. 점점 더 작아지는 피라미드 형태의 입체들이 처음의 피라미드 공간 안에 들어가 있다. 우리가 지구에 묶여 있는 한, 우리는 이 피라미드들이 공유하고 있는 밑면을 벗어나서 더 멀리 볼 수는 없다. 일단 지구가 떠돌아다니는 공이 되면, 이 공을 지나 저 너머에 있는 별들까지 — 시카고와 정반대에 위치한 곳의 밤하늘에서나 볼 수 있는 별들까지 — 볼 수 있을 것이다.

마지막으로 이 여행은 시간에 걸친 여행이 아니다. 이것은 서로 다른 거리에서 본 광경들을 모은 것으로, 이 광경들은 어느 한 시점(時點)을 동일한 기준으로 삼고 있다. 물리적으로 엄청나게 긴 여행을 할 때에도 모든 물체는 빛의 속도보다 빨리 움직일 수 없다는 제약에서 자유로울 수 없기 때문이다. 우리는 이 제약을 넘어서는 도약을 할 수 없다. 그러한 빠른 운동은 시간의 측정을 왜곡시키고 모든 사물, 심지어 우리가 사물을 볼 수 있게 해 주는 빛까지도 기묘하게 만들어 버릴 것이다. 여기에 사용되는 규칙은 이러하다. 모든 사진을 언제, 어떻게 사진을 찍을 것인가에 대해 미리 합의해 놓은 유능한 관찰자들이 일시에 만든 것이라고 상상하라.(이 사진들을 마지막으로 배열하는 데는 상당한 시간이 걸렸을 것이다.) 실제로도 물리적인 한 장소에 정확한 축적으로 모든 장면을 준비해 놓고 시간을 맞춰 공동으로 촬영 작업을 진행했다.

10의 제곱수:
크고 작은 수를 어떻게 쓰는가

이 책에서는 의도한 수에 도달하기 위해 10에다 몇 번이나 자신을 곱해야 하는가를 세어서 표기하는 지수 표기법을 사용하고 있다. 예를 들어 10×10은 10^2 혹은 100과 같다. $10 \times 10 \times 10$은 10^3 혹은 1,000과 같다. 어떤 수를 자신과 곱하면, 그 수의 제곱수가 나온다. 10^3은 "10의 세제곱수"라고 읽고, 1,000이라고도 한다. 이 경우에는 특별한 장점이 없지만, 100,000,000,000,000 혹은 100조라고 읽는 것보다는 10^{14}라고 쓰거나 읽는 것이 훨씬 간편하고 분명하다. 10^{14} 이후로는 이름조차 없다. 위쪽에 작게 쓰인 수 — 앞의 예에서는 14 — 를 **지수**라고 하고, 제곱수 표기법을 종종 **지수 표기법**이라고 한다.

10의 양의 제곱수, 예를 들어 10^4, 10^7, 10^{19}과 같은 수들이 어떤 것인지를 이해하기란 어려운 일이 아니다. 그러나 음의 제곱수, 10^{-2} 혹은 10^{-5}은 다른 문제다. 만일 지수가 10에 자기 자신을 몇 번이나 곱하고 있는지를 알려 주는 것이라면, -5라는 지수는 무엇을 의미할까? 음의 지수를 필요로 하는 이 지수 표기 체계는 10으로 몇 번이나 나누어지는가를 나타내기 위한 것이다. 10^{-1}은 1을 10으로 나눈 것, 혹은 0.1과 같다. 10^{-2}은 0.1을 10으로 나눈 것, 혹은 0.01(100분의 1)과 같다. 지수에 1을 **더하는** 것은 10을 곱하는 것과 동일한 작용을 하므로, 1을 **뺀다는** 것은 10으로 나누는 것과 같은 작용을 한다는 것은 모순이 없는 사실이다. 이것은 모두 몇 개의 0을 놓는가 하는 문제이다. 끝자리에 0을 더하는 것은 간단히 10을 곱하는 것이다. 100×10은 1,000과 같다. 소수점 아래에 0을 하나 더 갖다 놓는 것은 10으로 **나누는** 것이다. $0.01 \div 10$은 0.001과 같다. 제곱수 표기법이 이런 계산을 훨씬 분명하게 해 준다.

그런데 10^0이란 무엇일까? 이건 이상하게 보인다. 그러나 이것은 10^1(10)을 10으로 나눈 것(혹은 10^{-1}에 10을 곱한 것)과 같다는 점에 주목해 보자. 놀라운 일이긴 하지만 10^0이 1과 같아야 한다는 것은 최소한 논리적으로 타당하다.

어떤 10의 제곱수든 지수에 1을 더해 10배 크게($10^4 \times 10 = 10^5$) 만들 수 있으므로, 당연히 100을 곱하는 것은 지수에 2를 더하는 것과 같다. $10^3 \times 10^2 = 10^5$ 혹은 $1,000 \times 100 = 100,000$. 일반적으로 지수를 간단히 더해서, 10의 한 제곱수에 다른 것을 곱할 수가 있다. $10^6 \times 10^3 = 10^9$. 지수의 뺄셈은 나눗셈과 같다. $10^7 \div 10^5 = 10^2$.

100이나 10,000과 같은 10의 제곱수뿐만 아니라 모든 수를 지수 표기법으로 나타낼 수 있다. 4,000은 4×10^3. 186,000은 1.86×10^5. 이 편리한 조작을 과학적 표기법이라고 한다.

이 표기법은 10 이외에 다른 기본 제곱수들에까지 확장할 수 있다. $2^4 = 2 \times 2 \times 2 \times 2$(2의 네제곱수), $12^2 = 12 \times 12$, $8^{-1} = 1/8$, ($2^0 = 1, 12^0 = 1, 8^0 = 1$이라는 점에 주의하라.)

대수(로그)는 이 조작을 확장해 탄생한 것이다.

기호 '~'는 '근사적으로' 혹은 '정도'를 의미하는 수학자들의 기호이다.

숫자 이름

3×10^8은 읽거나 쓰기는 정말 좋다. 그러나 우리는 숫자 자체로 대화하지는 않는다. 여러 숫자가 이름을 가지고 있다. 아래에 고대와 현대 숫자 이름표 몇 가지를 여러 다양한 산술적인 관습들에서 선택해 실었다.

미터법식 숫자 이름

미터법 곱셈이나 나눗셈에 사용되는 10^3의 제곱수로 이루어진 공식적인 접두사들

아토	a	10^{-18}
펨토	f	10^{-15}
피코	p	10^{-12}
나노	n	10^{-9}
마이크로	μ	10^{-6}
밀리	m	10^{-3}
단위		10^{0}
킬로	k	10^{3}
메가	M	10^{6}
기가	G	10^{9}
테라	T	10^{12}
페트라	P	10^{15}
엑사	E	10^{18}

킬로미터(km), 밀리미터(mm) 등은 주로 그리스 어에서 파생되었다.

공식적이지는 않지만

센티	10^{-2}
데시	10^{-1}
데카	10^{1}
헥토	10^{2}

이들은 기본 미터 단위 규모에서 미세 조정을 돕는다.

미국식 숫자 이름

units	10^{0}
tens	10^{1}
hundreds	10^{2}
thousands	10^{3}
millions	10^{6}
billions	10^{9}
trillions	10^{12}

영국에서는 billion이 10^{12}이다.

힌디 어식 숫자 이름

ek	10^{0}
das	10^{1}
san	10^{2}
hazar	10^{3}
lakh	10^{5}
crore	10^{7}
arahb	10^{9}
carahb	10^{11}
nie	10^{13}
padham	10^{15}
sankh	10^{17}

로마식 숫자 기호

I	1
V	5
X	10
L	50
C	100
D	500
M	1,000

길이 단위

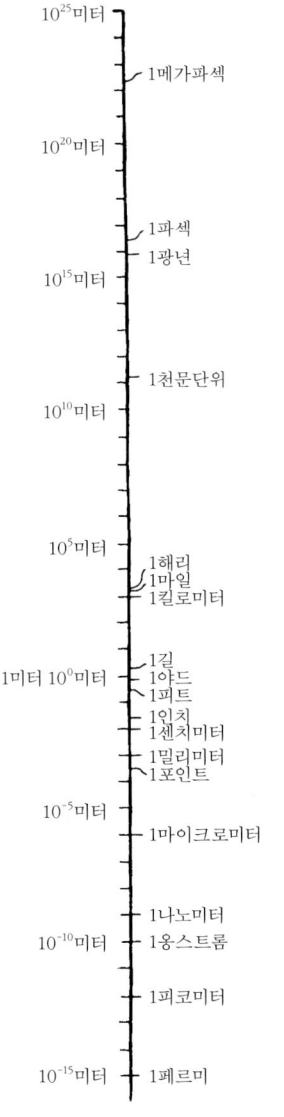

파리 사람들은 여전히 사진 1에 보이는 룩셈부르크 궁전 근처에 전시해 놓은 공식 미터 원기를 참조하고 있다. 런던에는 사진 2처럼 공식 미터가 그리니치에 전시되어 있어, 그곳에서 독자 여러분이 갖고 있는 미터자의 정확도를 확인해 볼 수 있다. 그림 3에는 실제 10^{-1}미터(10센티미터) 자를 인쇄해 두었다.

1

2

지수
⊢ ×1000
⊢ ×100
⊢ ×10
⊢ 1
⊢ ÷10
⊢ ÷100
⊢ ÷1000

식량을 재배하거나 집을 지을 때에는 이런 공식적인 측정 단위들에 크게 관심을 두지 않는다. 일반적으로 눈대중이 최고다. 그러나 상거래에는 측정 단위에 관한 합의가 꼭 필요하다. 공인 야드는 오래전부터 런던 시민들이 사용할 수 있게 공개적으로 전시되었고, 미터 또한 파리의 한 건물 벽에 일반인들이 비교해 볼 수 있도록 지금도 공개되어 있다.

미터법이라고 부르는 체계는 1790년대 혁명의 소용돌이에 있던 파리 학자들의 작품이다. 혁신과 이성을 모두 기념하려 한 그들의 결의는 한계에 부딪혔다. 결국 현대의 초, 분, 시는 여전히 10진법이 아닌 채로 남아 있게 되었다. 실수로 빠트린 것이 아니었다. 10시간이 1일, 100분이 1시간, 100초가 1분에 해당하도록 하는 안이 공식적으로는 채택되었다. 하지만 이 계획은 거센 저항에 부딪혔다. 모든 중산층 가정에서 당시 자랑스럽게 소유하고 있던 유일하게 값나가던 기계가 탁상 시계나 휴대용 시계였는데, 이들은 일관성이라는 단순한 요구 때문에 자신들 소유물이 일거에 쓸모없는 물건이 되어 버리는 것을 방관하지 않았다. 실용성이 이론에 맞서 승리를 거두었다.

마찬가지로 오늘날 특정 맥락에서 어떤 단위들을 사용하고 있는 사람들도 일관성을 이유로 자신들의 고유성을 희생해야만 한다는 사실을 항상 받아들이는 것은 아니다. 미터법 시대에, 심지어 과학에서조차 남아 있는, 직선 측정에 여전히 유용하게 쓰이고 있는 몇 가지 비표준 단위를 나열해 보았다.

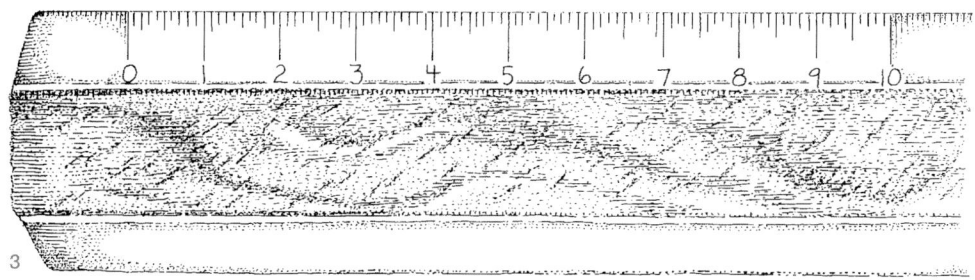

우주의 거리

파섹

이 단어는 1초(second)의 시차(視差, **par**allax)에서 유래했다. 파섹(parsec)은 삼각측량법을 이용해 별의 거리를 측정하는 관측 방법에서 유래한 단위이므로 천문학자들이 자주 쓴다. 표준 시차는 관측하는 사람이 지구 궤도와 함께 움직이는 동안, 멀리 떨어진 대상의 방향으로 6개월 사이에 움직여 간 위치 변화를 말한다. 1파섹의 거리에서 본 지구 궤도 반지름이 1초각의 원호를 그리도록 표준 시차를 정의하고 있다. 태양에 가장 가까운 것으로 알려진 별은 1파섹 이상 떨어져 있다.

광년

우리가 파악할 수 있는 성간(별들 사이) 단위는 우주 거리와 빛의 속도의 관계에 의존한다.

우주에서 빛의 속도는 초속 3.00×10^8 미터이다. 따라서 빛은 1년에 9.46×10^{15} 미터 움직여 가는데, 반올림하면 10^{16} 미터에 해당한다. 반올림을 하는 이유는, 극소수를 제외하고는 우주 거리에 대개 오차가 있기 때문이다.

천문단위

태양과 지구 사이의 평균 거리는 태양계를 측량하기에 좋은 단위이다. 지구 궤도는 태양계에서 전형적인 것이기도 하다. 1천문단위(AU)=1.50×10^{11}미터. **참조:** 1파섹=3.26광년=206,300천문단위. 성간의 규모와 태양계의 규모는 분명히 다르다. 은하들 사이의 거리는 메가파섹에 달한다.

지구상의 길이

마일, 리그(약 3마일) 등

이것들은 지구 변경을 여행할 때, 바다에서 거리를 잴 때, 도시 사이의 거리에 적합한 단위들이다. 아무도 마일 단위로 옷감을 재거나 파섹 단위로 철로를 측정하지 않는다.

야드, 피트, 미터

전하는 말에 따르면 이 단위들은 인간의 크기, 어떤 훌륭한 왕의 팔 길이에 근거한 단위들이다. 이 단위들은 방, 사람, 트럭, 배의 크기에 아주 잘 들어맞는다. 직조물들은 야드 상품이다. 미터는 다른 것보다 보편적인 정의에 근거하고 있는데, 분명히 이것은 야드와 피트 단위를 밀어낼 의도로 만들어졌다. 이것은 지구의 크기와 관련되어 있다. 지구 둘레의 4분의 1은 정확히 10^7미터 혹은 10^4킬로미터로 정의되었다. 1981년에 미터를 특정한 원자의 스펙트럼선의 파장으로 아주 정확하게 정의했다. 이것은 "크립톤-86원자의 $2p_{10}$ 준위와 $5d_5$ 준위 사이의 천이 과정에 해당하는 복사선이 진공에서 보이는 파장 1,650,763.73개의 길이이다."

인치, 센티미터 등

같은 왕의 엄지인가? 이 인간 규모의 단위는 손 크기 정도의 작은 물건들을 겨냥한 것이었다. 종이, 가구, 모자, 혹은 파이의 크기 측정을 위해 쓰였다.

라인(1/12인치), 밀리미터, 포인트

정교한 물건에 쓰이는 작은 단위들은 상대적으로 현대에 만들어졌다. 17세기 프랑스나 영국에서 사용한 라인은 몇 밀리미터며, 인쇄공들의 활자 크기 단위인 포인트는 약 0.35밀리미터이다. 필름과 시계 같은 것들은 대개 밀리미터로 크기를 측정한다. 현미경의 선구자 안톤 판 레이우엔훅은 길이를 비교하기 위해 거칠고 미세한 모래알을 사용했다. 그는 미세한 모래알 100개를 당시 쓰이던 일반적인 1인치로 여겼다. 더 작은 측정 단위들은 일반적으로 현대 과학의 일부여서, 대개가 미터법이다.

원자의 거리

옹스트롬, 페르미 등

원자가 주요한 측정 대상이 되자, 새로이 더 작은 길이 단위들이 쓰이게 되었다. 스웨덴의 물리학자 안데르스 요나스 옹스트뢲(Anders Jonas Ångström, 1814~1874년)은 한 세기 전에 태양 스펙트럼의 파장 측정법을 개척해 놓았다. 그는 자신이 얻은 결과를 겨우 10^{-10}미터에 해당하는 길이 단위로 표현했다. 이 단위가 여전히 이 물리학자의 이름을 기념해 널리 쓰이고 있다. 원자는 몇 옹스트롬(Å)에 해당하는 크기이기 때문에 이 단위는 편리하다. 이런 유용한 전문어를 만들게끔 하는 자극이 더 이상 없었던 것은 아니다. 현재 아원자 입자들은 이탈리아의 물리학자인 엔리코 페르미(Enrico Fermi, 1901~1954년)의 이름을 딴 페르미 단위로 측정된다. 1페르미는 10^{-15}미터와 같다.

각도와 시간

특히 천문학에서 각도 단위를 쓰는데, 이 단위 체계는 이미 바빌론 시대부터 있었다. 원은 360도(°), 1도는 60분('), 1분은 60원호초(")이다. 원호초는 대기 운동으로 흐릿해진, 별의 형상이 차지하는 가장 작은 각도 단위이다. 이 책을 40킬로미터 떨어진 곳에서 보면 약 1원호초로 보일 것이다.

시간 측정에서는 바빌로니아 인들이 설형 문자 형태로 사용하던 방식을 답습해 60의 제곱수를 사용한다. 1년은 365.25일, 1일은 24시간, 1시간을 이루는 60분의 1분은 60초로 다시 나뉜다. 1년은 약 3.16×10^7초이다.

무지개 읽기

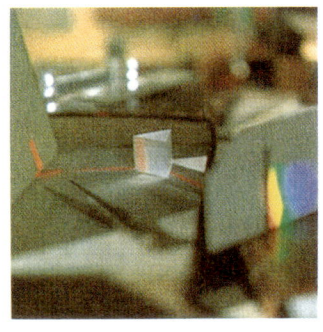

라디오 다이얼을 천천히 부드럽게 돌려 보자. 신호가 어떤 때는 크게, 어떤 때는 약하게 들릴 것이다. 이 소리의 강도를 다이얼 눈금에 따라 한곳에 그래프로 나타내는 작업은 어려운 일이 아니다. 그래프에는 약간 더 높거나 낮은 봉우리들이 희미하게 쉿 소리만 나오는 다이얼 눈금들과 상당한 거리를 두고 나타날 것이다. 이 그래프가 독자 여러분이 익히 알고 있는 전파의 스펙트럼이다.

분명히 이것은 복잡하지 않다. 여러분은 FM 방송이나 텔레비전을 켤 수도 있다. 각 채널에 기록된 신호들 모두 단일한 종류의 입자 에너지, 즉 전자기 복사를 나타낸다. 라디오 다이얼 저 너머로 가면 마침내 가시 영역에 도달하게 된다. **빛**이란 빨간색에서 보라색까지 눈이 감지할 수 있는 채널에 존재하는 전자기 복사를 두고 우리가 부르는 이름이다. 가시 영역의 채널을 선택하는 기구를 **분광기**라고 하는데 이 기구는 사진을 찍는 방식으로 기록한다. 신호들은 가시 영역을 훨씬 넘어가는 영역에서도 발견되는데, 이 신호들도 중요하다.

도표는 전자기 복사의 전 영역을 보여 준다. 이를 통해서 우리는 우리 세계의 수많은 사실을 수집한다. 이 복사는 단일한 단위를 따라 정렬되어 있다. 이 정렬 단위에는 세 가지 방식으로 이름표를 달 수 있고 가치 면에서는 모두 동일하다. 이 복사를 기술하는 한 가지 방식은, 시간에 따라 나타나는 복사의 행동에 중점을 두고 있다. 규칙적인 물결처럼, 복사도 경로에 따라 주기적으로 반복하며 최고치에 도달한다. 경로를 따라 어떤 곳에서든지 이 최고치에 도달하는 횟수가 1초 동안 집계된다. 이 결과가 복사의 **주파수**로, 1초 동안 일어나는 횟수에 해당하고 단위는 헤르츠(Hz)라고 한다. 또 다른 이름표는 공간에서 움직이는 모양으로 파동을 나타낸다. 하나의 마루에서 공간적으로 이웃해 있는 다음 마루 사이의 거리를 **파장**이라 하고, 미터 혹은 미터 배수의 길이로 나타낸다. 마지막으로 어떤 종류의 복사에 대해서든 단일한 원자의 상호 작용에서 최고 에너지가 전송될 수 있다. 이를 **양자 에너지**라고 하는데, 전자볼트로 나타낸다. (1전자볼트는 표준 전자 척력에 거스를 수 있는 전자의 에너지를 말한다.)

스펙트럼의 끝 부분에 해당하는 전파 영역에서는 주로 주파수라는 용어를 쓴다. 이는 전파 기술이 시간 변동을 식별할 수 있게끔 하기 때문이다. 그런데 이러한 식별은 스펙트럼의 다른 쪽 끝에서는 거의 불가능하다. 중간 부분에서는 파장이 주로 사용되는데, 이는 밀리미터와 엑스선 사이 대역에는 기술적으로 공간적인 변동을 뚜렷이 나타낼 수 있기 때문이다. 고에너지인 감마선 끝 부분에서는 에너지를 이름표로 주로 사용한다. 여기서는 상당한 에너지가 이동하는 현상을 측정하기 쉽지만, 공간이나 시간상의 실제적인 변화는 거의 관측할 수 없다.

모든 복사는 물리적으로 공통적인 성질을 띠고 있다. 빈 공간에서 이들의 속도는 동일하다. 음속의 10^6배에 해당하는 속도로 인간으로서는 도달할 수 없는 속도이다. 모든 복사는 전하들의 운동(그리고 이와 연관된 자기 효과)으로 인해서만 흡수되고 방출된다. 따라서 이들은 모두 한 부류로 전자기라고 한다. 평범한 전자 도구를 이용해 전환하는 것이 가능하기는 하지만, 1초에 1,000번 진동하는 주파수(1킬로헤르츠)를 갖는 음파는 동일한 주파수의 전자기파와 동일한 현상이 아니다. 전자기파는 빈 공간에서도 존속하며 변화하는 전기장과 자기장이 만들어 내는 무늬이다. 음파는 공기나 다른 물질적인 매개 안에서만 유지되는 압력과 운동이 만들어 내는 무늬로 진공에서는 존재할 수 없다.

가장 낮은 주파수에서부터 10만 전자볼트 영역의 양자 에너지에 이르기까지, 거의 모든 전자기 복사는 원자 안에서 단일로 움직이든 혹은 전류를 나르는 전선을 통해 무수하게 한꺼번에 움직이든 상관없이, 운동하는 전자들이 일으킨 에너지 천이로부터 나온 결과물이다. 이들의 에너지 한계를 넘어서는 복사는 종종 전자적인 현상으로부터가 아니라, 원래 하전된 양성자들이 전자와 유사한 운동을 해서 발생하는 원자핵의 변화로부터 유래한다. 1억 전자볼트를 넘는 고에너지에서는 복사를 방출하거나 흡수하는 에너지 천이는 종종 쿼크나 다른 새로운 하전 입자들의 준원자핵적인 운동을 수반한다.

스펙트럼 분석

거실에서는 라디오 다이얼을 돌리면서 주파수를 맞추거나 전파를 보내는 이들에게 가까이서 작동해 보라고 명령을 내릴 수도 있다. 이 전파들은 국부적인 전파 스펙트럼에 해당할 것이다. 비슷한 방식으로 광학 영역에서도 스펙트럼을 기록할 수 있다. 이들 스펙트럼들은 빛의 발생원이 되는 반짝이는 물질을, 이 물질이 반 미터도 떨어져 있지 않은 실험실 의자에 있거나 저 멀리 떨어져 있는 별 표면에 있거나 상관없이, 화학적으로 분석해 준다. 특정의 가시 주파수를 보내는 전송자들은 특별한 원자나 분자임이 입증되었다. 라디오 방송국의 채널 주파수는 전파 전송기를 구성하는 주요 인자들의 구조에 따라 결정된다. 원자들의 채널 주파수들도 동일하게 원자의 구조에 따라 고유성을 띤다. 원자들이 어떻게 이루어져 있는가를 충분히 알기 이전부터, 우리는 실험실에서 관측한 스펙트럼의 모양을 일종의 원자 기호로 취급할 수 있었다. 일단 실험실에서 얻은 스펙트럼처럼 별빛 스펙트럼에서도 똑같은 광학적 채널의 위치상이 보이자, 존재하는 원소들을 추정하기가 쉬워졌다.

10^{18}미터 장에서는 두 종류의 스펙트럼을 볼 수 있다. 고리 성운에서 보이는 색깔 배열은 라디오 다이얼 그래프의 결과와 닮았다. 어두운 배경 위에 색깔 강도가 높은 선들이 보인다. 다른 하나는 아크투루스의 스펙트럼이다. 전체적으로 빛나는 가운데 어둡게 빛이 차단되어 있는 곳이 보인다. 기체로 된 방해층은 선택적인 상호 작용을 통해 자신을 통과하는 별빛을 흡수해 자신의 흔적을 남겨 두었다. 빛은 저 아래

1마이크로미터, 10^{-6}미터 파장의 전자기 복사는 눈으로 볼 수 있는 영역에서 빨간색 쪽에 놓여 있다.(이 영역을 근적외선 영역이라고 한다.) 주파수는 3.00×10^{14}헤르츠이고 양자 에너지는 1.24전자볼트이다. 한 가지 예로 이 세 단위 연관을 정할 수 있을 것이다. 주파수는 양자 에너지에 정확히 비례하며, 파장에 정확히 반비례한다.(1전자볼트=1.60×10^{-19}줄(J)이다. 줄은 에너지의 일상미터법 단위이며, 단일 광양자는 정말 작은 에너지를 가지고 있고 단일 원자와 거의 흡사하다.)

더 깊숙한 곳에 위치한 뜨거운 영역에서 나오는데, 이곳에서는 빛을 이루는 원자들이 너무 조밀하고, 기체층은 너무 두꺼워서, 밑에서 오는 복사들이 반복된 상호 작용을 통해 분명히 구별되는 자신의 주파수 특성을 잃어버린다.

27쪽에 나오는 그림에서 볼 수 있는 결과는 더욱 분명하다. 실험실에서 전기 방전을 일으켜 관측한 수소 원자 스펙트럼이다. 여기서는 원소들을 분석할 필요는 없다. 원자의 성분은 이미 알고 있다. 그러나 단일 원자의 스펙트럼 기호가 지닌 규칙성이나 단순성은 분명하다. 보어는 케플러의 법칙과 유사하게, 수소의 특정 스펙트럼선들이 보여 주는 주파수들의 수적인 연관이라는 보이지 않는 규칙을 이용할 수 있었다. 양자 운동은 행성들의 운동처럼 직접 볼 수 없지만, 스펙트럼 기호는 원자의 구조와 원자핵에 결합되어 있는 전자들 사이에 존재하는 보이지 않는 질서를 보여 준다. 핵입자 혹은 자유로운 양성자, 중성자와 그 나머지라고 알고 있는 쿼크 구름들로 인해 방출되는 감마선 스펙트럼이 초미시 세계를 탐사하는 탐침에 적합한 미세 구조물의 재료임은 말할 필요도 없다. 스펙트럼들은 복사 시스템 안에 존재하는 영구적인 양자 상태를 보여 준다.

마지막으로 단일 스펙트럼 모양을 천체 안에서 인지할 수 있다면, 즉 몇 가지 주파수들의 정확한 비율로 인지할 수 있다면, 개별 정상치들이 실험실에서 얻은 표준과 주파수가 일치하지 않을지도 모른다. 예를 들어 이들 스펙트럼은 모두 1,000분의 1 정도로 빨간색 쪽으로 이동해 있다. 이에 대한 해석은 간단하다. 빠르게 멀어져 가는 광원은 시간이 갈수록 여행 거리만큼 길어진 복사 신호를 감지기에 보낸다. 이로 인해 감지된 파의 마루와 마루 사이에 걸리는 시간이 길어지게 되고, 따라서 비례적으로 주파수가 이동한다. 다가오고 있는 광원은 파란색 쪽으로 이동되어 보인다. 어떤 광원이든 감지기에 대한 상대적인 속도는 한 번에 측정할 수 있다. 몇 세기 동안 위치 변동을 기다릴 필요가 없다. 이런 편이 현상은 이 효과를 발견한 19세기 오스트리아의 발견자 이름을 따라 도플러 편이(도플러 효과)라고 한다. 이 효과는 방출 주파수 무늬를 알 수 있으면 어떤 복사에 대해서도 적용된다. 도플러 편이는 여러 종류의 천문 연구에 모두 적용되는 표준이다. 그리고 이것은, 거대 규모로 계속해서 희박해져 가는 우주를 상징하는, 멀리 떨어진 은하들의 빠른 후퇴(우주 적색 편이)를 분별할 수 있는 유일한 방법이다.

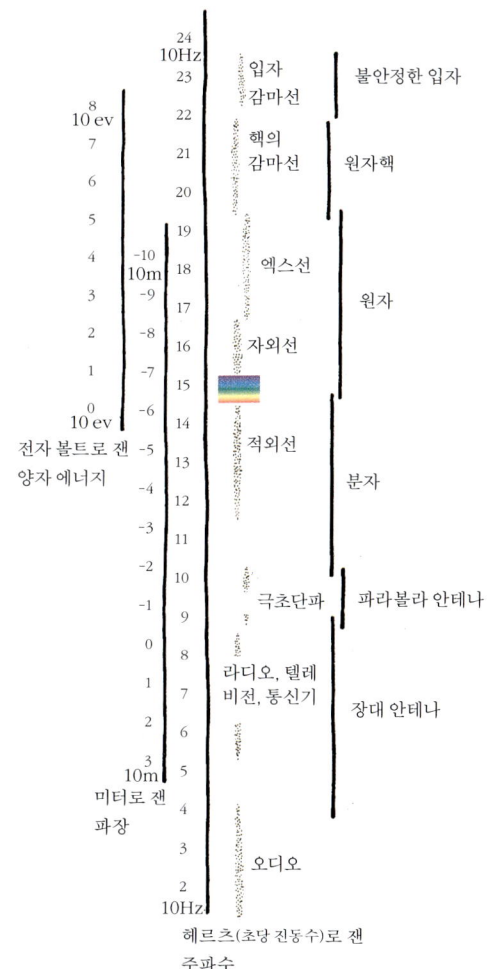

망원경과 현미경

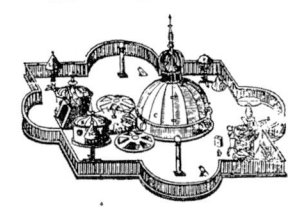

우리의 감각 작용, 특히 시각 작용을 확장시킨 기구들이 발전하면서 우리는 우주를 더 잘 이해하게 되었다. 17세기는 두 가지 광학 도구를 가져다주었다. 우리에게 지금은 일상적인 용어가 되어 버린 망원경과 현미경이 바로 그것이다. 어떤 단위에서든 시각적인 탐험을 다룬 책이면, 낡은 책이나 새 책 혹은 특수한 형태의 책이든 상관없이 모두 이 두 기구에 대한 칭송을 잊지 않는다.

왜 우리는 이렇게 비자연적인 수단으로 얻은 지식을 신뢰해야만 하는 걸까? 실제 우리가 이를 신뢰해야만 할 의무란 없다. 기구를 통해 얻는 개별 결과들은 그 도구의 성능을 철저히 시험해 볼 때까지는 의심스러운 눈으로 보아야만 한다. 우리가 날 때부터 갖고 있는 도구들, 즉 눈과 그 밖에 인간의 지각을 위해 일하는 다른 감각 기관에 대해서도 마찬가지로 주의를 기울여야만 한다. 이들은 모두 저마다의 한계, 오해(환영), 결점을 지니고 있다. 대부분 우리는 어렸을 때 눈과 귀로 기구가 만들어 내는 신호들의 특성을 익히게 된다. 이 신호들을 해석하는 일이 개인 발달 과정의 일부가 된다.

감각이나 기구들이 우리에게 전하는 사실을 받아들인다는 것이 반드시 이 기구 자체의 기능과 설계 원리를 알게 된다는 것을 의미하지는 않는다. 우리의 눈은 망원경과 마찬가지로 직접 사용해 보고 나서, 혹은 힘들게 그 견고성이나 의의를 시험해 보고서야 가장 잘 판단할 수 있는 일종의 봉인된 장치, 즉 블랙박스처럼 보일 수 있다. 잔상은 벽을 따라 부유하는 보라색 점이 아니다. 우리는 이것을 일찍부터 경험으로 알고 있지, 드러난 망막의 색소가 원상태로 복구되는 것을 연구해 알게 된 것이 아니다. 물론 과학자들이 언젠가는 지각 현상들의 전체적인 연쇄를 이해할 수 있기를 희망한다. 비평가들은 갈릴레오의 망원경 렌즈가 당시 유행했던 곡면 거울로 만들어진 상처럼, 단순히 환영만을 만들어 냈을지도 모른다고 불평했다. 이때 이들은 그 기구 자체로 시험해 보고서야 그 불평에 대한 답을 가장 잘 들을 수 있었다. 갈릴레오는 목성 주위에 반복적인 형태로 4개의 달이 이동하고 있는 것이 보이는 데 반해, 금성이나 화성 가까이에는 위성이 하나도 보이지 않는다는 사실이 정말로 미묘한 환영이 아닐까 생각했다. 이것은 현대 과학의 확실한 시작을 알리는 것처럼 보인다. 이로부터 실험실에서 학자들이 내리는 판단에 대해서와 마찬가지로, 일상의 목격 사실에 대해서도 설득력 있는 지식이라는 견해가 탄생했다.

광학 망원경과 현미경은 수정체에 의존하고 있는 시각을 확장한 것이자 변경한 것이다. 눈의 수정체는 앞에 펼쳐진 장면의 작은 상을 망막에 투사한다. 망원경은 저 먼 거리에 떨어져 있는 대상을 가까이에 위치한 상으로 만들어 내는 렌즈를 사용해 작동한다. 이렇게 얻어진 상은 확대상을 만들어 내어 바로 가까이에서 관찰할 수 있다. 현미경은 이 렌즈 대신에 세부적으로 관찰하기에 적합한 크기로 가까이에 대상의 상을 만들어 낼 수 있는 렌즈를 갖고 있다.

렌즈와 아주 유사한 방식으로 빛을 한 곳에 모으는 데 거울을 사용할 수도 있다. 저 멀리 있는 희미한 광원을 볼 수 있도록 충분한 에너지를 모으기 위해서는 거대한 수집 면적이 필요하다. 망원경이(그리고 거울이) 점차 커졌다. 한편 현미경은 상을 만들어 내는 능력이 발전했고, 기계적인 정밀성과 안정성이 점점 좋아졌다. 일단 우리 기술이 눈으로 볼 수 없는 복사선도 감지할 수 있게 되자 기구들은 가시광선 너머로 영역을 확장해 갔다.

기구들이 즐비한 이 건물은 1584년경 덴마크의 귀족 튀코 브라헤가 지은 것으로, 덴마크와 스웨덴 사이 좁은 해협에 위치한 벤 섬에 자리한 튀코 브라헤의 거대한 천문대 본부 건물과 이웃해 있다. 우묵하게 들어간 이 석조 시설물에는 하늘에서 방향을 정확히 측정할 수 있는 기구들이 상시적으로 설치되어 있었다. 강철과 나무, 놋쇠로 된 무겁고 화려한 틀에 들어 있는 정교한 눈금자로 행한 세밀한 관측은 2,000년 동안 내려온 전통 방식과 맨눈의 정확성에 근거해서 최고의 성과를 거두었다. 눈과 전통 기술은 몇 세대 지나지 않아 유리 렌즈로 대체되었다. 그러나 여기서 꼼꼼하게 관측·정리한 자료들이 케플러 법칙의 근간이 되었다.

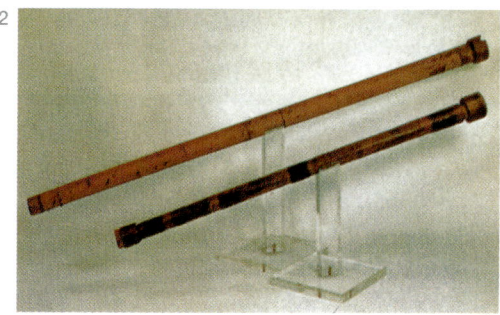  

2에 나오는 두 망원경은 전문 기계공, 유리공과 함께 자신의 작업실에서 갈릴레오가 만든 여러 망원경 중에서 고른 것이다. 최초의 성능 좋은 망원경은 1609년 말에 만들어졌다. 어떤 보고서에 따르면, 한 네덜란드 사람이 작은 망원경을 만들어서 이를 통해 멀리 떨어진 대상을 마치 가까이에 있는 것처럼 보이도록 했다고 한다. 갈릴레오가 망원경을 개발도 하고, 이의 사용법도 개발해 지엽적으로 사용되던 이 도구를 새로운 우주의 기초 도구로 격상시켜 놓았다는 점은 의심할 여지가 없어 보인다. 저성능의 작은 망원경이 네덜란드에서와 마찬가지로 파리에서도 대중적으로 팔리고 있었으므로, 망원경이 1609년 무렵이면 보기 드문 물건은 아니었지만, 대부분이 광학적으로 갈릴레오의 망원경에 비해 상당히 저열한 수준이었다. 튀코 브라헤의 정확성은 $10^1 \sim 10^2$배 뒤처져 버렸고, 작고 희미한 세계가 보여 주는 새로움뿐만 아니라 천상 세계의 새로움도 한꺼번에 쏟아져 나왔다.

존 허셜은 1834년 케이프타운에서 약 10킬로미터(6마일) 떨어진 부지에 망원경을 설치했다. 그는 이 망원경을 이용해 4년 동안 남반구 하늘을 체계적으로 관측했다. 그는 최초로 제대로 된 기구로 연구를 한 과학자였다. 그의 목적은 영국 하늘의 지도를 그리려 한, 자신의 아버지 윌리엄 허셜(그리고 그의 고모 캐롤라인 허셜)의 평생의 작업을 계승·확장하는 것이었다. 망원경 거울은 지름이 18인치(45.7센티미터)였다. 단순한 나무 받침은 눈에 익은 형태였다. 교체가 가능한 세 거울은 가까이에 있었다. 하나는 윌리엄이 만든 것이고, 다른 하나는 아버지와 아들이 함께 만들었으며, 나머지 하나는 존 자신이 만든 것이었다. 지금처럼 사진기는 없었지만, 예리한 눈과 큰 거울이 있었다.

1916년에 찍은 당시를 환기시켜 주는 이 사진에는 캘리포니아 주 패서디나 바로 북쪽에 위치한 윌슨 산 정상을 향해 호위병들과 함께 출발하고 있는 100인치(2.54미터) 반사 망원경의 원통 아랫부분이 나와 있다. 이 기구는 중장비 공학이 빚어 낸 정교한 작품이다. 우리 은하를 최초로 그릴 듯하게 축적해 그릴 수 있게 해 주고, 우리가 외부 은하들로 이루어진 섬 우주에서 살고 있다는 사실을 결정적으로 보여 준 것은 이 망원경이었다.

5

6 7

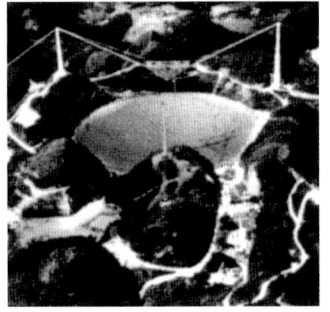 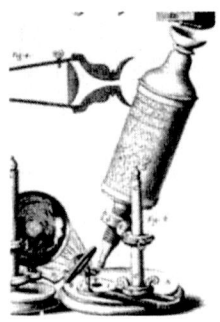

전파 천문학의 파장들은 센티미터 단위에 달하는 데 반해 가시광선의 파장은 0.5마이크로미터 정도이다. 따라서 전파 망원경의 거울은 광학 망원경에 비해 물리적으로 거대한 지름이 필요하다. 푸에르토리코의 아레시보 가까이에 있는 초록 언덕에 위치한 이 거울은 세계에서 가장 큰 전파 접시로 지름이 300미터이다. 광학 거울이 마이크로미터 파장 일부에 들어맞듯이, 구멍이 뚫린 얇은 알루미늄판으로 된 표면은 전파의 파장 일부에 들어맞게 되어 있다. 위쪽 중앙에 있는 구조물(철로 다리와 모양과 크기가 비슷하다. 아래 접시 모양으로 움푹 팬 곳에 그림자가 보인다.)은 거대한 거울의 초점에 있는 움직이는 안테나를 지탱해 준다. 고정된 이 전파 접시는 하늘에서 움직이는 발원지를 쫓아서, 지구가 회전하는 몇 시간 동안 약한 자연 신호들을 기록한다.

실험 과학의 뛰어난 선구자, 다재다능한 로버트 훅은 1665년에 『현미경 세계 (Micrographia)』라는 책을 발간했다. 이 책은 실로 역작이었다. 생생한 글과 새로이 발견된 보이지 않는 세계를 50~100배로 확대해 그린 놀라운 삽화들 — 바늘, 그을음, 벼룩, 리넨(섬유), 코르크, 깃털, 곰팡이 — 로 구성해 오랫동안 대중적인 큰 성공을 거두었다. 7의 그림은 이 책의 권두 삽화에 나오는 것이다. 이 그림은 훅 자신의 현미경과 부속품을 보여 준다. 새뮤얼 피프스(Samuel Pepys)는 곧바로 이 책을 사서 새벽 두 시까지 읽느라 잠도 자지 않았다고 한다. 그는 "내가 일생에 읽은 책 중에 가장 기발한 책이다."라는 글을 남겼다.

로스앤젤레스가 점차 커지고 밝아지면서 윌슨 산의 망원경은 희미한 대상들을 연구할 수 있을 정도로 충분히 어두운 하늘은 더 이상 볼 수 없게 되었다.(2차 대전의 등화 관제 기간을 제외하고는.) 더 거대한 망원경 제작이 1930년대에 계획되었지만 전쟁으로 미루어지다가, 마침내 로스앤젤레스와 샌디에이고 사이의 팔로마 산에 세워졌다. 5에 보이는 멋진 그림은 오랜 기간의 설계 단계에 그려진 것인데, 제안된 돔 천장과 망원경의 단면이다. 관찰자의 작은 형상은 수직으로 세워진 거대한 망원경 원통 뼈대 가장 꼭대기에서 발견할 수 있다. 거울은 지름이 200인치(5.08미터)이다. 비록 당시 코카서스의 소련 천문학자들이 6미터 구경의 망원경을 사용하기 시작했다고는 하지만, 1948년에 완성된 이 망원경은 지금도 손꼽히는 대형 망원경으로 남아 있다. 200인치 망원경은 퀘이사 발견과 같은 영예를 안겨 줄 만한 가치가 있다. 사진 기술은 이제 망원경에서 새로운 전자 이미지 기구로 넘어갔다.

8

광학 현미경은 수세기에 걸쳐 성능이 좋아졌다. 지금은 밀리미터 단위에서 마이크로미터 단위 일부까지 미시 세계를 세부적으로 연구할 수 있다. 한계는 가시광선의 파장으로 결정된다. 광학 현미경으로는 살아 있는 유기물 — 경이로운 한 편의 영화 — 을 관찰할 수 있는데, 이는 이들이 필요로 하는 수성 매개물이 투명하기 때문이다. 세부적으로는 실제 색차뿐만 아니라 투명한 물질의 밀도차를 광학적으로 이용해 발생시킬 수 있는 색차로 눈에 띄게 할 수 있다. 화학적인 차이를 이용해 구조를 표시해 주는 반응성 염료를 이용하는 것도 효과적인 기술이다. 이들 현미경은 얇은 층을 대상으로 할 때 가장 잘 작동한다. 선명한 초점 거리는 짧다.

1930년대에는 진공에서 전자 빔을 조절하는 기술이 발달했다. 지금은 투과형 전자 현미경(TEM)이 자기 작용으로 작동하는 렌즈 유사물을 이용해 상을 만들어 내는데, 이 현미경은 거의 몇 옹스트롬의 원자 규모까지 내려가서 상세한 단면도를 선명하게 보여 줄 수 있다. 주사 전자 현미경(SEM)은 이와 달리 텔레비전에서처럼 움직이는 가느다란 연필형 전자 빔을 이용한다. 여기서는 연속적인 목표점에서 산란하는 전자들을 이용해 상을 그려 낸다.

전자가 방해받지 않고 지나가는 매체는 진공이다. 그러나 진공은 생명을 유지해 줄 수가 없다. 따라서 전자 현미경 아래에서는 살아 있는 것이 아니라 죽어 있는 구조를 관측한다. 투과형 전자 현미경은 광학 현미경처럼 얇은 층 모양의 시편을 필요로 한다. 이런 절단면을 처리하는 과정도 고도의 기술이 되었다. 투과형 전자 현미경은 마이크로미터에서 10^{-9}미터 단위 영역 사이에서 잘 작동한다. 특별한 기구와 기술을 이용해 개별 원자를 얼핏 볼 수도 있다.

주사 전자 현미경의 강점은 놀랄 만한 초점 거리이다. 이 현미경은 밀리미터 단위에서 10^{-8}미터 단위의 구조를 화상으로 나타낼 수 있는데, 한계는 준마이크로미터 단위의 주사 빔이 본래 지닌 미세함에 따라 결정된다.

양성자 빔을 아주 고에너지로 올려놓은 거대 가속기는 기능 면에서 현미경과 유사하다. 이는 이 초현미경이 아주 작은 단위에서 공간적인 구조를 탐사하기 때문이다. 이들로부터 얻는 결과는 일반 화상과 달리 아주 간접적이다. 여기서는 우리에게 친숙한 세계의 역학은 더 이상 유지되지 않는다. 치밀한 간접적인 분석이 지배적이다. 8에 보이는 복잡한 사진은 페르미 연구소이다. 기다란 접선이 선명하게 보이는데, 이 접선을 통과해 빠른 양성자 빔이 2차 산물과 함께 나와 연구에 쓰인다. 사진에 주로 보이는 형상은 지하에 자석이 놓여 있는 거대한 고리인데, 표면상으로는 아래시보의 전파 접시보다 훨씬 큰 지름 2킬로미터의 원으로 보인다. 이 연구소는 10^5미터 장에 나오는 시카고 사진 서쪽 가장자리에 위치해 있다.

연대표

이 목록은 발견, 발명, 초기 발전을 담당하거나, 세계에 대한 오늘날의 이해를 뒷받침하는 개념들을 최초로 조리 있게 공식화한 이들과 이 발견들이 이루어진 연대를 선별해 작성한 것이다. 이 목록은 연대별로 배열하지 않고 대략적으로 각 발견과 연관을 맺고 있는 물리적인 단위를 기준으로 배열해 놓았다. 이것은 우리가 언제 각 크기 단위를 이해하게 되었는가를 보여 준다. 우리는 간단하게 목록을 작성하는 일이 다소 오해를 불러일으킬 수 있다는 점을 잘 안다. 사상이나 경험의 역사는 너무 복잡해서 축약된 형태로 완전히 기술할 수가 없다. 연대들조차 약간은 불확실하다. 때로는 발견을 참조하고 있고, 때로는 공표한 시기를 참조로 한다. 이 대부분의 발견들에는 선조나 경쟁자가 있다. 우리는 유력한 시점을 지적해 두고자 했다. 몇몇 유명한 이름이 포함되어 있는데, 이것은 당시 위대한 저작들을 배치하려고 했기 때문이다. 이 목록에서는 시각적인 모형과 그 기초가 되는 증거들에 강력한 영향을 미친 사건들을 선호해 기록해 두었다.

+25 섬 우주
     1925

+20 은하수는 나선형
     1951

     태양은 별
     1600년 이전

+15 망원경, 목성의 달
     1610
     달-태양 거리
     -350

+10

     지구의 크기
     200
+5   강철로 섬유처럼 꼬아 만든 다리
     1883
     생명체의 계통
     1740
     생명체의 기원
0   1859

-5   미생물
     1675
     이중 나선
     1953
     화학적 화합물
-10 1810

     원자핵
     1911
-15

10^{25}미터

우주 배경 복사 발견	1965년	펜지어스, 윌슨
퀘이사 승인	1963년	슈미트
성단 은하들은 운동을 공유한다.	1917년	슬라이퍼
'섬 우주' 은하들은 저 멀리 있는 은하수이다.		
— 사색, 추측	1755년	칸트
— 입증	1925년	허블
몇몇 은하의 핵은 활동적이다.	1943년	시퍼트
성운에서 보이는 나선형	1850년	로스 경
은하는 늙은 별과 젊은 별 집단을 포함하고 있다.	1944년	바데
새로운 채널이 천문학에 열리다.		
— 전파(은하수)	1933년	잰스키
— 최초의 원거리 전파 은하	1949년	볼턴, 스탠리, 슬리
— 엑스선(태양 너머)	1962년	로스, 자코니, 거스키, 파올리니
— 적외선(하늘 깊숙이)	1968년	베클린, 노이게바우어
— 전자기 스펙트럼	1867년	맥스웰
	1880년	헤르츠
마젤란 성운이 유럽 인에게 알려지다.	1516년	코르살리
안드로메다 성운 관측		
— 맨눈으로	970년	알 수피
— 망원경	1612년	마리우스

10^{20} 미터

우리 은하, 은하수		
―크기	1918년	섀플리
―나선형	1951년	모건, 샤플리스, 오스터브록
은하수는 별들의 집합	1610년	갈릴레오
어두운 성운		
―눈으로 관측	선사시대	
―먼지로 이루어졌다고 추측했다.	1923년	볼프
밝은 성운 관측		
―망원경으로 관측	1610년	파이레스크
―기체 성분을 가지고 있다.	1864년	허긴스
―밝은 별이 밝게 비추고 있다.	1922년	허블
초신성을 하나의 부류로 인정	1934년	바데, 츠비키
태양은 하나의 별이며 모든 별은 태양	약 1600년	
―최초의 정량적인 결과들	1684년	호이겐스
이중성은 중력 법칙을 따른다.	1830년	세이버리
별(태양과 같은)은 잘 알려진 화학 원소로 되어 있다.	1863년	허긴스
별 스펙트럼 사진	1872년	헨리 드레이퍼
삼각 측량법으로 별의 거리 측정	1838년	베셀

10^{15} 미터

태양계 주위의 혜성 구름	1950년	오르트
혜성들은 대기권 저 너머에 있다.	1577년	브라헤
혜성들은 뉴턴의 법칙을 따라서 몇몇은 되돌아온다.	1705년	핼리
지구는 구형이다.	기원전 약 500년	피타고라스 학파
세계 일주 항해	1520년	마젤란
최초로 완전히 삼각 측량법으로 작성한 국가 지도	1744년 초	카시니 드 튜리
바다에서의 경도: 크로노미터 (항해용 정밀 시계)	1761년	해리슨
인공 위성		
―이론	1687년	뉴턴
―실현	1957년	소련
일반적 양식으로서의 날씨	1686년~1740년대	핼리, 해들리, 달랑베르
높이와 무게로 측정된 대기	1640년대	파스칼, 토리첼리
허리케인 기술	1492년	콜럼버스
아메리카가 유럽에 모습을 드러내다.	1492년 이후	콜럼버스
과거 빙하 작용의 역할	1830년대	베른하디, 히치코크 아가시
빙하 침식으로 생긴 오대호	1880년대	미국의 지질 탐사
궤도에서 찍은 체계적인 지구 사진	1972년	랜드샛, 미국 항공 우주국

10^5 미터

에베레스트 산을 가장 최고의 산으로 봄.	1852년	인도 조사
가장 깊은 태평양 해구 측량	1875년	U.S.S 투스카로라
밀 재배	기원전 약 8000년	팔레스타인에서 자그로스 산맥까지의 고지대
최초의 도시들	기원전 약 4000년	유프라테스 계곡
강철로 짠 케이블 다리	1883년	존, 워싱턴 뢰블링
최초의 불 이용	기원전 100만 년 이전	아프리카 열곡에 살던 유인원
최초의 철골 고층 건물 지음, 시카고	1890년	번헴, 루트

10^0 미터

동물, 식물, 광물종의 계통화	1740년	린네
종의 기원 설명	1859년	다윈
로그(대수)	1594년	나피어
'즉석' 사진(빨리 마르는 젤라틴 건조판으로)	1880년	버기스, 케네트, 베네트
소형 컴퓨터(1960년대부터 계속된 칩 개발에서의 획기적인 사건)	1972년	인텔
피의 순환	1628년	하비
광학 현미경	약 1610년	갈릴레오와 몇몇 사람이 개발
모세관 연결	1661년	말피기
피의 적혈구 관찰	1674년	판 레이우엔훅
생명의 일반적인 특징으로 세포 묘사	1839년	슈반

10^{-5} 미터

세포핵 관찰	1831년	브라운
DNA		
—최초로 분리	1864년	미셰르
—유전 정보를 운반할 수 있다.	1944년	에이버리, 맥레오드
—이중 나선	1953년	왓슨, 크릭
세균과 원생동물을 현미경으로 관찰	1675년	판 레이우엔훅
세균을 순수 배양으로 키운다.	1881년	코흐
림프구는 인간의 면역계 일부를 이룬다.	1882년	파스퇴르, 메치니코프
전자 빔 렌즈	1925년	부슈
주사 전자 현미경	1938년	폰 아르덴
	1953년	맥멀런, 오틀리
투과 전자 현미경	1931년	크놀, 루스카
결정 단백질로 분리된 효소	1926년	섬너
	1930년	노스럽
전기성은 입자적이며, 화학력은 전기적이다.	1881년	헬름홀츠
전자 발견, 수소에 상대적인 무게 측정	1897년	톰슨
원자 무게: 수소 원자가 원자 중 가장 가볍다는 것을 알게 되다.	1858년	칸니차로
화학적 화합물과 그것의 원자 성질	1810년	돌턴
특정 원자에 특정 결합	1852년	프랭클랜드
공간적으로 고리 분자를 시각화	1865년	케쿨레
3차원 분자 모양을 모형화	1874년	반트호프, 레 벨

10^{-10}미터

고체, 액체, 기체의 분자 모형	1870년대	맥스웰, 반 데르 발스	광학적 원자 스펙트럼의 규칙성들	1884년	발머
주기율표			양성자로서의 수소 이온	1912년	톰슨
— 화학적 기반	1869년	멘델레예프			
— 최초의 물리학 이론	1922년	보어	동위 원소 명명	1913년	소디
원자에 관한 보어 이론: 수소와 그 스펙트럼들, 초기 양자 운동에 대한 접근	1913년	보어	중성자	1932년	채드윅
			양성자		
			— 예측	1928년	디랙
진정한 양자 역학	1925년	하이젠베르크, 디랙, 슈뢰딩거	— 발견	1932년	앤더슨
			핵은 중성자와 양성자로 구성	1932년	하이젠베르크
화학 결합의 양자 이론	1930년대	하이틀러, 런던, 폴링	중성미자		
엑스선	1896년	뢴트겐	— 예측	1930년	파울리
				1934년	페르미
원자의 내부 껍질에서 방출되는 엑스선: 원자 번호	1914년	모즐리	— 직접 검출	1956년	라이너스, 코웬
			파이 중간자		
원자의 결정성 배열을 엑스선으로 분석	1912년	폰 라우에	— 예측	1935년	유카와
원자핵의 발견과 측정	1911년	러더퍼드	— 발견	1946년	파월
			양성자 가속기	1930년	로런스
				1946년	맥밀런, 벡슬러
			순간 입자, 중간자와 중핵자(하이퍼론)의 과잉	1960년대~1970년대	

10^{-16}미터

쿼크의 신뢰도 증가	1970년대 후반	

주석과 참고 문헌

이 책에 나오는 사진과 자료는 과학과 기술의 산물이다. 그러나 과학과 기술만으로는 이들을 한꺼번에 모을 수가 없다. 이 장에서 자신들의 전문적인 작업물을 이 책에 사용할 수 있게 해 준, 여러 지역에서 일하고 있는 많은 분께 감사의 뜻을 전하고 싶다. 여기에 이 책에 나오는 사진 원본을 자세하게 설명해 둔다. 그리고 경우에 따라서 때로는 이미지를 만드는 과학과 기술 자체에 대해, 혹은 여러분이 보고 있는 사진의 의미나 배경에 대해 상세한 설명을 덧붙일 것이다.

세상을 본다는 것

11쪽
천체와 지구, 두 개의 구를 바라보는 눈이 보이며, 표제가 붙지 않은 이 그림은 편집자는 페터 아피안(Peter Apian)이고 1533년 앤트워프의 제마 프리시우스(Gemma Frisius)에서 발간한 『우주지에 관한 책(Cosmographicus liber)』에 나오는 목판화이다. 사진은 캘리포니아 산 마리노의 헌팅턴 도서관에서 제공.

12쪽
상자에 들어 있는 지구본 모형은 그 자체로 별자리를 보여 주고 있는 오목한 모양의 천체 구로, 18세기에 유행하던 우아함의 표상이다. 이것은 1750년경 런던에서 만들어졌다. 이 모형은 자칭 "헬리 박사의 새로운 발견"을 기록해 두고 있다. 지구본과 사진은 시카고의 아들러 천문대의 고대 기구 소장실에서 제공.

15쪽
우주지 이론가 오롱스 피네(Oronce Finé)가 1542년, 파리에서 발간된 샤를르 드 부엘르(Charles de Bouelles)의 『기하학의 기술과 실용에 관한 진귀하고 유용한 책(Livre singulier et utile, touchant l'art et pratique de geometrie)』에 5원소로 된 천체구 삽화를 직접 그렸다. 이 삽화는 우리가 여행하면서 보게 되는 피라미드형의 장면을 제시해 준다. 사진은 헌팅턴 도서관 제공.

18쪽
미국 항공 우주국의 마리너 9호가 찍은 화성의 위성 포보스(1971년) 사진, 제트 추진 연구소 제공. PHOBOS JPL/ORBIT 34.

19쪽
보이저 1호가 1980년 11월, 38만 킬로미터 상공에서 찍은 사진에 나오는 토성의 위성 디오네. JPL P-23215.

과감히 몇 가지 물리적인 힘 안으로 좀 더 들어가 보자. 포보스가 보여 주듯이, 중력은 거대 규모의 세계를 지배한다. 10^6미터 규모 이상의 세계에서는 거의 모든 구조들을 결합시키고 있는 것이 중력이다. 이들은 대개 내적인 운동을 통해서 중력의 강력한 인력으로 인해 결국 충돌해 버리고 마는 상태를 모면하게 된다. $10^6 \sim 10^{-14}$미터 규모에서는 산이나 분자, 원자에 이르기까지 응집 물질이 지배적인 역할을 한다. 강한 핵력이 미치는 작은 범위를 벗어나 있는 물질을 다루는 한, 일련의 복잡한 균형들이 전기적인 인력과 척력 사이에서 서로 부딪치고 있다. 이 힘들이 운동 — 열적 운동이라고 알고 있는 임의의 운동과 양자 운동으로 규정된 운동 — 이 참여하는 가운데, 모든 구조를 조절하게 된다. 이 운동들은 특히 분자와 원자 무대에서 그들의 역할을 잘 수행하고 있다. 가장 깊숙이 위치한 전자 준위 아래서, 즉 10^{-14}미터 이하의 규모로 내려가면 우리는 핵력의 지배를 받게 된다. 중간자 교환을 통해 매개되는 핵력은 미치는 범위는 작지만 강력하다. 원자핵 안에서는 특정한 원자핵의 인력과 척력이 양자 운동과 양으로 하전된 양성자들의 상호 전기적인 척력으로 자신들의 일을 해결할 필요가 있다. 그 결과 원자핵의 세부 구조가 고정된다. 더 밑으로 가게 되면, 즉 10^{-15}미터나 양성자 안으로 들어가게 되면, 양자 색역학(quantum chromodynamic)이라고 불리는 새로운 힘으로 결합되어 있는 쿼크에 도달한다. 이 힘은 글루온(gluon, 접착자)이라 불리는 입자들의 복잡한 매개에 근거한다. 이로써 우리는 우리가 갖고 있는 현재 지식의 끝에 가까이 가게 된다.

20쪽
시카고 만국 박람회의 항공 사진 위에 작업해 놓은 당시 스케치. 일리노이 주 데스 플레인스 소재 시카고 항공 측량 주식회사가 1933년 3월 2일에 찍은 사진을 화가 윌리엄 메이시(William Macy)가 개작한 것. 시카고 역사 학회 문서철에서. ICHi-16222.

21쪽
케플러는 1619년에 이 관계를 발표했다. 우리는 현재 자료를 이용했다. 오늘날 케플러의 이 법칙은 중요한 자연 자원을 규정해 준다. 이 규칙에 따르면 지구 주위를 도는 물체들이 궤도를 도는 데 걸리는 시간과 지구로부터의 거리 사이의 비율은 일정하다. 달은 지구를 약 38만 킬로미터(24만 마일) 떨어진 곳에서 29일을 주기로 돌고 있다. 지구 중심에서 약 4만 킬로미터(2만 6000마일) 떨어져 있는 인공 위성은 케플러의 관계식에 따라 겨우 1일이라는 공전 시간을 갖는 것으로 입증된다. 만일 인공 위성을 적당한 거리에 두고 지구 적도면을 따라 순회하도록 해 두었다면, 인공 위성은 하늘의 어떤 지점에 고정되어 있는 것처럼 보일 것이다. 즉 땅 위의 관찰자나 안테나에게 그 인공 위성은 해처럼 떠오르지도 지지도 않는 것처럼 보일 것이다.

케플러 법칙을 이용해 만든 이러한 위성 궤도를 정지 궤도라고 한다. 이 궤도는 아주 실용적이어서, 수많은 기상 위성이나 통신 위성들이 지금 이 정지 궤도 주위에 점점이 흩어져, 토성의 띠처럼 지구 주위에 인공적인 고리를 만들고 있다.

24쪽
미세한 세부 구조까지 뚜렷하게 나타나 있는 엑스선 회절 사진은 1979년 MIT의 한 연구진과 라이덴 대학교 연구진의 협력으로 나온 작품이다. 이 사진은 MIT의 앤드루 왕(Andrew H. J. Wang)이 제공했다.

25쪽
오랫동안 수성의 근일점 이동으로 알려져 있던, 이런 종류의 운동에서 발견되는 아주 작은 불일치는 1916년 아인슈타인의 중력 이론으로 해명되었다. 이는 아인슈타인의 중력 이론이 올린 최초의 개가였다.

27쪽
발머 계열의 선들이 나타나는 수소 스펙트럼은 라이너스 폴링(Linus Pauling)의 『일반 화학(General Chemistry)』에 실린, 로저 헤이워드(Roger Hayward)의 그림을 모방한 것이다.

29쪽
25.4센티미터(10인치) 길이의 운모 손은 시카고의 마셜 필드(Marshall Field) 자연사 박물관 소장품이다.

여행

10^{25}미터

원시 기체가 우주 전체로 규칙적으로 팽창함으로써 은하들이 서로 물러나게 되며 거리가 점차 멀어진다. 여기 큰 사각형의 가장자리에 서로 마주하고 있는 두 은하는 초속 2만 킬로미터, 광속의 10분의 1 정도의 속도로 멀어져 간다.

먼 은하들과 퀘이사들의 스펙트럼에 나타나 있는 운동이 바로 이것이다. 10^{25}미터를 벗어나 그다음 10의 제곱수의 세계로 들어가게 되면, 정면으로 상대성 물리학과 맞부딪치게 될 것이다.

1 아주 먼 은하의 빠른 속도는 몇 가지 인식할 수 있는 원자 선들의 스펙트럼 편이로부터 추론해 낼 수 있다. 이 선들은 거의 2에 해당하는 인수로 파장에서 붉은 쪽으로 이동해 나타나 보인다. 이 천체의 붉게 보이는 선들은 처음 복사될 때는 본래 파란색이었을 것이다. 이 선들의 원래 위치는 그들의 파장 비율을 대조해 확인할 수 있다. 사진은 1977년 애리조나 주 투손의 키트 피크 국립 천문대의 4미터 망원경으로 관측한 것을 H. 스핀래드(H. Spinrad)와 H. E. 스미스(H. E. Smith)가 직접 (붉은) 건판에서 현상한 것이다.

2 먼 은하의 규칙적인 후퇴는 너무 멀리 떨어져 있어서 전체 운동이 이웃 천체의 중력 효과를 무시한 채 이루어지는 낯선 천체의 거리를 측정할 때 쓰인다. 퀘이사가 가장 좋은 예다. 후퇴 속도가 광속의 1퍼센트라면 더할 나위 없이 좋은 거리 측정 수단이 된다. 우리가 이해하는 바가 옳다면 대부분의 퀘이사는 2인수 이상으로 언제나 붉은색 쪽으로의 편이를 보인다. 왜냐하면 팽창은 그들을 우리로부터 바깥쪽으로 옮겨 놓기 때문이다.(이 퀘이사들에서 보면 우리가 바깥쪽으로 날아가는 것처럼.) 「3차 케임브리지 대학교 전파원 목록」에 나오는 전파원 147번이 이 퀘이사다. 3C147 사진은 1960년대 후반에 캘리포니아 주 패서디나의 팔로마 천문대에서 200인치(5.08미터)의 헤일 망원경으로 찍은 사진이다.

3 물고기자리에 있는 희미한 은하단으로, 팔로마 천문대의 200인치(5.08미터) 망원경으로 찍은 사진이다.

10^{24}미터

1 처녀자리 은하단의 중앙 부분에 M84와 수많은 밝은 은하들이 보인다. 키트 피크 국립 천문대에서 4미터 망원경으로 찍은 사진이다.

2 키트 피크 국립 천문대의 4미터 망원경으로 찍은 사진에 나오는 처녀자리 은하단의 밝은 타원형 은하인 M84 혹은 NGC4374.

3 기다란 충돌로부터 모습을 드러낸 은하쌍 NGC4038/39.

칠레에 있는 세로 톨롤로 미국 연합 천문대(CTIO)의 4미터 망원경으로 프랑수아 슈바이처(Francois Schweizer)가 찍은 사진. 이 현상을 컴퓨터로 모의 실험한 그림은 1973년 12월호의 《사이언티픽 아메리칸》에 알라르 툼레(Alar Toomre)와 유리 툼레(Jüri Toomre)가 실었다. 우리는 충돌하는 은하를 많이 알고 있다. 물질의 밀도는 은하 바깥쪽보다는 안쪽이 훨씬 높지만, 별들 사이에서는 충돌을 결코 볼 수가 없다. 크기에 비해 별들은 은하들보다 훨씬 더 멀리 떨어져 있다. 만약 일어난다면 별의 충돌은 은하들이 조우하는 현상들에 비해 아주 짧은 시간 동안만 일어나는 현상일 것이다.

은하와 은하단 안에 들어가 있는 전체 물질을 추산하는 방법에는 두 가지가 있다. 하나는 별들과 다른 방사원을 센 후, 은하 기체, 별에 대한 국부적인 지식을 이용해 전체 질량을 합산하는 것이다. 다른 하나는 거대한 구조의 형태나 관측된 속도의 연관성으로부터 중력으로 인한 인력을 산출하는 것이다.

최근 연구에 따르면 이 두 산출 방식 사이에는 중요한 모순점이 있다는 사실이 확실해지고 있다. 우주에서 중력 작용을 하고 있는 물질 대부분(아마 90퍼센트)이 전혀 볼 수 없는 물질인 것 같다. 이 물질은 무엇이란 말인가? 가장 전통적인 견해는, 대부분의 은하들이 너무 희미해서 보이지 않는 침침한 적색 왜성들의 거대한 무리를 포함하고 있을 것이라는 보는 것이다. 이미 은하 질량의 상당 부분을 이런 별들이 차지하고 있다는 것은 알려져 있다. 아마도 이 별들이 10배 이상은 되지 않을까? 가장 독창적인 제안은 재미있고 흥미진진하기도 한 것으로, 이에 따르면 중성미자(뉴트리노)가 보이지 않는 질량인, 자신들의 질량을 우주에 제공하고 있다는 것이다. 이는 급진적인 코페르니쿠스적 사고이다. 이것이 사실이라면 우리 지구는 우주의 중심도 아니다. 뿐만 아니라 별이나 지구 그리고 우리 자신을 이루고 있는 물질은 중성미자 우주에서는 일종의 불순물이 되어 버릴 수도 있다. 지금으로서는 알 수가 없다.

  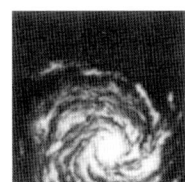

10^{23}미터

1, 2 두 은하 NGC5426와 NGC 5427의 사진은 1977년 세로 톨롤로의 4미터 망원경으로 워싱턴의 카네기 연구소 연구원 베라 루빈(Vera Rubin)이 노출 시간을 똑같이 길게 설정해 찍었다. 넓은 띠의 사진은 파란색에 민감한 감광 유제를 사용했다. 다른 사진은 수소의 붉은 Hα선 때문에 좁은 필터를 사용했다.

3 국부 은하군 너머에 그리 멀리 떨어져 있지 않은 독특한 은하 NGC5128. 팔로마 천문대 200인치(5.08미터) 망원경으로 찍은 사진이다.

4 1965년 오스트레일리아, NSW의 파크스에 있는 연방 과학 산업 연구 단체의 210피트(64미터) 전파 망원경으로 쿠퍼(Cooper), 프라이스(Price), 콜(Cole)이 408메가헤르츠를 사용해 얻은 NGC5128의 전파 지도를 다시 그려놓은 것이다. 《오스트레일리아 물리학회지(Australian Journal of Physics)》(1965년).

10^{22}미터

1 대마젤란 성운과 소마젤란 성운. 1934년 남아프리카의 블룸폰테인에 있는 하버드 대학교 천문대의 보이든 관측소에서 3인치(7.62센티미터) 로스테사르(Ross Tessar) 렌즈 카메라로 각도를 넓혀서 찍은 사진. 이 사진은 3시간의 노출 시간에 푸른색에 민감한 감광 유제를 사용하여 찍었다. 하버드 대학교 천문대 사진 제공.

2 1516년 피렌체의 안드레아스 코르살리가 남극 하늘에 대한 최초의 보고서를 발간했다. 이것은 1555년 런던의 리처드 이든(Richard Eden)이 영어로 번역해 『수십 년의 신세계 혹은 서인도(The Decades of the New World or West India)』에 실려 발간되었다. 이 형상은 이든이 다시 그려 놓은 마젤란 성운을 모사한 것이다. 미국 의회 도서관 제공.

3 마치 안드로메다 은하가 별들을 올려다보는 것처럼 보이는 이 밤하늘 사진은 애리조나 주 투손에서 작업한 윌리엄 하트먼(William K. Hartmann)의 작품이다. 그는 35밀리미터 카메라로 노출 시간을 20분으로 설정해 이 광각 사진을 얻었다. 이 사진은 그의 뛰어난 천문학 교과서(『자료 목록』을 보라.)에 삽입되기도 했다. 은하수 띠 위쪽 가장자리에서 카시오페이아의 굽뜬 W자를 알아볼 수 있을 것이다.

4 같은 안드로메다 은하가 확대되어 보인다. 릭 천문대에서 36인치(91.4센티미터) 크로슬리 반사 망원경에 환하게 잡힌 사진.

10^{21}미터

텍사스 대학교 천문학과의 제임스 레이(James Wray) 박사는 은하들을 천연색으로 찍는 사진 기술을 개발했다. 거대 망원경으로 보이는 상을 텔레비전 비슷한 도구를 이용해 단색조의 텔레비전 화면에 띄운다. 이런 식으로 그는 각각 다른 세 가지 네거티브를 얻는데, 마치 각각 색필터를 통해 보는 것처럼 보인다. 이 세 가지 사진을 서로 겹쳐 놓고, 각각에 염료 전사 과정을 이용해 필요한 한 가지 색을 추가한다. 염료 전사 과정을 통해 결과를 세밀하게 조절할 수 있다.(이런 처리 과정의 전신은 테크니컬러로 알려져 있다.) 망원경으로는 너무 희미한 상에서 색깔을 볼 수 없어서, 이런 식으로 그는 비교할 만한 색깔의 여러 가지 은하 사진을 모았다. 우리는 여러 장의 사진을 복사할 수 있도록 해 준 레이 박사에게 감사를 표한다.

1 M87
2 NGC2841
3 NGC3745
4 NGC488
5 M88
6 NGC891
7 NGC4449
8 M104
9 M51

샤를 메시에(Charles Messier, 1730~1817년)는 1784년 3~4인치(10센티미터 내외) 망원경을 사용해 자신처럼 혜성을 쫓는 사람들에게 혼동을 불러일으키는, 별이 아니면서도 고정되어 있는 천체들의 목록을 발간했다. 이 메시에 목록에는 적어도 파리 밤하늘에서 잘 볼 수 있는 천체는 다 기록되어 있다. 겨우 100개 남짓한 천체가 기록되어 있지만 이 목록은 오늘날에도 여전히 사용되고 있다. 반면 NGC는 약 1만 3000개의 천체를 기록해 둔, 에드워드 시대(영국 국왕 에드워드 7세가 재위하던 시기로 1901~1910년대를 의미한다. —옮긴이)에 만든 『새 일반 목록(New General Catalogue)』을 의미한다.

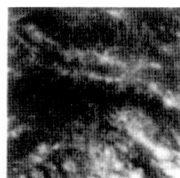

10^{20}미터

1 튀코 브라헤의 주목할 만한 신성(新星) 지도는 27세 때인 1573년 코펜하겐에서 발간한 튀코 브라헤의 첫 번째 저서 『신성(De nova …… stella)』에 나와 있다. 이 책은 아마도 1년 동안 화학 실험에 한눈을 팔고 있던 튀코 브라헤를 다시 천문학에 매달리도록 한 계기가 되었을 것이다. 찰스 임스의 사진.

2 엑스선 천문학의 역사는 겨우 몇십 년밖에 되지 않았다. 이것은 거의 대기 위에서 수행되어야만 한다. 대부분의 자료들이 지구 궤도에 있는 기구들로부터 전송되어 왔다. 가장 최근의 것이 1979년에 미국 항공우주국이 쏘아올려 1981년까지 활동했던 아인슈타인 관측소(HEAO-2)에서 전송된 것이다. 이 사진은 광자 대 광자로 재구성한 사진으로, 수천 전자볼트의 광자 에너지를 지닌 엑스선으로 튀코별의 옛 자취를 컴퓨터 지도로 만들어 냈다. 이 사진은 매사추세츠, 케임브리지의 하버드 스미스소니언 연구소 천체물리학부의 파울 고렌슈타인(Paul Gorenstein)의 작품이다.

3 이것은 똑같은 축적으로 만든 튀코별의 전파 지도로 1975년 발간되었다. 듀인(Duin)과 스트롬(Strom)이 네덜란드의 베스터보르크 전파 망원경을 사용해 작성한 것이다.

4 튀코별의 희미한 광학적인 자취는 몇 년 전에 헤일 천문대에서 S. 판 덴 베르그(S. van den Bergh)가 200인치(5.08미터) 망원경으로 찍은 붉은 사진에도 보인다.

5 게 성운은 200인치(5.08미터) 망원경으로 붉은색 파장대에서 건판에 찍은 것이다. 팔로마 천문대 제공.

6, 7 1년을 시차로 찍은 이 놀라운 색깔의 한 쌍의 사진은 1979년 봄의 초신성을 동반한 때와 그렇지 않은 때의 M100 은하를 보여 준다. 이것은 유능한 아마추어 천문가의 작품으로, 냉각 필름 기술을 이용해 14인치(35.6센티미터) 반사 망원경으로 뛰어난 결과를 얻었다. 그는 벤 마이어(Ben Mayer)로, 전문 디자이너이다. 이 사진은 로스앤젤레스 북서쪽에 있는 산에 자리 잡은 그의 프로블리컴 관측소에서 찍은 것이다.

인용구는 1963년 뉴욕 베이직북스 출판사가 간행한 할로 섀플리의 『저 멀리 있는 별에서 본 광경(View from a Distant Star)』에 나오는 서두 문장이다.

10^{19}미터

1 은하수 면의 오른쪽에 있는 사수자리 안에 있는 이 성운은 가장 잘 알려진 밝은 것 중 하나로 약 5,000광년 떨어져 있다. 세부분으로 나뉜 형태 때문에 이 성운에는 M20과 NGC6514라는 이름 외에 트리피드(Triffid, 삼렬)라는 이름도 붙었다. 이 사진은 릭 천문대의 120인치(3미터) 반사 망원경으로 찍은 사진이다.

2 먼지 같은 어두운 은하의 흑점, 석탄자루 성운은 19세기에 남아프리카에 있던 한 영국인 관찰자가 그렇게 불렀다. 그러나 이를 포함하고 있는 어두운 별자리는 남반구 사람들 사이에서는 전통적으로 잘 알려져 있던 것이다. 남십자성 가까이에 있는 이 성운 역시 우리 은하 평면에 있으며, 500~600광년 떨어져 있다. 사진은 1945년 블룸폰테인에 있는 하버드 대학교 보이든 관측소에서 3인치(7.62센티미터) 카메라를 사용해 광각으로 찍은 사진이다. 하버드 대학교 천문대 제공.

3 이 은하수 사진은 하트먼이 찍은 또 다른 사진인데, 35밀리미터 카메라와 광각 렌즈로 찍은 것이다. 은하수를 따라 약 50도 각도로 펼쳐져 있다. 하트먼의 교과서에서 인용했다.(『자료 목록』을 보라.)

4 사진은 세로 톨롤로 미국 연합 천문대의 4미터 망원경으로 찍은 것으로 특히 가장자리를 밖으로 하고 있는 NGC55 은하와 가장자리를 밖으로 해서 본 우리 은하를 비교할 수 있도록 되어 있다.

10^{18}미터

1 이 별 시야는 거문고자리에 있는 고리 성운, NGC6720 중심에 있다. 이 행성상 성운은 작은 망원경 관측자들에게는 잘 알려진 천체이다. 이것은 거의 2,000광년 떨어져 있으며, 몇만 년 동안 초속 20킬로미터라는 적당한 속도로 팽창하고 있다. 어느 정도 초기 컬러 사진에 속하는 이 컬러 사진은 오하이오 클리블랜드의 웨스턴 리저브 대학교와 기술 사례 연구소와 위너 스웨이지 천문대에 있는 버렐 슈미트(Burrell Schmidt) 형의 광역 망원경 접물 프리즘으로 찍은 것이다. 붉은 수소 방출과 수소 원자와 산소 원자의 몇몇 파란색 방출이 보인다. 이 범상치 않은 사진을 제공해 준 피터 페시(Peter Pesch) 소장에게 감사드린다.

2 아크투루스의 스펙트럼이 자세히 보인다. 복사된 부분은 겨우 4,200~4,300옹스트롬 파장에 걸쳐 있다. 이것은 모두 보라색 파장 안에 있는 것인데, 어두운 원자 흡수선들이 많이 보인다. 아크투루스는 태양보다 100배 이상 밝은 거대한 별로, 아마도 태양보다 지름이 20배는 클 것이다. 표면 온도는 겨우 절대 온도 4,000도 정도이다.(태양의 절대 온도 5,800도와 비교해 보라.) 상대적으로 부풀어 있으며 차가운 편이다. 실제 이 별은 우리 눈에 주황색으로 보인다. 윌슨 산 천문대와 라스 캄파나스 천문대, 워싱턴 카네기 연구소 제공.

10^{17}미터

1 이것은 도마뱀자리의 은하면 가까이에 있는 좁은 별 시야로 1도에 해당하는 부분이다. 태양과 동일한 형태의 스펙트럼을 가진 것으로 알려진 별들의 일부에 표식이 되어 있다. 이들 대부분(다중성일지도 모르지만)은 태양만큼 빛을 내고 안정되어 있으며, 지속적임에 틀림없다.(사진에 표식되어 있는 것이 우리가 알고 있는 거의 전부이다.) 이들 보기로부터 태양을 닮은 별들이 얼마나 많이 우리 은하에 존재하는지를 측정할 수 있다. 정말 무수하다! 표식된 부분은 아주 작은 부분으로 겨우 하늘 전체의 100만분의 1에 해당한다.

우리 은하에는 태양을 닮은 별들이 수많이 존재한다는 사실은 거의 확실하다. 어딘가 그런 별 가까이에 인류에 상응하는 진화된 존재가 살고 있을지도 모른다는 추측은 오래전부터 있어 왔다. 20여 년 동안 지구 위에 작동하고 있는 것과 조금도 다르지 않은 전파원에서 방출된 전파 신호가 성간 공간을 가로질러 검출될지도 모른다는 추측은 계속 확산되어 왔다. 이 신호가 신호용 횃불처럼 계획적으로 방출되었는지, 아니면 다른쪽 끝으로 우연히 발산된 것인지는 알 길이 없다. 이 신호들에 대한 체계적인 연구는 아직까지 조직적으로 이루어지지 않고 있다. 신중하게 시도된 선구적인 조사 작업들은 아무런 신호도 발견하지 못했다.

헤일 천문대와 제시 그린스타인(Jesse Greenstein)이 처리한 사진으로 『SETI: 외계 지능 탐사(SETI: The Search for Extra-terrestrial Intelligence)』에서 전재한 것이다.

2 이중성이 분명하게 보인다. 이것은 61 Cygni, 1838년에 프리드리히 베셀(Friedrich Wihelm Bessel, 1784~1846년)이 연주 시차로 거리를 측정한 최초의 별로도 유명하다. 이 두 별은 아주 천천히 움직이며 약 800년 만에 서로의 궤도를 지난다. 그들은 1780년경에 최초로 분리된 이후로 계속해서 떨어져 있다. 둘 다 적색 왜성으로 태양보다 질량은 작고 10분의 1 이하의 광도를 보인다. 이들 간의 거리는 약 80천문단위(AU)이다. 우리는 대개가 희미한 이웃 별을 가진, 이러한 다중성계를 수십만 가지 알고 있다. 이것은 펜실베이니아의 피츠버그에 위치한 앨러게니 천문대에서 톰 레일랜드(Tom Reiland)와 존 스테인(John Stein)이 1980년에 찍은 사진이다.

10^{16}미터

1 혜성도 태양계의 일원임에 틀림없다. 왜냐하면 성간 공간에서부터 진입 속도에 조금 못 미치는 속도로 태양을 향해 떨어지기 때문이다. 그러나 이들은 탈출 속도에 거의 근접해 있기 때문에 태양에 아주 느슨하게 매여 있음에 틀림없다. 이들 속도와 소멸해 가는 혜성들의 거대한 집결소에 대한 필요성으로부터 멀리 떨어진 혜성들의 구름에서 혜성이 날아온다는 가정이 나왔다. 에른스트 외픽(Ernst Öpik, 1893~1985년)이 최초로 가설을 세웠고, 얀 헨드리크 오르트(Jan Hendrik Oort, 1900~1992년)가 구체화시켰다.

때때로 지나가는 별들에서 유래하는 작은 중력 관성이 혜성을 저 아래로, 저 멀리 있는 태양 아래로까지 던져 놓았다가 다시 100만 년의 여행을 거쳐 되돌아오게 한다. 이 현상은 지금은 1년에 몇 번 일어난다. 따라서 만일 이 현상이 지구 전 역사에 걸쳐 일어났다면 이 성운에는 10^{10}~10^{11}개의 혜성이 있음에 틀림없다. 우리가 보는 대부분의 혜성들은 차가운 과거를 공유하고 있으며, 유일하게 태양 가까이의 따뜻함 속으로 들어갔다 다시 나가는 모험을 감행하고 있을 뿐이다. 지구에서 반복해 보게 되는 혜성들은 대부분 불운하게도 중력 때문에 목성과 조우함으로써 올가미에 걸려든 소수의 혜성들이다. 주기적으로 방문하는 혜성들은 다른 행성과 운 좋게 조우해 이 올가미에서 풀려나 다시 저 먼 성운으로 탈출해 나가지 않는 이상은, 꼬리가 성장하고 소생하는 데 자신의 물질을 점차 다 써 버리게 된다.

2 바너드별의 합성 사진은 펜실베이니아의 피츠버그에 위치한 앨러게니 천문대의 초점 거리가 30인치(76.2센티미터)로 긴 굴절 망원경 사진 건판에서 확대한 것이다. 이 망원경은 1912년에 만들어진 이후 줄곧 이런 작업을 위해 사용되어 왔다. 건판에는 두 개의 별밖에 보이지 않는다는 사실을 주목하라. 이 건판은 목표 별이 잘 보이도록 충분히 노출한 것이다. 비교할 별은 약 10분 원호로 떨어져 있다. 뱀주인자리에 있는 별의 9분의 1 크기이다. 이렇게 시각적으로 전체 상을 만들어 내는 일은 놀라운 능력이다. 천체 측정은 숫자들로 가득 찬 하나의 화면에서 끌어낼 수 없는 기술이다. 소장 조지 게이트우드(George Gatewood)와 사진 연구를 한 톰 레일랜드에게 감사드린다.

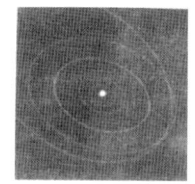

10^{15}미터

1 왕좌에 앉아 있는 카시오페이아의 삽화는 여러 판본이 있는 가이우스 율리우스 히기누스(Gaius Julius Hyginus, 기원전 64~기원후 17년)의 『천문 시편(Poeticon Astronomicon)』 1534년 판본에서 따온 것이다. 오웬 깅거리치(Owen Gingerich)의 소장품.

2 두 마리의 곰은 페터 아피안의 『우주지(Cosmographia)』(1540년) 판본에서 인용한 것이다. 오웬 깅거리치 소장품.

3 중국의 오리온자리 성도는 조지프 니덤(Joseph Needham, 1900~1995년)이 왕링(王玲, 1917~1994년)의 도움을 받아 1959년 발간한 살아 있는 고전 『중국의 과학과 문명』의 관련 부분에 상세히 묘사되어 있는 것을 더 완벽하게 모사한 것. 기원전 4세기에 발간된 오래된 중국 문헌에 기초해 지금으로부터 500년 전에 작성된 성도이다. 마크 아우렐 스타인(Mark Aurel Stein, 1862~1943년) 경이 둔황에서 발견한 필사본에서 따온 그림이다. 사진은 대영 도서관 제공.

4 오리온자리의 주요 별들 사이의 거리는 토론토의 캐나다 왕립 천문학회의 1981년 『관측자 편람(The Observer's Handbook)』에 나온 것이다.

5 먼지 속에 엉켜 있는 플레이아데스 성단은 하버드 대학교 천문대의 슈미트 카메라 건판에 찍힌 것으로 1946년 매사추세츠 애거시 관측소에서 찍은 것이다. 이 먼지는 이 성단 자체의 구성 물질은 아니다.

10^{14}미터

1 지난번 핼리 혜성이 가까이 왔을 때, 당시 페루의 아레키파 근처에 있던 보이든 관측소에서 찍은 사진이다. 이것은 파란색에 민감한 건판에 30분 정도의 노출 시간으로 얻은 것이다.(1910년 4월 21일) 사진은 하버드 대학교 천문대 제공.

2 이 유명한 자수품은 핼리 혜성의 징조를 형상화했다. 바이외 시장 제공.

3 더럼의 토머스 라이트(Thomas Wright, 1711~1785년)는 1750년에 우주 이론을 발표했는데, 거기에서 그는 애매함이라고는 조금도 남기지 않고, 은하수를 멀리 떨어져 있는 별들로 이루어진 별들의 원반으로 해석했다. 자신의 저서에다 그는 "세 주요 혜성의 궤도가 포함된 태양계의 진짜 도해……"를 실어 두었다. 75.5년의 주기를 가진 1682년의 혜성은 그의 책이 나오고 난 후인 1758년 제 시간에 다가왔다. 몇몇 혜성의 주기성을 최초로 알게 되었던 에드먼드 핼리가 이 혜성의 귀환을 예고했기 때문에, 그의 이름을 따서 이 혜성을 지금까지 핼리 혜성이라고 부른다. 판화는 1750년에 나온 토머스 라이트의 저서 『우주의 이론 혹은 우주에 관한 새로운 가설(An Original Theory or New Hypothesis of the Universe)』에 나온다.

4 목성의 영향을 고려해 조지프 브래디(Joseph Brady)와 에드나 카펜터(Edna Carpenter)가 세운 궤도 방정식에 따라 로저 시노트(Roger Sinnott)가 핼리 혜성의 경로를 그려 놓은 것이다. 여기 사진은 1981년 2월에 발간된 『하늘과 망원경(Sky and Telescope)』에서 재수록한 것이다.

5 Hα라는 수소 원자의 강한 붉은색 파장으로 자세히 본 1917년 8월 12일의 태양 표면. 윌슨 산 천문대 사진.

4대의 우주선, 2대의 파이어니어 호와 2대의 보이저 호가 목성 근처에서 강한 추진력을 얻어 지금은 태양계 밖을 향해 날아가고 있다. 이들은 지구를 떠나서 영원히 별 사이를 떠돌아다니게 될 최초의 인공물이 되어 버렸다. 파이어니어 10호는 1980년대 후반에는 10^{13}미터 장면 가운데 있는 작은 사각형 가장자리 위를 조용히 지날 것이다. 1세기 동안은 10^{14}미터 영역 전체를 벗어나지는 못하겠지만 황소자리를 향해 날아갈 것이다. 파이어니어 11호는 몇 년의 시차를 두고 거의 반대 방향으로 가고 있다. 보이저들은 모두 1990년경에는 명왕성 궤도 바깥에 있을 것이다. 이 4대의 우주선들은 모두 우주의 초대양에 던져진 병처럼 인류의 메시지를 나른다.

그동안에도 우리가 영향을 미칠 수 있는 영역의 가장자리는 정확히 빛의 속도로 움직여 나간다. 현재 우리가 보낼 수 있는 가장 먼 신호는 강력한 레이더의 펄스 신호와 텔레비전 송신에서 생긴 의도하지 않은 결과물로, 구형을 이루어 빠르게 팽창하고 있다. 그러나 여전히 10^{18}미터 사각형 내에 존재한다. 칼 세이건이 지은 『코스모스』를 보라.(『자료 목록』에 나와 있다.)

10^{13}미터

미국 항공 우주국은 사진 자료들과 전문가들을 풍부하게 갖추고 있는 몇몇 기관을 후원하고 있다. 여기에는 행성 사진을 제공하는 캘리포니아 패서디나에 위치한 제트 추진 연구소(JPL), 대부분 지구 사진을 제공하는, 메릴랜드 그린벨트의 고다드 우주 비행 센터(GSFC), 로드아일랜드 주 프로비던스 브라운 대학교 도서관의 지역 행성 데이터 센터(Regional Planetary Data Center)와 일반 사진을 제공하는 워싱턴의 미국 항공 우주국 본부가 속한다. 우리는 특히 JPL의 레슬리 피어리(Leslie Pieri)와 GSFC의 찰스 본(Charles Bohn)과 브라운 대학교의 짐 헤드(Jim Head)에게 감사드린다.

1 보이저 1호가 1980년 11월 16일 토성 뒷면의 극적인 사진을 찍었다. 보이저 1호는 가능한 한 오랫동안 탐지될 것이다. 동력원은 태양열이 아니라 방사능 열이기 때문에 추적이 가능하다. 사진은 미국 항공 우주국 본부 제공. 80-HC-670.

2 이 놀라운 사진은 토성 고리의 복잡한 모습을 보여 준다. 한때 이 고리들은 A, B, C처럼 간단한 이름만이 필요했다. 보이저 1호는 1,000~2,000개의 서로 다른 작은 고리들로 된 구조를 보여 주었다. 그 누구도 이 고리들이 회전하고 있는 수많은 물체로 이루어져 있음을 의심하지는 않았다. 그러나 그렇게 많은 간극이 존재하고 그 사이에 그렇게 많이 떼지어 모여 있으리라고는 예측하지 못했다. 충돌도 하고 떠다니기도 하는 먼지와 번개가 이곳에도 역시 존재한

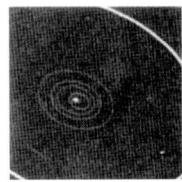

10^{12} 미터

10^{11} 미터

다. 사진은 1980년 11월 6일에 보이저 1호가 토성에서 800만 킬로미터 떨어진 곳에서 찍은 것이다. JPL P-23068.

3 타이탄은 토성의 주요 위성이다. 타이탄은 달보다 더 크며 더 차갑고, 공기를 쉽게 보유할 수도 있다. 사진이 보여 주듯이 먼지투성이이고, 아마도 다채로운 유기물의 눈(雪)을 잔뜩 싣고 있을 것이다. 질소와 메탄이 대기 성분이다. 반구는 색깔이 다르고 지금은 북쪽이 더 어둡다. 일종의 지구를 닮은 기상도 존재함이 틀림없다. 사진은 1980년 11월 10일 보이저 1호가 타이탄에서 450만 킬로미터 떨어진 곳에서 찍은 것이다. JPL P-23076.

4 고대 분화구였던 미마스의 얼음 구는 1980년 11월 17일 약 50만 킬로미터 떨어진 곳에서 찍은 사진이다. JPL P-23210.

1, 2, 3 윌슨 산의 60인치 망원경으로 본 목성. 세세한 부분들의 정확도는 대개 망원경 가까이에서 일어나는 공기 소용돌이로 인해 제한을 받는다. 목성은 이 망원경으로 보면 약 2,000킬로미터 지름 크기로 보인다. 그런데 하나는 넓게 조망할 수 있는 것과 하나는 그렇게 크지 않은 물체를 멀리서 찍을 수 있도록 특별히 고안된 좁은 조망을 한 텔레비전 카메라 두 대를 장착한 보이저 1호를 보내 보자. 각 텔레비전 카메라는 민감한 비디콘(빛 전도 효과를 이용한 저속형 촬상관 — 옮긴이)으로 각 사진을 48초 간격으로 찍을 수 있도록 주사 판독을 느리게 조정하 두고 있다. 6개의 색깔 띠를 선택할 수 있는 필터 바퀴를 통해 사진을 찍는다. 주황색, 파란색, 초록색 필터를 통해서 빠르게 연속해서 관측하게 하면, 지상의 컴퓨터는 충분한 정보를 제공받아 선명한 컬러 사진을 구성할 수 있다. 보이저 2호는 카메라를 더 가까이서 찍은 정물 사진을 보내와서, 우리는 더 자세한 결과를 얻을 수 있었다. 수수께끼 같은 거대한 붉은 점 사진. 지구에서 본 전체 행성. 윌슨 산 천문대, 캘리포니아 기술 연구소. 우주에서 본 행성. 1979년 2월 보이저 1호가 찍은 JPL P-20993. 붉은 점, 1979년 보이저 2호가 1979년 7월에 찍은 JPL P-21499.

4 이오는 예외적인 존재로 알려져 있다. 이 위성의 궤도는 파이어니어나 지구에서 관측해 보아도 모두 기체로 가득 차 있다. 그러나 그 누구도 보이저가 지날 때 관측한 것처럼 8~10번씩 진행되는 화산 폭발을 예상하진 못했다. 이 에너지는 가까이 있는 거대한 목성의 주기적으로 변동하는 기조력에서 유래한 것 같다. 목성은 자신의 위성을 주무르고 구부리기도 하면서, 전체적으로 데우기도 한다. (자그마한 이오는 지구처럼 화산 활동에 필요한 방사성 열을 공급하지 못할 것이다.) 폭발로 생기는 버섯구름은 물질을 공중으로 분출시켜 궤도 전체를 유황 이온으로 가득 채우는데, 이 이온들이 반짝이는 것을 지구에서 관측할 수 있다. 이산화황과 유황은 이오의 화산 먼지와 용암 성분임에 틀림없다. (바둑판 점들은 카메라 안에 그어 놓은 눈금이다.) 1979년 7월 9일 보이저 2호가 찍은 사진이다. JPL P-21773.

5 목성 위성들의 춤을 그려 놓은 갈릴레오의 노트. 피렌체 국립 중앙 도서관 제공.

1 1976년 여름, 바이킹이 화성에 근접하고 있는 동안 찍은 사진이다. JPL P-19009.

2, 3 바이킹 랜더 2호에서 찍은 화성 사진 두 장. 같은 장소를 찍은 것이다. 바이킹의 카메라는 기계적으로 느리게 주사(scan)하도록 되어 있다. 사진에 보이는 곳은 온화한 화성 북쪽에 위치한 유토피아 평원이라고 부르는 바위투성이의 평지다. 이 사진은 착륙 후 871일과 960일에 화성 위에서 찍은 것이다. (1979년 2월 15일과 5월 10일) JPL의 사진이다.

4 파이어니어 비너스 오비터 호가 금성 궤도로 진입한 지 6개월이 지나지 않은, 1979년 2월에 5만 9000킬로미터 떨어진 지점에서 찍은 금성 사진이다. 이 자외선 사진에서는 뜨겁고 칙칙한 대기 중에 잘 알아볼 수 없는 무늬가 보이는데, 이것은 아마도 황산 구름이 소용돌이치는 모양일 것이다. 금성의 뜨거운 대기는 다른 지구형 행성들의 대기보다 수배 빠르게 회전한다. 이것은 NASA HQ 사진으로 79-HC-221로 번호가 매겨져 있다.

5 7대의 (구)소련 탐사선과 4대의 미국 탐사선은 접근이 어려운 금성 표면을 향해 발사 되었다. 표면 사진들은 전부 (구)소련 탐사선에서 온 것이다. 그들이 보낸 최초의 사진은 1975년으로 거슬러 올라가고, 최근의 두 탐사선은 1982년 3월에 컬러 사진을 보내왔다. 이 주목할 만한 사진은 금성의 적도 지방 고원 지대에 위치한 바위투성

 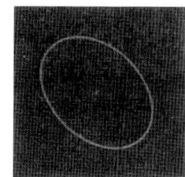

10^{10} 미터

1 이것은 초승달 모양의 지구와 초승달을 적당한 크기 비율로 보이도록 저 멀리서 한 프레임에 잡은 최초의 사진이다. 보이저 1호는 여행 도중인 1977년 9월 17일에 이 사진을 찍었다. 달의 상은 인화할 때 쉽게 알아볼 수 있도록 3배 밝게 찍었다. 달의 회색 먼지는 지구의 하얀색 반사 구름과 전혀 어울리지 않는다. 사진은 JPL P-1981C.

2 코페르니쿠스 자신이 손으로 직접 쓴 책의 원고는 크라쿠프의 야기엘로 대학교 도서관에 보관되어 있는데, 코페르니쿠스는 한때 이곳의 학생이었다. 이 그림은 1권의 10장 첫 부분에 나온다. 이 원들은 축적에 맞춰 그려진 행성의 경로가 아니다. 코페르니쿠스는 행성들이 이웃한 원들 사이 공간 안에서 움직인다고 생각했다. 사진은 찰스 임스가 찍었다.

갈릴레오 편지의 번역은 스틸먼 드레이크(Stillman Drake)가 했다.

10^9 미터

1 달의 지평선 위로 떠오르는 지구. 1972년 12월 아폴로 17호에서 찍은 사진. NASA HQ 72-HC-976.

2 월출. 1965년 12월 18일 제미니 7호가 찍은 사진. NASA HQ 652-HC-618.

3 이 그림은 로버트 훅이 "1664년 10월에 30피트(9.14미터) 유리로" 그린 달 분화구("꽤 큰 접시의 한 귀퉁이 …… 비어 있다.")를 다시 그렸다. 이 분화구는 달 표면 중앙 가까이에 있다. 이미 이 분화구는 이탈리아의 천문학자 조반니 바티스타 리치올리(Giovanni Battista Riccioli, 1598~1671년)가 히파르코스 분화구라고 처음 명명했고, 그 이름으로 굳어졌다. 훅은 달 분화구의 기원에 해당하는 모형으로 실험해 본 뒤, 충돌설에 반대했다. 훅의 『현미경 세계(Micrographia)』(1665년)의 그림을 오웬 깅거리치가 사진으로 찍었고, 하버드 대학교의 호튼 도서관이 사진을 제공했다. 갈릴레오 글은 1610년 간행된 갈릴레오의 『별의 전령(Starry Messenger)』에 나오는 글이다.

4, 5 현대의 달 사진은 현재 피렌체에 소장되어 있는 갈릴레오 원본 그림에 비해 약간 초점에서 벗어나 찍힌 것이다. "그가 스케치한 것은 적어도 전혀 예술적이지 않은 사람(그도 인정하지만), 받침대가 없고, 성능도 낮고, 좁은 시야에 상도 희미한 20배율의 망원경으로 차가운 한밤중에 깜박이는 촛불을 조명으로 사용해 그렸을 것이라고 생각할 만큼은 된다." 그럼에도 불구하고 갈릴레오의 충직한 손은 3세기 후에 그가 이 스케치를 했던 정확한 시간을 "1609년 12월 2일의 파도바 시간 오후 5시경"(Science, Vol. 210, p.136, 1980을 보라.)이라고 확인할 수 있을 정도로 능숙했다. 애리조나 대학교 달과 행성 연구소의 이언 휘터커(Ewen Whitaker)가 비교와 주석을 달았다. 그에게 감사드린다.

6 이 스냅 사진에는 1972년 야심적인 현장 연구를 하고 있는, 뉴멕시코 출신의 젊은 상원 의원이자 지질학자인 해리슨 슈미트가 보인다. 사진을 찍은 이는 우주 비행사 유진 서넌(Eugene A. Cernan)이었다. 궤도 위에서는 우주 비행사 로널드 에반스(Ronal E. Evans)가 우주선에 타고 있었다. NASA HQ 71-HC-931.

7 여기서는 황소자리를 볼 수 있고, 어쩌면 남쪽왕관자리의 별들도 볼 수 있을 것이다. 이 사진은 후기 아시리아 시대 새김이 있는 원통형 인장으로 기원전 1,000~600년에 조각된 것이다. 보스턴 미술 박물관, 65.1662.

이 평지에서 찍은 것이다. 표면의 태양 빛은 두꺼운 구름 아래서 주황색으로 보인다. 지질학적인 작업이 새로이 진행되고 있음을 알 수 있는데, 이는 풍경이 고압이나 열풍이나 고온으로 인한 강력한 침식에도 불구하고 매끈하게 닳아 없어지지 않기 때문이다. 날카로운 나뭇결 무늬가 있는 물질들이 군데군데 현무암 사이로 보인다. 톱니 같은 고리는 표준 색깔인 것으로 보아 탐사선의 일부이다. (구)소련 과학 아카데미의 베네라 13호에서 찍은 사진. 패서디나의 행성 학회 루이스 프리드먼(Louis Friedman)이 사진 제공에 도움을 주었다.

6 필자들이 소장하고 있는 운석 사진.

수메르에서 유래한 이 시는 신성한 결혼 찬가를 담은 『이딘다간(Iddin-Dagan)』서판에서 가져온 것이다. 이 서판은 기원전 1,900년경 수메르에서는 분명하게 금성을 새벽의 금성(샛별)과 저녁의 금성(태백성)을 동일시했다는 명백한 증거처럼 보인다. 이런 연속성에 대한 인식, 합리적인 천문학의 출발점은 호메로스의 서사시 『오딧세이아』보다 훨씬 앞선다. 고전학자들은 이 『오딧세이아』에서 그리스 인들이 이 점을 무시하고 있음을 추적할 수 있다고 주장한다. 이 찬가의 번역은 다이앤 워크스타인(Diane Wolkstein)과 새무얼 노아 크레이머(Samuel Noah Kramer)의 작품(『이난나, 하늘과 땅의 여왕, 사랑의 여신(Inanna, Queen of Heaven and Earth, Goddess of Love)』(1982년)에서 가져왔다.

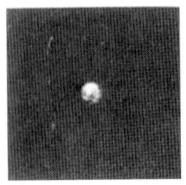 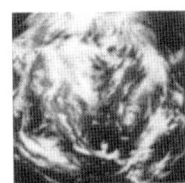 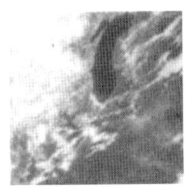

10^8미터

1948년에 프레드 호일(Fred Hoyle, 1915~2001년)은 이렇게 예언했다. "지구 바깥에서 지구를 찍을 수 있다면, 즉 지구의 완전한 고립이 분명히 보이게 된다면, 역사상 가장 강력한 새로운 아이디어가 나오게 될 것이다." 호일의 예언은 20년 만에 확인되었다. 이 아이디어는 1967년 말 미국 항공 우주국에서 나왔다. 최초의 사진은 달 주위를 돌던 루너 오비터 1호가 보내왔다. 이 탐사선은 1966년 8월에 달 지평선 위로 떠오르는 낟알처럼 생긴 반달 모양의 지구 사진을 보내왔다. 그것은 정말 우리를 흥분시킬 만한 것이었다. 그 뒤를 이은 루너 오비터들로부터도 이런 종류의 흑백 사진들이 전송되어 왔다. 1967년 1월 무렵, 최초의 응용 기술 인공 위성 AST-1이 저 바깥 정지 궤도로 발사되었다. 이 위성의 텔레비전 카메라는 거의 완전한 지구 모습을 흑백으로 보여 주었다. 여기서는 낮인 반구의 서쪽 방향으로 밤을 몰아가고 있다. 그 후 브라질 상공의 정지 궤도에 새 주사 컬러 카메라를 실은 AST-3을 올려 보냈다. 1967년 11월 5일에 발사된 지 5일 후 이 위성은 최초의 지구 컬러 사진, 지구 전체를 담고 있는 저 유명한 사진을 보내 주었다. 그 안에는 검은 공간을 배경으로 푸른 구슬이 떠 있었다. 이 사진은 미국 항공 우주국의 보고 중에서도 여전히 가장 많이 사용되는 사진이다. 여기서는 사진 2가 그것이다.

1 아폴로 10호. 1969년 5월. 미국 서부, 북극과 태평양의 상당 부분이 보인다. NASA HQ 69-HC-487.

2 AST-3. 1967년 11월 10일. 지구 전체, 남아메리카와 아프리카 서부가 보인다. NASA HQ 67-HC-723.

3 아폴로 11호. 1969년 7월. 물의 장관, 지구 북극의 극관이 보인다. NASAHQ71-HC-104.

4 아폴로 11호. 1969년 7월. 초승달 모양의 지구, 일출의 장밋빛 가장자리가 보인다. NASA HQ 71-HC-379.

5 아폴로-ASTP. 1975년 7월 20일. NASA HQ 75-HC-578.

6, 7 유럽 우주 기구(ESA)의 정지 궤도 위성인 메테오샛(Meteosat)이 1979년 4월 8일 이 두 사진을 찍었다. 유럽 인들은 이 정지 궤도 기상 위성을 적도와 경도 0도가 교차하는 상공에 올려놓았다. 사진 6은 적외선 사진이다. 명암의 색조는 기온을 나타낸다. 높이 떠 있는 차가운 구름은 하얀색으로 보이고, 따뜻한 구름은 회색, 뜨거운 사막은 아주 어두운 부분으로 보인다. 수증기가 적외선을 흡수하고 있는 곳에 보이는 스펙트럼 띠(6마이크로미터) 상의 현저한 차이로 인해 앞의 사진과 동일한 시간에 찍은 지구 수증기 지도 사진 7을 얻을 수 있었다. 파리의 유럽 우주 기구(ESA) 제공.

8 아폴로 17호. 1972년 12월. 이 지구 사진에서 남극, 아프리카와 햇빛이 찬란한 아라비아 반도를 분명히 구별해 낼 수가 있다. NASA HQ 72-HC-928.

10^7미터

1 혼천의가 새겨져 있는 이 표준적인 목판화는 장기간 베스트셀러가 되었던 홀리우드의 존(John of Holywood, 1195~1256년)이 쓴 『천구에 대하여(De Sphera)』의 삽화로 오랫동안 이용되었다. 이 복사본은 실제로는 후에 경쟁 작품이 되었던 1489년에 아우크스부르크의 레오폴두스(Leopoldus)가 쓴 『천문학에 대하여(De Astrorum Scientia)』에서 따온 것이다. 출판업자 에르하르트 라트돌트(Erhard Ratdolt, 1442~1528년)가 자신이 가지고 있던 목판들을 이용해 홀리우드의 존의 책을 찍으면서 자기만의 판본을 만들게 된 것이다. 사진은 오웬 깅거리치의 소장품에서 나온 것이다.

2 끊어져 있는 층운은 우리에게 익숙한 앞바다의 구름 모양이다.(다섯 측면에서 찍은 영상은 카메라 안에서 만들어진 것이다.) 이 사진은 1969년 7월 최초의 달 착륙을 위해 지구를 떠나고 있던 아폴로 11호의 우주 비행사가 찍은 것이다. NASA HQ 71-HC-114.

구의 지름은 1/4원호(원둘레)에 $4/\pi$ 혹은 1.27을 곱한 것이다.

10^6미터

1 미시간 호에 떠다니는 얼음 덩어리는 겨울의 탁월풍인 서풍에 밀려 바람 부는 방향으로 움직여간다. 랜드샛 사진은 1977년 2월 10일의 추운 겨울에 찍은 것이다. NASA HQ 80-HC-110.

2 여기 보이는 밤 사진은 방위 기상 관측 위성 계획(DMSP)의 궤도 위성이 찍은 일상적인 밤 풍경이다. 1974년 2월에 미국 공군에서 찍은 사진.

3 1975년 9월 2일에 발생한 허리케인을 기상 관측 위성 중에서도 최초로 지구 정지 궤도의 GEOS-1이 잡은 모습이다. 고다드 우주 비행 센터의 사진.

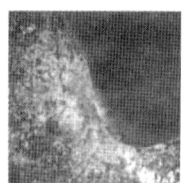
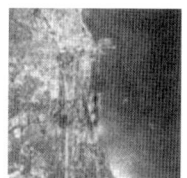
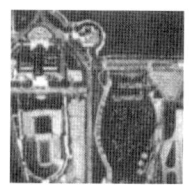

10^5미터

일반적으로 랜드샛이라고 불리는 일련의 인공 위성들은 1972년 7월에 발사되기 시작했다. 랜드샛 3호는 현재 궤도에 머물러 있는 위성 중 하나이다(랜드샛 3호는 1983년까지 운용되었고, 현재는 랜드샛 5호와 랜드샛 7호가 운용되고 있다. — 옮긴이). 이 위성은 아침 9시 30분경에 지구의 적도를 지나간다. 이 위성 궤도는 조금씩 서쪽으로 이동해 가는데, 다음날 아침 9시 30분경에는 전날 지나간 지점에서 서쪽으로 150킬로미터 정도 비껴난 지점 상공을 지나가게 된다. 이렇게 18일이 지나면 900킬로미터 상공에서 찍은 사진들로 이루어진 지구 전체의 모자이크 그림을 얻을 수 있다. 각 사진들에는 한 변이 185킬로미터인 사각형의 땅이 담겨 있다. 80미터까지 자세히 볼 수 있다. 해가 갈수록 이 사진들은 점점 더 넓은 영역을 포괄하게 되었다. 정보들은 테이프에 보관되지만, 이 정보들을 여러 가지 시각 매체를 통해 살펴볼 수 있다. 여기 보이는 사진들은 몇 가지 색깔로 처리된 화상들이다. 코드화된 색깔들로만 표시할 수 있기는 하지만, 이 화상을 컬러 사진으로 조합하는 것이 일반적이고, 적외선 사진에는 위채색(false color)을 주로 사용한다.

일반적으로 랜드샛 사진은 사우스다코타 주의 수폴스의 에로스 데이터 센터(Eros Data Center)에서 얻을 수 있다. 사진 1, 2, 3은 고다드 우주 비행 센터에서 제공했다.

1 이 사진은 1975년 8월에 랜드샛 1호에 잡힌 뉴질랜드의 겨울 풍경이다. 훌륭한 자료집 『지구 특무 비행(Mission to Earth)』(「자료 목록」을 보라.)에서 전재했다.

2 파키스탄 서쪽 끝, 아프가니스탄 국경을 따라 펼쳐져 있는 발루치스탄 사막이다. 질을 높인 랜드샛 사진을 캘리포니아의 팰로 앨토에 있는 IBM 사의 랠프 번스타인(Ralph Bernstein)이 제공했다.

3 하와이의 빅 아일랜드를 1973년 2월 11일에 찍은 두 대의 랜드샛 사진을 조합해 나타내 보았다. 이 사진 역시 『지구 특무 비행』에 나온다.

4 퀘벡 주 북부에 있는 매니쿼건 분화구의 랜드샛 사진은 1974년 4월 20일에 찍은 것이다. (『지구 특무 비행』을 보라.)

10^4미터

1 펜실베이니아의 리티츠 출신 그랜트 헤일먼(Grant Heilman)이 찍은 캔자스 들판의 농경 사진.

2 영국 보어햄 우드에 있는 골드소프 항공사진 주식회사가 찍은 팔마노바의 요새 도시.

3 사우스다코타 주의 수폴스의 항공 모자이크 사진. 에로스 데이터 센터 사진.

4 『타임스의 세계 지도(Times Atlas of the World)』(1967년)에서 등고선을 기초로 그려 놓은 에베레스트 산 측면도. 통가 해구의 측면도는 브루스 히진(Bruce Heezen)의 『깊은 곳의 얼굴(The Face of the Deep)』(1971년)에서 따온 것이다.

10^3미터

1 폰 델 체임벌린(Von Del Chamberlain)이 찍은 포니 족의 성도(星圖) 사진. 시카고 필드 박물관의 허가로 실었다.

2 벤저민 마틴의 태양계의(太陽系儀) 사진. 시카고 애들러 천문관의 고대 기구 소장실 관리자인 로더릭 웹스터(Roderick Webster)와 마저리 웹스터(Marjorie Webster)가 찍은 사진.

3 1980년 12월에 버드 버톡(Bud Bertog)이 찍은 시카고 공원 구역 솔저스 필드 경기장 사진.

4 조지 워싱턴 다리는 179번가의 맨해튼과 뉴저지 주의 포트 리 사이를 이어 준다. 오스만 헤르만 암만(Othmar Hermann Ammann, 1879~1965년)이 설계한 이 다리는 암만이 다리 건설 최고 기술 책임자로 있던 항만청이 1931년 10월에 개통했다. 50년이 지난 후에는 이 다리보다 더 긴 다리들이 전 세계에 6개나 존재하게 되었다. 가장 긴 다리가 험버 강을 가로질러 놓여 있는 다리로 경간(기둥 사이) 없이 길이만 1,400미터에 이른다. 그러나 암만이 건설한 이 대담한 다리는 그 이전의 다리보다 경간의 거리를 2배나 늘려 놓았다. © The Image Bank, New York.

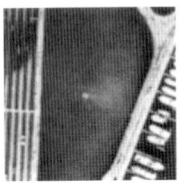   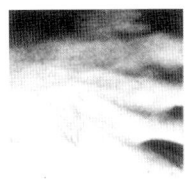

10^2미터

1 거대한 세쿼이아나무는 캘리포니아의 킹스 캐니언 국립 공원에 서 있다. 사진은 캘리포니아 샌타바버라 출신의 데이비드 먼치(David Muench)가 1980년에 찍은 것이다.

2 케이프 커내버럴에 위치한 로켓 발사 정비탑의 새턴 5호 로켓. 초기 발사 시험이 진행 중이다. NASA HQ SAT 5-63.

3 이 그림은 조각가 프레데릭 오귀스트 바르톨디(Frédéric Auguste Bartholdi, 1834~1904년)가 "자신의 철제 골조를 만들어 준 이에 대한 자유의 여신상의 감사와 아울러 에펠을 찬미하며"라고 써 둔 스케치에 바탕을 둔 것이다. 자유의 여신상의 외부 형상은 망치질을 한 구리판으로 만들어져서, 그 안에 들어 있는 뼈대보다 오히려 더 무겁다. 조지프 해리스(Joseph Harriss)의 『가장 높은 탑(The Tallist Tower)』(1975년)에서 전재한 것이다.

4 인도 북부 야무나의 아그라에는 왕비 뭄타즈 마할의 신성한 무덤이 있는데, 이 무덤은 1632년에 그녀를 기려서 만든 것이다. 사진은 뉴욕의 편집 사진 보관소(Editorial Photo Archives)에서 제공.

5 에피다우루스의 극장은 그리스 공군의 도움을 받아 공중 사진을 찍었던 고고학자의 말에 따르면, "지성적인 예술의 개가"이다 레이먼드 쇼더(Raymond V. Schoder)의 『헬라스 위의 날개(Wings over Hellas)』(1974년)를 보라.

6 이 우아한 강철 선체를 갖춘 범선은 1936년 함부르크에서 진수되었다. 이 배는 미국의 전승 기념물이 되었다. 미국 해안 경비대에서 찍은 사진.

10^1미터

1 1920년대에 칼 더글러스(Carl Douglas)가 이끈 카네기 박물관 팀이 유타 주의 버널에서 발굴한 이 기다란 쥐라기의 거인은 공룡들 중에서도 가장 찬양받는 공룡이 되었다. 원본은 펜실베이니아의 피츠버그에 있는 카네기 박물관에 전시되어 있다.(꼬리의 마지막 가느다란 2.4미터 길이 부분이 창고에 보관되어 있는 것을 제외하고는.) 이 아름다운 복원도는 카네기 박물관의 짐 시니어(Jim Senior)가 최근에 만든 작품이다. 사진은 카네기 자연사 박물관이 제공.

2 링컨 주의 네브래스카 주립 대학교 박물관에 오클라호마 노먼에 살고 있는 로저 밴디버(Roger Vandiver)가 실물 크기로 복구하는 과정에서 쿵쿵 걷고 있는 무소(리노)를 그려 주었다.

3 인쇄공의 집 사진은 찰스 임스가 찍은 것이다.

4 캔자스 주 위치타(Wichita) 상공을 날고 있는 세스나 152 항공기.

10^0미터

프로타고라스의 말은 캐슬린 프리먼(Kathleen Freeman)의 번역서 『소크라테스 이전 철학자들에 대한 부록(Ancilla to the Pre-Socratic Philosophers)』(1957년)에서 인용한 것이다.

1 캘리포니아의 양. 찰스 임스가 찍은 사진.

2 찰스 임스가 1946년 설계한 베니어판 의자, 모델 DCW. 찰스 임스가 찍은 사진.

3 익은 밀. 그랜트 헤일먼이 찍은 사진.

4 황옥은 천연 규불화알루미늄이다. 특대형의 이 결정체는 브라질에서 산출된 것이다. 워싱턴의 스미스소니언 연구소의 사진 2054A.

5 곡마단 짐마차 바퀴는 위스콘신 배러부의 곡마단 세계 박물관에서 찰스 임스가 촬영한 것이다.

6, 7 치타와 공작새 사진은 워싱턴 스미스소니언 연구소의 국립 동물원에서 받은 것이다.

10^{-1}미터

1 히에로니무스의 초상화는 피렌체의 오그니산티(Ognissanti)에 있다. 화가는 그림 안에 날짜를 기록해 두었다. 찰스 임스가 찍은 사진.

2 폴 리비어의 도구들은 보스턴 협회에 있다. 찰스 임스가 찍은 사진.

3 존 해리슨은 30년에 걸쳐 성능 좋은 정밀 시계(크로노미터)를 계속 만들었다. 사진에 나와 있는 이 시계는 모델 번호 4로 가장 실용적인 것이다. 이것은 영국 그리니치에 있는 국립 해양 박물관에 보관되어 있다. 박물관의 사진을 전재해 놓았다. 1761년의 대서양 횡단 시험 여행에서 이 정밀 시계는 한 달 사이에 몇 초 정도 틀리는 정도로 정확했는데, 이것은 항해 위치 오차가 1.6킬로미터(1마일) 정도임을 의미하는 것이다. 해리슨은 "이 세상에는 내가 만든 이 시계보다 그 구조가 더 아름답고 신기한 기계 혹은 수학적인 도구는 없다고 감히 말할 수 있다."라고 쓰기도 했다.

4, 5 두 사진에 보이는 것은 달맞이꽃이다. 하나는 자외선만을 통과시키는 필터로 찍은 것이고, 하나는 필터를 사용하지 않은 것이다. 코넬 대학교의 토머스 아이스너(Thomas Eisner)가 촬영했다.

6 황소개구리가 뉴욕 렌슬레어빌의 한 연못 가장자리에 있다. 토머스 아이스너가 찍은 사진.

10^{-2}미터

1 IBM의 일본어 가타카나용 타자기 키보드. 일본어 문자는 한자에서 파생되었다. 이들은 기본 자판을 모두 사용하며 때때로 변환 키도 이용한다. 찰스 임스가 찍은 사진.

2 단추들은 모두 지름이 1인치이다. 이들은 매사추세츠 주 퀸시에 있는 애덤스 국립 사적지에 보관되어 있다. 찰스 임스가 찍은 사진.

3 매사추세츠 마서스비니어드에 자라난 버섯. 찰스 임스가 찍은 사진.

4 이 폭탄먼지벌레(Stenaptinus ignitus)의 길이는 약 2센티미터이다. 이 스프레이는 딱정벌레 몸속에 들어 있는 특별한 관에 따로따로 숨겨져 있는 연료와 산화체가 갑자기 혼합되어 발생하는 아주 작은 내부 폭발로 인해 분출되는 것이다. 사진은 토머스 아이스너와 대니얼 앤셸슬리(Daniel Aneshansley)의 작품.

5 이 해양 생물은 폴리오르키스 하플루스(Polyorchis haplus)로 1970년에 제작된 똑같은 이름의 영화를 위해 만들어진 것을 찍은 것이다. 영화와 사진은 찰스 임스의 작품.

6 이 주사 전자 현미경 사진은 아세틸셀루로오스로 손가락 끝의 피부 모양을 뜬 것을 찍은 것이다. 능선에 보이는 구멍들은 땀샘관의 입구이다. 사진은 R. G. 케셀(R. G. Kessel)과 R. H. 가던(R. H. Kardon)이 쓴 『조직과 기관(Tissues and Organs)』(1979년)에 나오는 것이다.

7 비누 거품은 매사추세츠 공과 대학(MIT)의 시릴 스미스(Cyril S. Smith)가 준비해서 촬영한 것이다. 위상학적, 역학적 분석은 이러한 그물망에 대한 기념비적인 논문에 나오는데, 이 논문은 스미스의 『구조를 찾아서: 과학, 예술과 역사에 관한 에세이 선집(A Search for Structure: Selected Essays on Science, Art, and History)』(1981년)에 실려 있다. 「자료 목록」에 인용한 피터 스티븐스(Peter Stevens)의 7장을 보라.

7 크릴은 남극 새우의 대표적인 종이다. 잔뜩 모여 있는 이 새우 무리들이 해수면을 붉게 물들인다. 이 속에 속하는 다른 종들은 바다 전체에서 발견된다. 노르웨이의 해양 동물학자 게오르그 오시안 사르스(Georg Ossian Sars, 1837~1927년)가 그린 1세기나 지난 이 그림은 50권 분량의 『1873~1876년 HMS 챌린저 호의 탐사 항해가 낳은 과학적 성과에 대한 보고서(the Report of the Scientific Results of the Exploring Voyage of HMS Challanger during the years 1873-1876)』(1885~1895년)에 실려 있던 것이다. 13권을 보라. 사진은 매사추세츠 우즈 홀에 있는 해양 생물 연구소의 사진.

8 뾰족뒤쥐(Sorex longirostris). 뉴욕 피터 아널드 주식회사의 존 맥그레거(John MacGregor)가 찍은 사진.

10^{-3}미터

로버트 훅의 인용문은 그의 저서 『현미경 세계』 서문 4번째 페이지에 나온다.(「자료 목록」을 보라.)

1, 2 이 리넨(아마포) 그림은 훅이 그린 것으로, 『현미경 세계』의 13장 도해 3에 나온다. 이것은 관찰 3에 언급되어 있다. 양귀비 씨앗은 19장 도해 19에 나온다. 리넨은 오웬 깅거리치의 사진으로 하버드 대학교의 호튼 도서관의 허가로 실은 것이다. 양귀비 씨앗은 찰스 임스가 찍은 사진이다.

3 커다란 나팔벌레의 생생한 모습은 보스턴 대학교의 린 마굴리스(Lynn Magulis, 1938~2011년)가 위상차 광학 현미경으로 찍은 사진이다. 나팔벌레 안의 구슬들은 이상하게 큰 단일 세포 형태, 원생생물 스텐토 세룰레우스(Stentor ceruleus)의 거대한 핵의 일부이다.

4, 5 여기 두 사진은 데이비드 샤프(David Scharf)가 찍은 주사 전자 현미경 사진이다. 진드기 혹은 응애, 아니면 오라바티드(orabatid) 진드기일지도 모르는 이 진드기는 사진에서는 서부 지하 동굴에 사는 흰개미 위에 앉아 있다. 소금은 노출을 위해 금을 입혔다. 데이비드 샤프의 『확대(Magnifications)』(1978년)를 참조하라. 사진은 뉴욕의 피터 아널드 주식회사에서 제공.

6 시계 나사가 뉴욕 로체스터에 있는 이스트먼 코닥 회사에서 제공한 주사 전자 현미경 사진에 보인다.

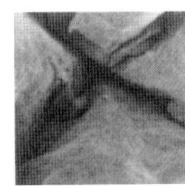
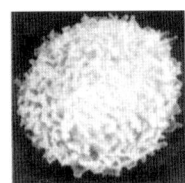

10^{-4} 미터

1 피부의 횡단면 사진은 『조직과 기관』에 나오는 주사 전자 현미경 사진이다.

2 축음기 레코드의 홈들. 주사 현미경 사진은 이스트먼 코닥 회사 제공.

3 에른스트 헤켈은 삽화가 풍부한 『챌린저호 보고서』 18권의 도판 22에 이 정교한 방산충 겉껍질을 그려 두었다. 이 방산충은 중앙 태평양 해수면에서 채취한 것이다. 사진은 해양 생물 연구소에서 찍은 것이다.

4 방산충이라는 이름은 여전히 일반적으로 쓰이고 있지만 사라져 가고 있는 이름이다. (이 원생생물은 지금은 방사판족문으로 분류되고 있다.) 이 샘플은 산으로 씻어서, 바다 밑바닥 습지에 일반적으로 있는 침전물 찌꺼기를 제거한 것이다. 이 현미경 사진은 로드아일랜드 대학교의 존 맥닐 시버스(John McNeill Sieburth)가 찍은 것이다. 이것은 또한 그의 저서 『바다 미생물 풍경(Microbial Seascapes)』(1975년)에도 나온다.

5 현미경 사진에 나오는 이 살찐 원생동물(protozoan, 현재 용어는 protist)은 뉴욕 이타카에 있는 습한 도랑에서 채취한 것이다. 이 필라멘트들은 한때 남조류(blue-green algae)라고 불렸다. 현재 이 무리에 대한 이름은 시아노세균(Cyanobacteria)이다. 윤곽이 나타나는 부조 효과는 노마스키라고 불리는 간섭 대비 광학 시스템의 결과이다. 토머스 아이스너의 사진.

10^{-5} 미터

1 여기 보이는 것은 세동맥 내부로 일반 모세관보다 약간 크다. 피 1세제곱센티미터(cc) 안에는 약 500만 개의 적혈구(양면이 오목한 작은 원반들)가 들어 있다. 골수에서 만들어졌다 파괴되는 적혈구들의 평균 수명은 몇 달에 불과하다. 이들은 운반 작용에 특화된 세포로, 자신의 핵과 다른 많은 세포 기관들을 잃어버리고 말았다. 백혈구들은 역시 특별한 화학적인 면역 기능을 갖고 있지만 적혈구보다는 대체로 더 정상적인 세포들이다. 깊숙이 들어가 찍은 주사 전자 현미경 사진은 『조직과 기관』에 실려 있는 사진이다.

2 포유류의 망막 구조의 단면도는 예상치 못한 것이다. 신호를 전달하는 신경 섬유들의 그물망은 아주 투명하고, 빛이 들어오는 표면을 전체적으로 덮고 있다. 이 층을 넘어서 빛은 다양한 세포 연결부를 통과해 중앙 몸체로 계속 전진한다. 빛이 통과하는 저 끝에서야 비로소 빛은 감광성의 염료층에 흡수된다. 검은 색소로 된 마지막 배경층은 이 사진에는 나와 있지 않다. 주사 전자 현미경 사진은 예일 대학교 의과대학 안과학과 시각학부의 W. H. 밀러(W. H. Miller)가 찍은 것이다.

3 엽록체의 투과형 전자 현미경 사진은 유타 주 로건의 유타 주립 대학교에 있는 마이클 월시(Michael Walsh)의 작품이다.

---

7 캘리포니아 공과 대학 물리학부 교수 리처드 파인만(Richard P. Feynman, 1918~1988년)은 "철사에 들어 있는 납은 포함하지 않고, 1/64인치 정육면체 안에 들어가면서 작동하는 전기 모터를 최초로 만드는 자"에게 1000만 달러의 상금을 제공하겠다고 했다. 그는 이 제안을 1959년 미국 물리학회의 공개 회의 석상에서 했다. 패서디나의 한 회사, 당시는 전기 광학 시스템 회사의 실험실에 근무하던 기술자, 윌리엄 맥렐런(William H. McLellan)이 이 조건에 들어맞는 모터를 설계해 만들었다. 이를 만들기 위해 그는 두 사람의 기술자들의 도움을 받았고, 몇 개월을 실험실에서 작업해야 했다. 이 모터는 사각형의 받침대 위에 4개의 코일로 받쳐져 있다. 철 자심 코일은 0.0005인치(0.0013센티미터) 지름의 가장 가느다란 상용 구리 선으로 감겨져 있다. 다른 부분들(원반, 봉, 슬리브)은 모두 현미경 아래서 아주 작은 드릴 프레스와 시계공의 선반으로 제작되었다. 석영으로 된 슬리브 축받이(베어링)와 추력 축받이는 자기화된 원반과 함께 몰리브덴 굴대(샤프트)를 받치고 있다. 모터는 두 개의 위상 동기 교류 모터이다. 이 모터는 밀리볼트 전압에 밀리암페어에서 작동하고 1,800아르피엠(rpm)으로 회전한다. 데이터와 사진은 패서디나의 윌리엄 맥렐런이 제공한 것이다.

8 이것은 신세대 컴퓨터에 들어 있는 두 칩으로 된 일반 데이터 프로세서의 명령 디코드(decode, 코드화된 데이터 명령을 처리 가능하도록 해독하는 것) 단위로, 캘리포니아 산타클라라에 있는 인텔 사에서 만든 것이다. 이 칩(고성능 금속 산화 반도체)에는 빈틈없이 꽉 짜인 다층 논리 회로 소자가 들어 있다. 거의 똑같은 검은색 부분은 6만 4000비트를 읽어 내기만 하는 판독 전용 기억 장치 부분이다. 칩의 가장자리에 있는 밝은 사각형들은 외부 연결을 위한 접촉 패드들이다. 이 칩은 iAPX 43201이다. 사진은 인텔 사 제공.

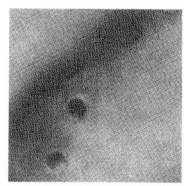
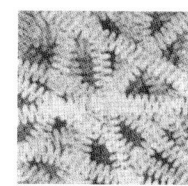

10^{-6} 미터

1 양파 세포핵 표면을 얼려서 부순 시료를 찍은 주사 전자 현미경 사진은 하버드 대학교 대니얼 브랜턴(Daniel Branton)의 작품이다.

2 유사 분열 전기 후반부에 있는 인간 염색체의 투과형 전자 현미경 사진에는 두 개의 복잡한 DNA와 새로 복제된 염색체의 단백질 가닥들이 한 점에서 만나고 있는 것이 보인다. W. 엥글러(W. Engler)의 현미경 사진이 워싱턴의 공군 병리학 연구소에 있어서 G. F. 바르(G. F. Bahr)의 허가로 실렸다.

3 어디서나 흔히 존재하는 산소 호흡 형태의 세균 중에서도 잡초에 속하는 슈도모나스 물티보란스(*Pseudomonas multivorans*)의 투과형 전자 현미경 사진은 얇은 부분을 확대해 놓은 것이다. 세포벽은 뚜렷이 보인다. 조밀한 낱알 형태의 조직은 눈 깜짝할 사이에 자라는 세포 몸속에 다수로 들어 있는 단백질 합성 기능의 리보솜으로 되어 있다. 이런 종류의 세포에는 묶여 있지 않은 단일 DNA 고리가 내부 세포막 안에 퍼져 있다. 매사추세츠 대학교의 S. 홀트(S. Holt)와 T. G. 레시(T. G. Lessie)가 찍은 사진이다. 마굴리스와 카를린 슈워츠(Karlene V. Schwartz)가 쓴 『5계(*Five Kingdoms*)』(1982년)를 보라.

4 가시광선의 파장들을 대수적으로 배열해 두었다. 휴대용 렌즈 아래서는 명암 중앙부에 위치한 색깔로 된 점들은 색깔을 감지하는 데서 어떤 부수적인 특성을 제공할 것이다. (「무지개 읽기」를 보라.)

10^{-7} 미터

1 여기 보이는 고전적인 투과형 전자 현미경 사진에는 깨어진 바이러스 본체에서 흘러나온 DNA 분자들이 보이는데, 이 본체의 모양은 이 바이러스가 잘 알려진 세균성 바이러스 T2 박테리오파지의 일종임을 알려 준다. 이 바이러스는 인간의 대장균 안에서 자라난다. 울름 대학교의 A. K. 클라인슈미트(A. K. Kleinschmidt)가 찍은 사진이다.

2 여기에서는 운이 나쁜 숙주 세균 세포에 달라붙은 T2 박테리오파지 군단이 보인다. 몇몇 바이러스 머리가 DNA 내용이 비어 있는 채로 보인다. 몇몇 T2 입자들의 작업 끝에 튀어나가는 현상들이 발생할 수 있다. 이들은 DNA 분자 침입자들이 이 세포 안으로 들어가는 것을 돕는다. 러트거스 대학교의 T. F. 앤더슨(T. F. Anderson)과 리 사이먼(Lee Simon)이 찍은 투과형 전자 현미경 사진이다.

3 아프리카발톱두꺼비(*Xenopus* sp.) 난자가 형성되는 동안, 약 500개의 유전자들이 반복 복제된다. 이 유전자들은 특정 RNA 분자 그룹을 이루며, 새로운 난세포를 형성해 가는 단백질의 빠른 합성을 수행하는 데 필요한 리보솜의 중심부를 이룬다. 이 흥미진진한 사진에 나와 있는 과정이 반복되는 동안 수백만 개의 복제된 RNA 분자들이 눈 깜짝할 사이에 만들어진다. 투과형 전자 현미경 사진은 버지니아 대학교의 O. L. 밀러(O. L. Miller)가 찍었다.

4 이 투과형 전자 현미경 사진을 얻는 과정에서 목걸이 같은 모양을 부각시키기 위해 DNA 단백질 구조의 배경이 되는 기질을 사방으로 흩어져 있는 아세트산우라닐의 무거운 분자로 착색했다. 지지 단백질의 작은 구슬들 사이에 있는 DNA 줄은 이 과정에서 길게 잡아당긴 것이다. 오크 리지 대학원, 테네시 대학교의 에이더 올린스(Ada L. Olins)와 도널드 올린스(Donald E. Olins)가 찍은 사진이다.

4 경탄이 나올 정도로 잘 쌓인 포탄 더미를 보여 주는 듯한 이 사진은 질이 좋은 길손 사의 합성 오팔을 주사 전자 현미경으로 본 사진이다. 아주 규칙적인 실리카 공들이 오랫동안 물 속에서 부유하다가 이런 형상으로 천천히 그러나 자발적으로 정착해 버렸다. 사진은 스위스 생쉴피스의 피에르 길손(Pierre Gilson) 제공. (10^{-9} 미터 장면에 나오는 그림 3과 비교해 보라.)

5 여기 보이는 유기체는 독성 있는 적조라는 발광성 해양 유기물에 가까운 친척인 고니아울락스(*Gonyaulax*) 종이다. 이 플랑크톤은 와편모조류(dinoflagellates)에 속한다. 이들은 두 개의 편모를 가졌는데, 이 편모 위치로 인해 물 속에서 회전 운동을 한다. 새김 자국이 있는 셀룰로오스 벽들은 이 원생생물 특유의 것이다. 현미경 사진은 메릴랜드 대학교의 유진 스몰(Eugene B. Small)이 찍은 것이다. 그레고리 안티파 사진 제공.

6 이 회로 기관의 원형을 만들 때에는 식각된 저항을 엑스선으로 만든 주형에 노출시키는 식으로 석판 인쇄 기술을 응용한 기술이 사용된다. 현미경 사진은 뉴욕 타운 하이츠의 IBM 연구 센터에 근무하는 랠프 페더(Ralph Feder)와 에버하드 스필러(Eberhard Spiller)가 찍은 것이다.

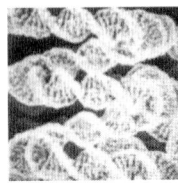  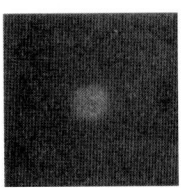

10^{-8} 미터

인용문은 1968년 아테네움(Athenaum) 출판사에서 발행한 『이중 나선(The Double Helix)』의 23장 끝에서 따온 것이다.

1 기체, 액체, 고체 상태의 원자를 시각적으로 표현했다. 이 규모에서 일어나는 운동을 열적 운동(thermal motion)이라고 한다. 가장 본질적인 온도 측정은 바로 이 운동을 계산해야만 가능하다. 이들 세 형태의 물질 시료 분자들은 상온에서는, 자유롭게 날아다니든, 서로 부딪치면서 교환을 하든, 떨리는 진동 운동을 하든 관계없이, 통계적으로 정해진 길을 따라 저마다 똑같은 평균 속도로 움직인다. 결정 내에서 진동하는 분자들은 멀리 움직일 수가 없다. 그들은 그들의 평균 간격에 비하여 작은 거리를 앞뒤로 진동한다. 따라서 결정 분자들은 1초에 10^{13}번 이상 방향을 역전해야만 한다.

열적 운동은 보통 온도에서 분자 세계의 운동을 지배한다. 큰 물체에 대해서는 이 열적 운동이 작지만, 때로는 감지가 가능하다. 더 작은 물체(원자 안의 전자)에 대해서는 이 운동은 양자 운동에 비해 그 중요도를 잃어버린다.

2 이 사진에서는 대장균에서 나온 글루타민 합성 효소 분자들을 볼 수 있다. 효소는 일종의 분자 지그(급격한 상하운동을 시키는 기구 — 옮긴이)이다. 효소는 자신의 표면 형태를 통해 화학 반응에서 특정 단계를 조절하거나 매개한다. 화학 반응을 매개하는 분자들을 '촉매'라 부른다. 효소는 단백질 촉매를 일컫는 용어이다. 유전 정보의 내용 대부분이 이 효소들의 처방전으로 이루어져 있다.

이 효소는 여러 단백질을 이루는 기본 건축재 중 하나인 글루타민이라는 아미노산을 조립하는 마지막 단계를 촉진한다. 이 효소는 세포 안에서 일어나는 단백질 합성률을 전적으로 고정시키는 정교한 되먹임 회로에 관여한다. 고배율로 확대한 이 투과형 전자 현미경 사진은 메릴랜드, 베데스다에 있는 NIH의 얼 스태트먼(Earl Stadtman)이 찍은 사진이다.

3 이 투과형 전자 현미경 사진은 먹이를 먹고 있는 원생생물 에키노스파이륨(Echinosphaerium) 종의 미세한 등뼈 횡단면을 보여 준다. 이 부분에서는 산뜻한 나선형 배열로 묶여 기다란 등뼈를 형성하는 수백 개의 미세한 세관들이 보인다. 가운데가 비어 있는 이 세관들은 나선형으로 감긴 단백질로 이루어져 있다.

방산충을 닮고, 태양의 극미동물 혹은 태양충이라고 불리는 이 멋진 생물의 전체 사진은 『5계』에 나온다. 여기 사진은 영국 노퍽 소재 이스트 앵글리아 대학교의 J. A. 키칭(J. A. Kitching)이 찍은 사진이다.

10^{-9} 미터

1 돌턴은 이 대칭형 분자를 『화학 철학의 새로운 체계(A New System of Chemical Phillosophy)』(1808년, 1810년)에다 발표했다. 이 형태에 대해서는 당시 화학적인 증거는 없었고, 다만 화합물의 구성에 대한 부분적인 증거만 존재했다. 사진은 오웬 깅거리치가 찍은 사진으로 하버드 대학교의 호튼 도서관의 허가로 실었다.

2 이 분자 모형은 표준적인 것으로 많이 이용되고 있다. 전통적인 공간 채움형(space-filling) 분자 모형이나 다른 형태의 모형에 대한 설명은 러버트 스트라이어(Lubert Stryer)가 쓴 『생화학(Biochemistry)』(1981년)에 나온다. 이 공간 채움형 분자 모형 그림은 고 로저 헤이워드(Roger Hayward)가 남긴 초창기 화학 교과서 『일반 화학(General Chemistry)』(1954년)을 우아하게 장식하고 있는 것이다.

3 이 고분해능의 현미경 사진은 복잡한 산화 결정체의 전형적인 블록형 구조를 잘 보여 준다. 이 구조에는 산소 원자가 불충분하게 들어 있는 층이 포함되어 있다. 이 결핍 층들은 여기 이 귀퉁이 사진에서는 전체적으로 규칙적인 원자 격자를 가로지르는 어두운 경계로 나타나 있다. 이 사진은 1973년에 템피의 애리조나 주립 대학교에 근무하는 S. 이이지마(S. Iijima)가 찍은 것이다.

10^{-10} 미터

1, 2 원소 주기율표와 이온화 경향 자료에서 발췌한 이 표들은 일반 화학 교과서에 나오는 정보들이다.

이 인용문은 트리니티 대학에서 구전되어 오던 것을 따온 것이다. 이보다 더 세련된 문장으로 E. N. 안드레이드(E. N. Andrade)가 쓴 『러더퍼드와 원자의 성질(Rutherford and Nature of the Atom)』(1964년)에 담겨 있다.

   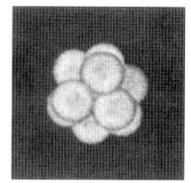

10^{-11}미터

1 엑스선 손 사진은 저명한 컬럼비아 대학교의 물리학부 교수인 마이클 푸핀(Michael I. Pupin, 1858~1935년)이 엑스선 발견 초창기, 이에 대한 관심이 폭증하던 시기에 찍은 사진이다. 환자는 뉴욕의 변호사였는데, 그의 이름 기록은 분실되어 없다. 사진은 번 디브너(Bern Dibner)의 『뢴트겐과 엑스선 발견(Röntgen and the Discovery of X-Rays)』(1968년)에 실린 것을 재수록한 것이다.

2 엑스선 스펙트럼 그래프는 1914년 헨리 귄 제프리스 모즐리(Henry Gwyn Jeffrey Moseley, 1887~1915년)가 최초로 발표했던 도해 양식이다. 모즐리는 27세에 다르다넬스 해협의 갈리폴리 전투에서 죽음을 당했다. 「자료 목록」의 세그레(Segrè) 항목을 참고하라.

10^{-12}미터

1 여기서 더 작은 규모로 내려가면 대부분의 증거들을 사진보다는 간접적이거나 추상적인 도해나 도표로 나타낼 수밖에 없게 된다. 주기율표를 물리학적으로 해석한 이 표는 파울리의 베타 원리나 현대적 양자역학이 등장하기 전에 만들어진 것이다. 경험에 근거한 이 표는 원리적으로 여전히 옳다. 초우라늄 원소들을 화학적으로 유사한 원자들의 집합으로 예견한 점을 주목해 보라. 이 표는 1923년에 발간된 《물리학 연보(Annalen der Physik)》 71호에 실렸던 것이다.

10^{-13}미터

1, 2 원소들의 동위 원소에 대한 표들의 자료는 G. W. C. 케이에(G. W. C. Kaye)와 T. H. 레이비(T. H. Laby)가 편찬한 『물리, 화학 상수표(Tables of Physical and Chemical Constants)』(14쇄, 1973년)에 실려 있는 것을 재수록했다.

10^{-14}미터

1 게 성운 중심에 있는 맥동성 광원은 낯선 스펙트럼을 띤 별로 오랫동안 알려져 있었다. 1971년 초기에 이 광원이 불규칙하게 섬광을 내고 있는 것이 발견되었다. 곧이어 여기 보이는 영화와 같은 장면이 만들어졌다. 이것은 평범한 영화가 아니다. 섬광들은 전자 공학적 기술 없이는 기록할 수 없을 정도로 너무 약하다. 이 프레임들(영화 필름의 한 토막)의 시간 간격은 약 3/100 초이다. 사진은 키트 피크 국립 천문대 제공했다.

2, 3 이 두 사진에서 아주 복잡한 사건들의 일부인 전자-양전자 쌍과 90도의 양성자-양성자 충돌을 볼 수 있다. 사진은 롱 아일랜드에 있는 브룩헤이븐 국립 연구소의 양성자 가속기에서 이차 빔에 노출된 액체 수소의 거품 상자 사진이다. 두 경우 모두 입사 입자는 3.9기가전자볼트(GeV) 에너지의 불안정한 양전기를 띤 파이 중간자다. 이 중간자들은 상대론적 속도로 움직인다. 이들은 우리가 도달할 수 있는 궁극의 속도의 99.93퍼센트에 이르는 속도로 움직였다. 움직이는 동안의 질량은 정지해 있을 때의 27배에 달한다. 이 점에서 상대성은 대충 얼버무릴 수 없는 것이 된다. 여기서는 근원적인 것이다. 거대 가속기들은 거시 규모에서 실현된 상대론적 공학의 대표적 예이다. 여기 두 사진(10^{-15}미터 장에도 나오는 비슷한 사진 역시)은 로버트 홀시저(Robert Hulsizer)와 그가 이끄는 MIT 팀의 광대한 문서철에 들어 있던 사진이다. 이 팀은 전 세계에서 엄청난 수의 거품 상자 사진들을 해석하고 측정하기 위해 노력하고 있는 수많은 연구 그룹 중 하나이다.

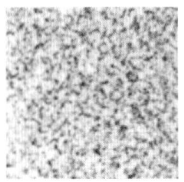

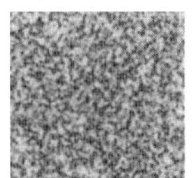

10^{-15}미터

1 이 복잡한 현상은 또 다른 거품 상자 그림이다. 그러나 액체 수소가 들어 있는 이 거품 상자는 시카고 근처(『망원경과 현미경』 참고)에 있는 페르미 연구소에 있는 것이다. 여기서 입사 빔은 더 높은 에너지를 갖고 있다. 이것은 π^+ 중간자와 K^+ 중간자가 200기가전자볼트에서 양성자와 섞여 있는 입자이다. 전자는 자신의 반입자, 즉 양전자를 갖고 있으며, 다른 렙톤이나 쿼크도 마찬가지이다. 반입자들은 자신의 짝입자와 구별되는 형태라고 생각하기 어려울 정도로 긴밀한 연관을 맺고 있다. 우리는 입자 가족들을 우리에게 현상하는 형태에 따라 표로 만들어 보았다.

(1) 쿼크
세 쌍의 쿼크가 강한 상호 작용을 하는 입자들, 통칭해 '강입자(hadron)'이라고 불리는 입자들을 구성한다. 모두 6종류의 쿼크(그리고 그 반쿼크도)는 각각의 '맛(flavor)'을 가지고 있고, 3종류의 '색(color)'을 가지고 있다. '색'이나 '맛'은 '전하'처럼 어떤 성질을 지정하기 위해 만든 것이다.

(2) 경입자
약한 상호 작용을 하는 전자를 닮은 세 쌍의 입자들을 경입자(lepton)라고 한다. 여기에는 안정한 전자와 상대적으로 전자보다 질량이 크고 불안정한 입자 둘이 속하는데, 각각 고유한 중성미자 형태를 갖고 있다. 이 경입자 세 쌍은 세 쌍의 쿼크와 짝을 이룬다.

(3) 장을 매개하는 입자
이들은 상호 작용 중에 있는 입자들 사이에서 교환되는 입자들이다. 모든 종류의 힘은 자신에게 고유한 특정 전달자를 필요로 한다. 전자기나 중성미자와 연관된 힘은 4가지 연관된 입자들 — 잘 알고 있는 광자 혹은 광양자와 아직은 증명되지 않은 3개의 무거운 입자들 — 의 교환을 통해 통합되어 있다.(중성미자와 연관된 입자인 W^+, W^-, Z 입자는 이 책이 출간된 직후인 1983년에 발견되었다. — 옮긴이)

쿼크 사이에 일어나는 강한 상호 작용들은 전체적으로 8개의 글루온 입자 교환을 필요로 한다. 이 글루온은 색깔과 1개 혹은 그 이상의 중성 입자들을 나른다.(이들은 모두 표식되어 있지만, 거의 확인이 힘들다.)

중력은 여전히 증명되지 않은 매개 입자를 필요로 한다.

10^{-16}미터

노리치의 은둔자 줄리언은 1400년경에 이 글을 썼다. 이 번역문은 대영 박물관에 소장되어 있던 필사본을 그레이스 워릭(Grace Warrick)이 편집한 『신성한 사랑의 현시(Revelation of Divine Love)』(1901년)에 나오는 것이다.

미시 규모 입자 세계의 질서는 위대한 우주의 초기 통일성을 반영한다. 오늘날 우리는 순간적으로 존재했다 사라지는 입자들과, 한때는 너무나 뜨거워서 우리에게는 낯선 새로운 입자들이 주성분을 이루고 있던 태초의 우주 사이에 직접적인 물리학적 연관성이 존재함을 암시해 주는 힌트들을 목격할 수 있다.

영화에서 따온 사진들

「10의 제곱수, 우주에 존재하는 사물들의 상대적인 크기와 0을 하나 더하는 효과를 다룬 영화」는 찰스와 레이 임스 연구실에서 만든 것으로 9분 30초짜리 컬러 유성 영화이다. 10의 제곱수를 표시하는 42개의 큰 사각형 사진은 이 책에 재수록하기 위해서 영화를 만드는 데 사용한 원본을 다시 촬영한 것이다. 이 작업은 1977년 영화 제작에서 주요한 역할을 담당한 앨릭스 펑크(Alex Funke)가 맡았다. 그는 영화 자체에 사용된 자료들과 기술들에 관한 다음과 같은 짤막한 주석을 마련했다.

"『10의 제곱수』은 본질적으로 카메라 이동차로 찍은 연속 동영상이다. 일련의 10초간의 움직임들을 촬영한 것으로, 외견상 가속도는 일정하게 해 제작한 것이다. 10초 간격은 모두 커다란 사진의 중심부를 크게 클로즈업하는 것으로 시작하여 10배 커진 영상면에서 끝난다. 각 사진의 중앙부(사진은 100장이 넘었다.)에는 10배로 축소된 앞 장면 전체가 세부적인 연속성과 색깔의 연속성을 보장하기 위해 삽입되었다. 연속적인 움직임들은 카메라 내부 디졸브(한 화면에 용명, 용암 숏을 겹치게 하는 장면 전환 기법 — 옮긴이)로 연결시켰다.

이 책에 나오는 몇몇 화상에는 영화에 이들을 사용했다는 표식이 보인다. 어떤 경우에는 삽입된 중앙 화상을 구별할 수가 있다. 대부분의 경우에는 사각형 사진의 가장자리가 중앙 사진에 비해 세밀하지 않을 것이다. 원근감을 적절히 유지하기 위해서 화상의 모든 부분이 지니는 세밀함을 카메라로 보이는 부분으로부터 떨어져 있는 거리에 반비례하도록 했다.

영화를 준비하는 과정에서 우리는 먼저 가능한 가장 선명한 화상을 얻을 수 있도록 최대한의 노력을 기울여서 각 영역의 작업자들에게 영상이 수백~수천 배 더 좋게 보이도록 해 달라고 요청했다. 원자료들도 사용했다. 미국 유인 우주 실험실의 하셀블래즈의 항공 사진들과 스냅 사진들, 우리 은하 나선팔 부분에 있는 수소의 전파 사진, 거대한 망원경 사진 건판, 백혈구의 얼어서 깨져 있는 멋진 단면 사진과 크고 작은 물체에 대한 광범위한 수학 모형들, 국부 은하단과 전자 구름들. 각 경우마다 손으로 그렇게 보일지 모르는(아니 그렇게 보여야만 할) 세부적인 사항들을 가미해 영상을 실제 이상으로 더 생생하게 만들었다.

사고 모형밖에 없을 때는, 우리가 직접 물리적인 실체 모형도 만들었다. 이중으로 꼬여 있는 DNA 나선을 만들고, 전자껍질과 쿼크를 그려서 만들었다. 그러고는 지도 작성자, 공중 도시 측량가, 규소와 에폭시 수지로 된 피부 주형을 다루는 피부과 전문의, 릭 항공 측량소의 제작자, 6개 학과에서 주사 전자 현미경을 담당하는 전문가도 이 작업에 끌어들였다. 우리는 최종적으로 만들어진 사진마다 거의 한계가 없는 미세한 층들, 조직층들의 환상을 주기에 충분한 정보들을 한꺼번에 담고자 애를 썼다."

A. F.

영화 크레디트

「10의 제곱수
우주에 존재하는 사물들의 상대적인 크기
와 0을 하나 더하는 효과를 다룬 영화」

찰스와 레이 임스 연구소 제작
IBM 사 후원.
ⓒ Charles & Ray Eames 1977

음악 작곡 및 연주: 앨머 번스타인(Elmer Bernstein)

내레이터: 필립 모리슨(Philip Morrison)

임스 연구소 스태프:
앨릭스 펑크(Alex Funke)
마이클 위너(Michael Wiener)
론 로젤레(Ron Rozzelle)
데니스 카마이클(Dennis Carmichael)
웬디 뱅가드(Wendy Vanguard)
시 디드져기스(Cy Didjurgis)
돈 아문슨(Don Amundson)
마이클 러셀(Michael Russell)
샘 파살라콰(Sam Passalacqua)

자문:
존 페슬러(John Fessler)
오웬 깅거리치(Owen Gingrich)
케네스 존슨(Kenneth Johnson)
장 폴 레벨(Jean Paul Revel)
필립 모리슨(Philip Morrison)

도움을 주신 분들:
시카고 항공 측량소(Chicago Aerial Survey)
그래픽 필름(Graphic Films)
현대 영화 효과사(Modern Film Effects)
미국 항공 우주국(NASA)
노먼 호지킨(Norman Hodgkin)

케스 부케에게 특히 감사를 전한다.

이 영화 첫 번째 판은 1968년에 만들어졌다. 제목과 제작자들은 다음과 같다.

「우주에 존재하는 사물의 상대적인 크기와 10의 제곱수를 다루도록 의도한 영화에 관한 간략한 스케치」

케스 부케에게 특히 감사를 전한다.

연구 개발: 주디스 브로노브스키(Judith Bronowski)

효과: 파케 미크(Parke Meek)

제작:
안티 파테로(Antii Paatero)
타다스 질리우스(Tadas Zilius)
테드 오르간(Ted Organ)

음악 작곡과 연주: 앨머 번스타인

대학 물리학 위원회 후원
찰스 임스 연구소에서 제작.

길이 단위

1 미터 원기의 사진은 크리스티앙 가벨(Christian Gavel)이 1980년에 찍은 것으로 프랑스 상공부의 도로티 얼랑손(Dorothy Erlandson)이 제공해 주었다.

2 야드사진은 1973년 제헤인 번스(Jehane Burns)가 찍은 것이다.

3 약 10센티미터자(독자들에게도 익숙한 길이의 자일 것이다.)는 어떤 표상이 아닌 실물 길이다. 이 미터법 체계는 탈레랑이 1790년에 최초로 제창했다. 미터법의 창시자로 과학자였던 이들은 라그랑주, 보르다, 라플라스, 콩도르세, 몽주, 라부아지에였다. 이 도해는 1799년 6월 국제 위원회가 파리에서 전 세계에 공식적으로 소개했다.

종종 SI(System International)라고 부르는 현재의 국제 표준 미터법 단위 체계는 1960년 파리에서 열린 11차 중량과 치수에 관한 일반 회의에 모인 12개국 대표들이 최초로 공인했다.

무지개 읽기

프리즘은 뉴턴이 자신의 『광학(Opticks)』에 기술해 둔 주요 실험을 상기시키기 위해 앉혀 놓았다. 사진은 앨릭스 펑크가 찰스 임스 연구소에서 찍은 것이다.

망원경과 현미경

1 튀코 브라헤 천문대의 설계도는 튀코 브라헤의 저서 『신천문학 연습(Astronomiae Instauratae Progymnasmata)』(1588년)에 나오는 목판화이다. 찰스 임스의 사진.

2 사진에 보이는 갈릴레오의 두 망원경은 피렌체의 과학사 박물관에 보관되어 있다. 긴 것은 종이를 덮은 나무로 만들어졌다. 대물 렌즈는 26밀리미터 구경이며 배율은 14배이다. 다른 하나는 가죽을 덮은 나무로 되어 있다. 대물 렌즈는 16밀리미터로 멈춰 있으며, 배율은 20배이다. 사진은 무제오 디 스토리아 델라 시엔자의 마리아 루이사 리기니 보넬리(Maria Luisa Righini Bonelli) 제공.

3 존 허셜이 그린 남아프리카 천문대 석판화는 자신의 보고서 『희망봉에서 1834~1838년에 행한 천문학 관측 결과(Results of Astronomical Observations Made during the Years 1834/5/6/7/8 at the Cape of Good Hope)』(1847년)의 표제 그림으로 실렸던 것이다.(원정과 보고서 출판에 든 비용 일체를 존 허셜 자신이 부담했다.)

4 로스앤젤레스에 높이 솟은 윌슨 산에 천문대를 창설한 것은 1905년 초로, 조지 엘러리 헤일(George Ellery Hale, 1868~1938년)의 공이었다. 처음에는 노새와 당나귀가 자재들을 운반했다. 1908년경에는 60인치 반사 망원경이 산 위에 장착되었다. 이 사진은 1916년경에 찍은 것인데, 여기에서는 에드윈 파월 허블(Edwin Powell

Hubble, 1889~1953년)이 훌륭하게 사용했던, 후커 100인치 망원경 구조를 나르는 데 쓰인, 한층 개선된 당시의 운송 수단을 볼 수 있다. 멋진 승무원을 태운 맥 트럭에 무겁게 실려 있다. 나중의 스냅 사진은 트럭과 거기에 실린 값나가는 짐이 도랑에 빠진 모습을 보여 준다. 그러나 다행히 아무런 해도 입지 않았다. 윌슨 산 천문대 문서철에서 나온 것으로 오웬 깅거리치의 사진이다.

5 둥근 지붕 안에 들어 있는 200인치 반사 망원경을 안이 보이도록 자세하게 그려 놓은 이 그림은 1938년 러셀 포터(Russell W. Porter)가 그린 것이다. 사진은 팔로마 천문대 제공.

6 아레시보 천문대의 1,000피트 길이의 전파 접시는 푸에르토리코 아레시보 시에서 오르막길로 올라가야 하는 내륙에 위치해 있다. 변경 지대는 잘 발달된 카르스트 지형으로, 용해되어 둔덕 사이로 깊이 내려앉은 분지를 이룬 석회암이다. 에피다우루스의 극장과 달리, 이 전파 접시는 녹음이 무성한 경관에 둘러싸여 있다. 구멍이 뚫린 석회암 하층토는 배수가 잘 되어, 전파 접시는 물 속에 서 있는 꼴이다. 마치 거대한 해먹(달아매는 그물 침대)처럼 케이블로 전파 접시를 매달고 있는 세 개의 콘크리트 철탑은 약 150미터 높이를 하고 있다. 이 천문대는 국립 천문 성층권 센터의 일부이다. 사진은 NSF, 코넬 대학교 제공.

7 혹의 현미경은 『현미경 세계』 표제 그림에 나오는 것이다. 찰스 임스의 사진.

8 양성자 싱크로트론(입자 가속기)은 일리노이 주 바타비아에 있는 페르미 국립 가속기 연구소에 있다. 페르미 연구소에서 찍은 항공 사진.

연대표

여러 가지 자료를 이용했다. 여기에는 C. 길리스피(C. Gillespie)가 편집한 『과학 전기 사전(Dictionary of Scientific Biography)』 (1970~1980년) 16권과 C. 싱어(C. Singer), E. 홀름야드(E. Holmyard), A. 홀(A. Hall), T. 윌리엄스(T. Willams)가 편찬한 『기술의 역사(the History of Technology)』(1954~1978년) 7권을 언급해 둔다.(「자료 목록」에 기록해 둔 찰스 싱어의 간략한 역사서도 유용하다.) 유용한 전문서는 G. A. 더머(G. A. Dummer)가 쓴 『전자와 관련된 발견과 발명들 (Electronic Inventions and Discoveries)』(2쇄, 1978년)이 있다.

책 전체에 대해서

현재 발간되는 어떤 책이든, 특히 이 책처럼 여러 가지 문헌들과 사진들을 짜깁기한 책은 많은 전문가들의 협업을 필요로 한다. 특정 문맥에서 이미 우리가 언급했던 사람들에 덧붙여서, 두루두루 작업을 했던 이들에게도 감사드린다.

앨릭스 펑크, 42장의 전체 사진을 멋지게 촬영해 주었다.

이피 패터슨(Ippy Patterson), 원본 삽화들을 특별히 이 책을 위해 그리거나 다시 그려 주었다.

제니스 슈니트맨(Genise Schnitman), 「찾아보기」 등을 작업해 주었다.

IBM 사의 도움으로 영화 제작이 가능했다.

맬컴 그리어(Malcom Grear) 디자이너들이 이 책의 영상 형태를 만들었다. 팻 애플턴(Pat Appleton), 맬컴 그리어(Malcom Grear), 빌 뉴커크(Bill Newkirk), 릭 페이스(Rick Pace)의 작품으로 디자인 자문은 임스 연구소의 티나 비브(Tina Beebe)가 맡았다.

하워드 보이어(Howard Boyer), 린다 채퍼트(Linda Chaput), 앤드루 쿠들라시크(Andrew Kudlacik)와 캐럴 버버그(Carol Verburg), 모두 편집 작업에서 꼭 필요한 사람들이었다.

프리먼 앤드 컴퍼니 사의 로라 아젠토(Laura Argento), 베치 딜러니아(Betsy Dilernia), 바버라 페렌스타인(Barbara Ferenstein), 찰스 고어링(Charles Goehring), 게리 헤드(Gary Head), 봅 이시(Bob Ishi), 린다 주피터(Linda Jupiter), 닐 패터슨(Neil Patterson), 피터 렌츠(Peter Renz)와 메리 윈터스(Mary Winters).

제헤인 번스(Jehane Burns), 데니스 플라나간(Dennis Flanagan), 오웬 깅거리치, 잭(Jack Goldstein), 니타 골드스타인(Nita Goldstein), 린 마굴리스, 그리고 이 책의 내용과 논리를 애호한 이들과 비평한 이들.

메리 도슨(Mary Dawson), 그랜트 헤이켄(Grant Heiken), 재키 클로스(Jackie Kloss), 리처드 밀러(Richard T. Miller), 캐럴 팔머(Carol Palmer), 이본느 파펜하임(Yvonne Pappenheim), 마리안 본 랑도(Marianne von Randow), 콘웨이 스나이더(Conway Snyder), 제럴드 소펜(Gerald Soffen), 밥 스테이플스(Bob Staples), 주디 화이트와 로버트 윌슨, 여러 가지 다양한 도움에 감사드린다.

수년 동안 케스 부케의 우주의 조망을 탐험했던 젊은이들에게도 감사의 말씀을 드린다.

자료 목록

독자들과 공유하고 싶은 자료를 모아 놓았다. 자세한 목록은 「주석과 참고 문헌」에 따라 정리했다.

영화

「10의 제곱수」, IBM 사의 후원으로 찰스와 레이 임스 연구소에서 만든 영화. 1977년. 9분 30초.

「우주 만물의 상대적인 크기와 10의 제곱수들을 다루도록 의도된 영화에 관한 간략한 스케치」, 찰스와 레이 임스 연구소에서 제작. 1968년. 8분.

두 영화는 16밀리미터 유성 컬러로 캘리포니아 샌타모니카에 있는 사서함 1048의 피라미드 필름 사에서 비디오 필름으로 구할 수 있다.(지금은 공식 사이트인 www.powersof10.com에서 관련 정보를 접할 수 있다. ─ 옮긴이)

개괄서

『우주의 조망: 40번의 도약으로 본 우주(Cosmic View: The Universe in Forty Jumps)』(Kees Boeke, John Day, 1957년). 10배 여행의 출발점. 청소년을 위해, 그들과 함께 만든 책이지만, 이 책의 호소력은 광범위하다.

『1, 2, 3, 그리고 무한(One Two Three … Infinity)』(George Gamow, Bentham Books, New York, 1979년). 기지로 가득 찬 과학 교양서의 고전, 1961년에 완성된 이 책은 수학, 거시 우주와 미시 우주를 다루고 있다.

『지식과 경이: 인간이 알고 있는 대로의 자연 세계(Knowledge and Wonder: The Natural World As Man Knows It)』(Victor Weiskopf, MIT Press, Cambridge, Mass, 1979년). 철학적인 향기가 담겨 있다.

『코스모스(Cosmos)』(Carl Sagan, Random House, New York, 1980년). 최근까지의 자료를 풍부하게 집적해 두었다.

『타임스케일(Timescale)』(Nigel Calder, Viking Press, New York, 1982년). 시간을 관통하는 10배 여행.

천문학

『천문학의 동료들(Astronomical Companion)』(Guy Ottewell, 1989년). 캘리포니아 남부 그린빌에 있는 퍼먼 대학교 물리학부에 있던 가이 오트웰이 발간한 책이다.

『천문학: 우주 여행(Astronomy: The Cosmic Journey)』(William K. Hartman, Wadsworth Publishing Co., Belmont, Ca., 1978년).

오트웰과 하트먼은 천문학을 입문 수준에서 아주 감탄스러울 정도로 잘 개관해 놓았다. 오트웰의 책은 독창적이며 그래픽이 뛰어나서 교과서라기보다는 오히려 헌신적인 안내자가 이끄는 손으로 그린 시각 여행이라 할 만하다. 하트먼의 책은 눈에 띄는 내용으로 이해하기 쉽고 통찰력도 있다.

『붉은 한계(The Red Limit)』(Timothy Ferris, William Morrow & Co., New York, 1977년). 10^{26}미터 단계 이상의 영역에 관한 정보를 풍부하게 제공하는 입문서로 우리의 여행을 벗어나는 우주에 관한 내용을 주제로 하고 있다.

『갈릴레오의 발견과 의견(Discoveries and Opinions of Galileo)』(Stillman Drake, Doubleday & Co., New York, 1957년). 손꼽히는 갈릴레오 학자가 썼다. 갈릴레오와 그의 업적에 대한 본문과 주석으로 구성되었다.

태양계에 대해서 특히 자세히

『태양계(The Solar System)』(John Wood, Prentice Hall, Englewood Cliffs, NJ., 1979년). 광범위한 개관, 대학생 수준.

미국 항공 우주국(NASA)에는 갖가지 탐사 과정과 그 결과를 기록한 뛰어난 대중 출판물들이 많다. 그중에 특히 흥미를 끄는 두 가지는 아래와 같다.

『화성 풍경(The Martian Landscape)』(Viking Lander Imaging Team,

NASA SP-425, 1978년).

『목성으로의 여행(Voyage to Jupiter)』(David Morrison, Jane Sanz, NASA SP-439, 1980년).

지구

『지구 특무 비행: 랜드샛에서 보는 세계(Mission to Earth: Landsat Views the World)』(Nicholas Short, Paul Lowman, Jr., William Finch, JR., NASA SP-360, 1976년). 배경에 맞춘 컬러로 된 수백만 장의 랜드샛 사진을 담은 두꺼운 분량의 책.

『세계 지도(The International Atlas)』(Rand McNally & Co., Skokie, Ill., 1969년). 지도 참조에 유용한 책.

『대륙이 표류하고 대륙이 좌초하고(Continents Adrift and Continents Aground)』(J. Tuzo Wilson, Readings from Scientific American, W.H.Freeman and Company, San Francisco, 1976년). 새로운 지질학 관련 에세이를 모아 놓은 책.

『도해로 보는 지질학(Geology Illustrated)』(John S. Shelton, W. H. Freeman and Company, San Francisco, 1966년). 내용 이해를 돕는 항공 사진이 실려 있는 감탄할 만한 지질학 입문서.

『미국 육지 형태에 대한 현장 안내(Field Guide to Landforms in the United States)』(John Shiner, Macmillan Co., New York, 1972년). 어윈 레이스(Erwin Raisz)가 작성한 고전 지도가 실려 있다.

『대기에 대한 현장 안내(A Field Guide to the Atmosphere)』(Vincent Schaeffer, John Day, Houghton Mifflin Co., Boston, 1981년). 바람과 날씨, 무지개와 눈송이에 관한 안내서. 삽화가 풍부하다.

인간 규모

『구조, 사물은 왜 무너져 내리지 않을까(Structures, or Why Things Don't Fall Down)』(J. E. Gordon, Plenum Publishing Corp., New York, 1978년). 혈관과 대성당에 이르는 각종 구조물의 재료와 힘에 관한 매혹적인 입문서.

『자연에 존재하는 무늬들(Patterns in Natures)』(Peter S. Stevens, Little Brown & Co., Boston, 1974년). 사려 깊은 삽화가 많은 입문 수준의 책으로, 자연에 존재하는 다양한 형상을 낳는 자연의 강제들에 대해서 잘 요약해 두었다. 이 책에서 사용한 주요 자료들처럼 쉽게 이해할 수 있는 책이다. 규모 효과에 관한 설명이 잘 되어 있다.

『거대한 설계(Grand Design)』(George Gerstner, Paddington Press, New York, 1976년). 항공 카메라 예술가의 눈에 비친 자연과 인간의 세계.

사실들에 관한 보고서로 비싸지 않은 연감들. 이 책에서는 『100만 가지 사실들, 기록들, 예상들에 관한 해먼드 연감(The Hammond Almanac of a Million Facts, Records, Forecast)』(Martin Cacheller, Hammomd Inc., Maplewood, NJ., 1980년)을 이용했다.

생명

『생물학(Biology)』(Helena Curtis, Worth Publishers, New York, 1979년). 이해하기 쉽고 삽화가 훌륭한 입문서. 『식물의 생물학(Biology of Plants)』(Peter H. Raven, Ray F. Evert, Helena Curtis, Worth Publishers, New York, 1981년)도 참조.

『분자에서 살아 있는 세포까지(Molecules to Living Cells)』(Philip Hanawalt, Readings from Scientific American, W.H.Freeman and Company, San Francsco, New York, 1980년). 분자 생물학 관련 에세이를 모아 놓은 책.

『생명 이야기(Life Story)』(Virginia Lee Burton, Houghton Mifflin Co.,

Boston, 1962년). 단일 장소에서 시간에 걸쳐 일어나는 진화에 관한 책. 일종의 시간적으로 본 10의 제곱수로 아동용이다.

현미경

『현미경 세계(*Microphia*)』(Robert Hooke, 1665년). 도버 출판사에서 1961년에 재발간. 대중 과학서의 거장을 축쇄한 것으로 저렴한 문고판.

『주사 전자 현미경(*The Scanning Electron Microscope*)』(C. P. Gillmore, New York Graphic Society, Boston, 1972년). 훅의 방식을 조금 본딴, 현대의 전자 화상 모음.

화학과 원자 물리학

『화학(*Chemistry*)』(Linus Pauling and Peter Pauling, W. H. Freeman and Company, San Francisco, 1953년). 오래되었지만, 로저 헤이워드(Roger Hayward)의 비할 데 없이 훌륭한 스케치들이 실려 있다.

양자와 입자 물리학

『엑스선에서 쿼크까지(*From X-Ray to Quarks*)』(Emilio Segrè, W. H. Freeman and Company, San Francisco, 1980년). 직접 참여했던 당사자가 전후 배경을 포함해 기록한 현대 물리학의 세부 역사.

『입자와 장(*Particles and Fields*)』(William J. Kaufmann, III, Readings from *Scientific American*, W.H.Freeman and Company, San Francisco, 1980년). 입자 물리학의 에세이들을 모아 놓은 책.

기본 입자들에 대한 새로운 이론은 《사이언티픽 아메리칸》에 실린 논문들에 잘 설명되어 있다. 1980년 6월호에 실린 G. 토프트(G. 'tHooft)의 논문, 1981년 4월호에 실린 H. 조자이(H. Georgi)의 논문, 1981년 6월호에 실린 S. 와인버그(S. Weinberg)의 논문.

『물질의 성질: 1980년 울프슨 대학 강의록(*The Nature of Matter: Wolfson College Lectures 1980*)』(J.H. Mulvy 편집, The Claredon Press, Oxford University Press, New York, 1981년). 8명의 유명한 물리학자들이 비전문 독자들을 위해서 입자들과 입자의 대칭성을 개관해 놓았다.

미터법 체계

『미터법 체계: 원리와 실용성에 대한 비판적 연구(*The Metric System: A Critical Study of Its Principles and Practice*)』(M. Danloux-Doumesnils, Athlone Press, University of London, 1969년). 매혹적일 정도로 깨끗하고 솔직한 설명, 역사도 실려 있다.

역사

『우주 형상지적 유리: 르네상스 시대의 우주 도해(*The Cosmographical Glass: Renaissance Diagrams of the Universe*)』(K. Henninger, The Huntington Library, San Marino, Ca., 1977년). 유럽 역사의 결정적인 시기 동안 세계의 시각 모형을 만들려던 기획들을 소개하고 있다.

『1900년까지의 과학 사상사(*A Short History of Scientific Ideas to 1900*)』(Charles Singer, Clarendon Press, Oxford, 1969년), 간명하면서도 개괄적이다.

더 많은 책을 보고 싶다면

『가장 가까운 전 지구 목록: 도구에 대한 접근(*The Next Whole Earth Catalogue: Access to Tools*)』(Stewart Brandom, Random House, New York, 1980년). 여러 흥미로운 책과 다른 유용한 도구들에 대한 두꺼운 안내서로 주석이 달려 있다. 직접 여기서 다루는 주제를 다른 여러 자료에서도 찾을 수 있다. 자기 주장이 강하며, 금기시하는 게 없다.

옮긴이 후기

『10의 제곱수』는 책의 서문에서 밝히고 있듯이 한 편의 기록 영화에 기반하고 있다. 1968년 건축가 찰스 임스와 그의 아내 레이 임스는 「10의 제곱수」라는 9분 30초짜리 기록 영화를 제작해 1977년에 공개했다. 우주를 다룬 과학 영화로 분류할 수 있는 이 영화는 9분 남짓한 짧은 시간 동안에도 불구하고 관객에게 우주, 물질 전체를 경험할 수 있게 하는 놀라운 영화이다.

영화의 시작은 시카고 호수 주변 공원 잔디밭에 소풍을 나온 한 쌍의 남녀가 낮잠 채비를 하는 장면에서 시작한다. 이어 1미터라는 표식이 나오면서 남자의 상체를 중심으로 장면이 고정되면서 영화 내레이션이 시작된다. 내레이션에 따르면 이제 관객들은 10초마다 0이 하나씩 더 추가된 높이에서 이 장면을 보게 된다. 이렇게 해 불과 5분 만에 관객은 10억 광년 이상의 우주에 도달하게 된다. 엉겨 붙은 먼지처럼 보이는 우주에 도달한 지 10초가 지나자 이번에는 장면이 2초마다 0이 하나씩 줄어드는 단위의 장면들로 되돌아가 1분도 되기 전에 낮잠을 자는 남자에게로 돌아간다. 그러고는 이어 1미터에서 다시 10초마다 0이 하나씩 줄어들면서 남자의 손, 손의 피부로 장면이 클로즈업되더니 8분 35초가 되자 관객은 원자핵보다 작은 쿼크 너머 세계와 만나게 된다. 이 짧은 여행을 하는 동안 관객들은 숫자 단위라는 것이 우리 경험에 어떤 영향을 줄 수 있는지를 실감하게 된다.

이 영화는 사실 1957년에 네덜란드 교사 케스 부케가 그림을 첨부해 출간한 책 『우주의 조망: 40번의 도약으로 본 우주』의 영화 버전이라고 할 수 있다. 책에 나오는 그림 대신에 컬러 사진을 활용하고 40개를 42개 장면으로 늘려 9분 남짓의 연속 영화 장면으로 만들어 낸 것이었다. 물론 이들 사진 장면과 이를 영화로 완성한 것은 찰스 임스와 레이 임스의 독창적인 작업 덕분이었다. 한 장의 장면을 완성하기 위해 관련 과학 정보들을 수집하고 기록하는 노력을 기울인 덕에 이 9분 30초짜리 영화는 30여 년이 지난 지금도 많은 사람의 관심을 받고 있다. 유튜브(Youtube)에도 올라와 있는 이 영화는 지금도 수많은 방문객을 맞고 있는데, 1998년에는 미국 의회 도서관이 미국 국립 영화 등기부에 "문화적으로 역사적으로 그리고 미학적으로도 귀중한" 영화로 등재해 보존하게 되었다.

한편 「10의 제곱수」 영화는 1982년에 《사이언티픽 아메리칸》의 대중서 첫 번째 책으로 재탄생하게 되었다. 영화에 등장하는 42개의 장면은 책의 정지된 사진으로 편집되었다. 영화의 장면과 달리 책의 사진은 고정될 수밖에 없기 때문에 사진은 가장 원거리 사진에서 쿼크 사진으로 배치했다. 즉 책에서는 거시 우주에서 미시 우주로 직선 여행만 가능하게 되었다. 영화의 동적인 느낌은 사라졌지만 책은 영화보다 훨씬 많은 정보를 담을 수 있게 되었다. 장면에 대한 짧은 설명 대신에 책에서는 영화 장면들에 담긴 과학 정보들을 풍부하게 서술한다. 10억 광년 장면에서 먼지처럼 보이는 은하들의 운동, 은하성단 사이의 팽창 현상들을 자세히 설명한다. 1킬로미터 단위로 들어가면 경기장, 다리 구조물 등 인공물들에 대한 친절한 설명과 마주하게 된다. 이 단위에서는 천문관 건물도 관측하게 되는데, 천문관에 대한 설명을 하면서 천문관에 소장된 과거의 천문 관측 기구에 대한 설명도 빼놓지 않는다. 분자의 세계에 이르면 화학의 논리, 원소라는 개념이 어떻게 탄생하게 되었는지에 대한 과학사적인 설명도 들을 수 있다. 핵물리학과 화학에서 불안정한 동위 원소가 연구 주제가 되고 있다는 것에서부터 양성자는 몇 가지 쿼크의 결합으로 이루어졌다는 현대 입자 물리학의 지식까지 이 책에 담겨진 정보의 범위는 실로 방대하다.

이 책은 정보가 방대할 뿐만이 아니라 독자들이 과학을 배우는 동안에도 크게 생각하지 않았던 단위의 의미를 새롭게 생각할 수 있게 해 준다. 책에 나오는 42장의 사진은 단위에 0이 하나 추가되거나 줄어들었을 때의 장면임에도 불구하고 얼마나 많은 차이를 가져다주는지를 실감하게 해 준다. 1만 킬로미터에서 10만 킬로미터로 넘어서자 지구 행성이 온전히 우리 시야로 들어오면서 푸른 행성의 아름다움을 느끼게 된다. 우리가 사는 이웃들에 들어서면 고층 빌딩들이 한없이 높아 보이지만 그 길이가 1킬로미터를 넘지 못한다. 1마이크로미터는 아직 세포의 세계이지만, 0이 하나 줄어들면 DNA 이중 나선의 세계, 분자의 세계로 접어든다. 원자 세계에서는 단위 0이 하나가 달라지면 물질의 특성 자체가 달라진다. 1982년에 나온 책이기 때문에 당시 나노 과학이 언급되지 않아, 이들 물질 특성의 변화는 자세하게 언급되지 않았다.

이렇게 다양한 정보들 이외에도 이 책은 과학의 주요 역사에 대한 설명도 빠트리지 않는다. 주석에서는 기구를 이용한 시각이 어떻게 변천해 왔는지, 과학사에서의 주요한 발견, 발명 연대표도 첨부해 우리가 언제 어떤 단위 장면들에 대한 이해가 가능하게 되었는지 보여 준다. 천문학에서 생물학, 건축학, 과학사에 이르기까지 방대하면서도 유용한 정보를 담고 있는 이 책은 대중 과학서의 표본이라고 할 수 있을 것이다. 이번 개정판 발간으로 더 많은 한국 독자와 만날 수 있기를 바란다. 그리고 부족한 옮긴이의 손에 책의 의미가 손상되지 않았기를 바란다.

2012년 여름
남산 자락에서
박진희

찾아보기

가
가벼운 원자 44
가시광선 11, 23~24, 38, 44, 86, 94, 96, 106
각다귀 90
각도 127
갈릴레이, 갈릴레오 17, 60, 64, 66
갈릴레오 위성 60
감마선 23~24
강력 114
거시 세계 28
거시 우주 15
거인국 17
걸리버, 레무엘 17
게 성운 44
계몽주의 시대 12
공기 70
공전 궤도 25
광년 127
광속 44, 52
광합성 에너지 94
구상 성단 36
구조적 내구성 17
국부 은하군 40
근적외선 96
글루코오스 102
금성 61~62
기를란다요, 도메니코 86
기체 구름 54

기하학 26

나
나트륨 104
나팔벌레 90
네온 104
뉴턴, 아이작 21~22, 27, 78
니켈-철 파편 62

다
다중성 50
단량체 102
단백질 100
단세포 96
달 66~67
대도시 76
대마젤란 은하 41
「대소동」 66
대수 124
대운하 76
돌턴, 존 102
동위 원소 110~111
DNA 24, 96, 98~101, 123
디오네 19
디플로도쿠스 카네기 82
땅 70

라

랜드샛 74
러더퍼드, 어니스트 104
레코드 92
로그 124
뢴트겐, 빌헬름 콘라트 106
루비듐 104
르베리에, 위르뱅 장 조제프 23
리그 127
리넨 90
리노 82
리비어, 폴 86
리트로 크레이터 66
림프구 95, 97

마

마일 127
마젤란 성운 40
마젤란, 페르디난드 40, 64, 70
만유인력의 법칙 21
망원경 130~132
먼지 구름 60
멜빌, 허먼 72
면역계 95
명왕성 23, 59
모노머 102
모듈 27
모듈 세계 14~15

모리슨, 필리스 7
모리슨, 필립 7
『모비딕』 72
모세 혈관 92, 95
목성 59~60, 64
목성계 60
목성형 행성 62
무거운 원자 44
문턱값 에너지 106
물 70
미마스 58
미시간 호 73
미시 세계 15~16, 90, 104
미터 127
미터법 122, 126

바

바너드별 52
바이외 태피스트리 56
바이킹 2호 62
발루치스탄 사막 74
발루키테리움 82
방사능 106
방산충 92
백열점 50
백혈구 94~95
버섯 구름 60
베니스 공화국 76

베릴륨 110
변경 74
별자리 54
보어, 닐스 27, 108
보이저 1호 60, 64
보존 법칙 22, 24
보폭 33, 121
부케, 케스 6~7
북극성 54
북쪽왕관자리 78
분광기 128
불소 104
불활성 기체 104
브라헤, 튀코 44, 52
브롬 104
빔 24, 133
뽀족뒤쥐 86

사

사리넨, 엘리엘 6
《사이언티픽 아메리칸》 7
산소 103
산화니오븀 102
삼각 측량 50
『새로운 두 과학』 18
새턴 5호 80
섀플리, 섀플리 44
섭동 23, 25

성간 거리 50
성층권 62
세쿼이아 80
세포핵 96
센티미터 127
셀룰로오스 94
셰익스피어, 윌리엄 66
소마젤란 은하 41
소인국 17
소풍 83~84
소행성 61
손 86
손등 87, 89
솔져스 필드 경기장 78
수성 25, 61~62
수소 108
수폴스 76
슈뢰딩거 22
스위프트, 조너선 17
스펙트럼 48, 50, 128
시각 11
시각 모형 20, 22, 29
시각의 끄트머리 90
시간의 변화율 20
시스테인 102
시차 52
시카고 75
식염 90

실리카 92, 94
실리콘 판 90
「10의 제곱수」 6, 157

아

아르곤 104
RNA 98
아리스토텔레스 15
아메바 92
아미노산 102
아인슈타인, 알베르트 22, 26
아크투루스 48~49
아폴로 11호 70
아폴로 17호 66
애덤스, 존 쿠치 23, 88
애들러 천문관 78
애리조나 62
야드 85, 127
약력 114
양귀비 90
양성자 112~115
양성자 빔 133
양자 에너지 128~129
양자 운동 27
양전하 104
엄지손톱 88
에딩턴, 아서 스탠리 104
에베레스트 산 76

에우클레이데스 17, 26
에펠 탑 80
엑스선 38, 94, 106
엑스선 회절 24
M100 44
연금술 108
연속성 20
염색체 96, 99
염소 104
엽록소 94
엽록체 94
'0을 추가한' 효과 18
오대호 72, 75
오팔 24, 94
옹스트롬 105, 127
옹스트룀, 안데르스 요나스 127
왓슨, 제임스 듀이 100
외행성 59
용각류 공룡 82
우라늄 28, 108, 110
우리 은하 34, 41, 44~47, 50
『우주의 조망』 7
우주론 34
운모 29
운석 62
원생생물 92, 96, 98
원자 번호 106, 109
원자 표면 104

원자핵 108, 110
위성 58
유성 61
유전 메시지 103
은하 34, 38~39, 121
은하단 34, 36
은하수 43, 46, 78
은하수 은하 37
음전하 104
음파 92
이글 호 80
이산화규소 92
이오 60
이중 나선 100~101
『이중 나선』 100
인간의 만물의 척도 28, 85
인공 위성 13, 15, 70, 72, 74
인데버 호 80
인수 122
인치 127
일반 상대성 이론 26
일주 운동 52
임스, 레이 6

자
자기풍 56
자외선 86, 96
자유의 여신상 80

장미 매듭 모양 25
적외선 38
적혈구 94~95
전자기력 114
전자기파 23
전파 23
전파 망원경 38
전파원 34, 38
전하 구름 28, 105, 107
절연 카메라 62
조력 42
조수 간만 67
조지 워싱턴 다리 78
주기율표 104
주름 89
주사 전자 현미경 94, 96, 133
주파수 128~129
중간자 112, 114
중력 16, 18~19, 26~27, 34, 36, 39~40, 44, 114
중성자 108, 112, 114~115
중합체 102
지구 61, 68~71
지구본 12
지구형 행성 62
지수 124, 126
지수 표기법 124

차

차수 122
채드윅, 제임스 23
챌린저 호 92
처녀자리 은하단 34, 36~37, 42, 141
「천구」 15
천문단위 52, 127
천왕성 23, 25, 59, 78
초신성 44
초은하단 34, 37
최내각 전자 106~107
최외각 전자 107

카

카르타 빙하 76
카시오페이아 54
카시오페이아자리 44
칼륨 104
캔자스 맥퍼슨 서부 76
캘리퍼스 86
케플러, 요하네스 21, 64
코르살리, 안드레아스 40
코페르니쿠스, 니콜라우스 21, 57, 64
콜럼버스, 크리스토퍼 64, 70
쿼크 114~116
퀘이사 34, 38
크라이스트처치 시 74
크립톤 104

크세논 104
클라우지우스, 루돌프 율리우스 에마누엘 22

타

「타운호 이야기」 72
타원 궤도 25
타원형 은하 42
타지마할 80
탄소 103, 108, 111, 113, 120
태양 48~50, 52~53, 55~57, 59
태양계 13, 52, 55, 60
태풍의 눈 72
토성 58~59
통가 해구 76
「통신 입문」 6
투과형 전자 현미경 102
튀코의 별 44
『티마이오스』 10

파

파섹 49, 127
파이 중간자 112
파장 128~129
팔마노바 76
팡보체 76
페르미 115, 127
포도당 102
포보스 18~19

폭탄먼지벌레 88
폴리머 102
표면장력 88
표준성 52
프로타고라스 85
프톨레마이오스, 클라우디오스 70
플라톤 10, 29
플랑크톤 92
플레이아데스 성단 54, 78
피코미터 109
피트 127
피프스, 새뮤얼 132
필드 박물관 78

하

해리슨, 존 86
해왕성 23, 25, 56, 59
핵공 96
핼리 혜성 52, 56
행성계 59, 63
허드슨 78
허리케인 72
허셜, 존 프레더릭 윌리엄 78, 131
헤르츠 129
헤켈, 에른스트 하인리히 필리프 아우구스트 92
헬륨 104
현미경 19, 92, 130, 133
『현미경 세계』 90, 132

혜성 55~56, 62
호프웰 29
화성 61~62
활화산 60
황소개구리 86
황소자리 78
훅, 로버트 66, 90, 132
휘트먼, 월트 68
흰긴수염고래 82, 86
히드로해파리 88
히에로니무스 86

옮긴이 박진희

서울 대학교 물리학과를 졸업하고, 베를린 공과 대학 과학 기술사 석사, 박사 학위를 받았다. 현재 동국 대학교 교양 교육원 조교수로 재직하고 있다. 저서로는 『근현대 과학 기술과 삶의 변화』(공저), 『한국의 과학자 사회』(공저) 등이 있고 번역서로는 『나노 바이오 테크놀로지』, 『테크노 페미니즘』, 『왜 원전을 폐기해야 하는가』 등이 있다.

사이언스 클래식 21
10의 제곱수

1판 1쇄 펴냄 2012년 7월 20일
1판 2쇄 펴냄 2019년 10월 11일

지은이 필립 모리슨과 필리스 모리슨, 찰스와 레이 임스 연구소
옮긴이 박진희
펴낸이 박상준
펴낸곳 (주)사이언스북스

출판등록 1997. 3. 24.(제16-1444호)
(06027) 서울특별시 강남구 도산대로1길 62
대표전화 515-2000, 팩시밀리 515-2007
편집부 517-4263, 팩시밀리 514-2329
www.sciencebooks.co.kr

한국어판 ⓒ (주)사이언스북스, 2012. Printed in Seoul, Korea.
ISBN 978-89-8371-911-9 03400